微电网技术及应用

Technology and Application of Microgrids

王成山　许洪华等　著

科学出版社
北京

内 容 简 介

微电网技术近年来发展很快，本书旨在从实用化角度对微电网相关的技术和应用问题加以阐述。全书共7章：第1章阐述分布式发电和微电网的概念以及发展微电网的必要性和现实意义；第2章概要介绍微电网的一些关键技术，包括微电网控制、微电网保护、运行优化与能量管理、优化规划设计等；第3章介绍微电网中常用的关键电力电子设备原理及控制策略；第4章分析独立型微电网的系统组成、配置原则以及运行策略等；第5章介绍联网型微电网的配置原则、成本与费用分析以及对配电网的影响等；第6章和第7章给出几种不同微电网的方案案例和实际工程案例，分析了其运行模式和经济性等。

本书适合微电网系统研究、设备研发、工程建设和运行管理等相关领域的科技工作者阅读，也可供高等院校分布式能源与微电网相关专业的教师、研究生和高年级本科生参考。

图书在版编目(CIP)数据

微电网技术及应用＝Technology and Application of Microgrids/王成山等著. —北京：科学出版社，2016
ISBN 978-7-03-047728-6

Ⅰ.①微… Ⅱ.①王… Ⅲ.①电网-电力工程-研究 Ⅳ.TM 727

中国版本图书馆CIP数据核字(2016)第050592号

责任编辑：范运年 / 责任校对：桂伟利
责任印制：吴兆东 / 封面设计：铭轩堂

科学出版社 出版
北京东黄城根北街16号
邮政编码：100717
http://www.sciencep.com
北京九州迅驰传媒文化有限公司印刷
科学出版社发行 各地新华书店经销
*
2016年3月第 一 版 开本：720×1000 1/16
2025年2月第十次印刷 印张：13 3/4
字数：280 000

定价：98.00元

(如有印装质量问题，我社负责调换)

前　　言

电力作为重要的二次能源，具有清洁、高效、方便使用的优点，是能源利用的有效形式。作为集中式发电的有效补充，近年来分布式发电技术日趋成熟，其应用日益受到关注。分布式发电是指利用各种分散存在的能源，包括可再生能源（太阳能、生物质能、小型风能、小型水能、波浪能等）和本地可方便获取的化石类燃料（如天然气）进行发电供能的技术。灵活、经济与环保是分布式发电技术的主要优势，但一些可再生能源的间歇性和随机性的特点，使得这些电源仅依靠自身的调节能力满足负荷的功率平衡比较困难，通常还需要其他电源（内部或外部）的配合。为了更好地实现分布式发电技术的灵活高效应用，解决数量庞大、形式多样的分布式电源的可靠运行问题，以智能电网技术为支撑的"因地制宜、多能互补、灵活配置、经济高效"的微电网，作为一种新兴技术，近年来受到了广泛关注。

微电网可以被看作小型的电力系统，它具备完整的发电和配电功能，既可以与外部电网并网运行，也可以独立运行，在满足网内用户电能需求的同时，还可满足网内用户冷/热需求。从微观看，微电网可以被看作小型电力系统，可以实现局部的功率平衡与能量优化；从宏观看，微电网又可被认为是配电系统中的一个"虚拟"的电源或负荷。将分布式电源以微电网形式接入电网中并网运行，与电网互为支撑，是发挥分布式电源效能的有效方式。作为微电网的一种特例，非并网型微电网也有很好的应用前景，可以解决海岛、边远地区等常规电网难以供电地区的供电问题，通过充分利用当地的风能、太阳能、水能等资源，提高向用户提供电能的能力，一定程度解决传统单纯依靠柴油发电机供电导致的供电成本高和环境污染等问题。

为贯彻落实《可再生能源中长期发展规划》，促进微电网在我国的推广应用，由国家能源局委托，能源基金会支持，中国科学院电工研究所联合天津大学、中国电力科学研究院、中国电子工程设计院等单位的专家合作开展了"分布式发电智能微电网（一期）"课题研究（2011～2012 年），课题组基于对国内外典型微电网实验与示范工程的调研，全面细致地梳理了微电网技术的装备现状和发展趋势，并根据我国国情，因地制宜的提出了"十二五"期间微电网示范工程实施方案和激励政策建议。2013 年，国家能源局又委托课题组在该课题的基础上继续深入推进，开展"分布式发电智能微电网（二期）"课题研究工作。根据国家能源局"十二五"新能源微电网示范工程建设目标，按照具有示范和推广效应的原则，拟首先选择国内典型区域开展不同技术类型微电网先导示范项目的方案研究，旨在探索可再生能源高比例接入及安全可靠的微电网方案、技术经济性、商业模式、管理机制和激励政策，有效解决示范地区微电网的机制体制及经济性等问题，推动我国微电网的大范围应用。感到非常欣慰的是，就在本书完稿之际，依托上述两个课题的研究成果，国家能源局正式发布了《国家能源局关于推进新能源微电网示范项目建设的指导意见》（国家能源局[2015]265 号），对新能源微电网的建设意义、示范项目建设的目的和原则、建设内容及有关要求、组织实施步骤、新能源微电网技术条件、示范项目实施方案编制参考大纲等进行了明确的阐述。

本书由国家高技术研究发展计划（863 计划）课题“以太阳能为主的多种源综合利用微网系统关键技术研究”（2015AA050402）支持与资助，主要阐述了分布式发电和微电网的概念及特征、发展微电网的必要性和现实意义以及国内外微电网研究的现状和前景；介绍了微电网的关键技术，包括微电网控制、微电网及含微电网的配电网保护、运行优化与能量管理、优化规划设计以及微电网的实验研究；讨论了微电网关键设备及其控制方法，介绍了微电网中关键电力电子设备的原理及控制策略；分析阐述了联网型微电网的发展现状、系统组成与配置原则、微电网接入系统设计与运行、微电网与配电网的相互影响、系统适用性分析以及系统经济性分析；介绍了独立型微电网的基本特征、系统组成、配置原则及优化配置方法，并分析了独立型微电网的系统适用性；最后，介绍了一些国内外典型的微电网案例，并针对城市、边远地区和海岛三种典型地区的微电网进行了需求和资源分析，选择典型示范点进行了系统方案设计、运行模式分析和经济性评价。

本书共 7 章，参加本书编写工作的有王成山、许洪华、王伟胜、王斯成、王一波、杨子龙、何国庆、伍春生、付勋波、Chris Marnay、冯威、李霞林、焦冰琦、张德举、刘一欣、吕芳、于金辉、张宏伟、张嘉、王胜利，全书由王成山统稿。在本书写作过程中，国家能源局梁志鹏、董秀芬，能源基金会芦红、王曼等给予了多方面的支持和鼓励，科学出版社编辑为本书的顺利出版做了大量细致而辛苦的工作，作者对他们的辛勤劳动表示衷心的感谢。

本书的很多内容都针对微电网实际工程，作者希望本书能够达到抛砖引玉的效果，在写作过程中一直秉承实用性原则，希望对广大微电网实际工程建设者有一定的参考价值，能够对推动我国微电网的技术进步有所贡献。尽管作者把写好这本书视作一种责任，在写作过程中对体系的安排、素材的选取、文字的叙述试图精心构思和安排，但由于微电网的应用尚处于探索和起步阶段，一些内容还很不成熟，限于作者水平，内容可能还存在不妥之处，真诚地期待专家和读者对本书提出批评和指正。

作　者
2015 年 7 月

目　　录

第1章　概　　述

1.1　引　　言

当前,我国正处于经济与社会飞速发展的重要阶段,在实现工业化、信息化及城镇化的过程中,面临着多方面的挑战,例如,环境与资源对人类社会发展的制约;能源与环境同温室气体排放之间的矛盾;资源与能源在开发、利用效率上的平衡等等。一方面,作为世界上最大的发展中国家及全球第二大能源消费国,我国需要价格合理、长期稳定的能源供给以保证经济持续、快速的增长。另一方面,我国面临着严苛的环境问题,由于能源结构中煤炭的比例高达70%,我国成为世界上最大的二氧化碳排放国,煤炭同时也是造成雾霾的主要因素之一[1]。此外,水污染、土地荒漠化、水土流失、生物多样性破坏等问题也日趋严重。依靠传统的化石燃料已很难继续维持经济、社会的健康、协调与可持续发展。发展清洁、高效的可再生能源及相关的系统集成技术是能源工业发展的当务之急。

电力作为重要的二次能源,具有清洁、高效、方便使用的优点,是能源利用最有效的形式之一。通过电能的形式加以传输和利用是可再生能源开发的主要形式之一。当前,作为集中式发电的有效补充,分布式发电及其系统集成技术正日趋成熟,随着成本不断下降以及政策层面的有力支持,分布式发电技术正得到越来越广泛的应用。

1.2　分布式发电

分布式发电是指利用各种可用的分散存在的能源,包括可再生能源(太阳能、生物质能、风能、小型水能、波浪能等)和本地可方便获取的化石类燃料(主要是天然气)进行发电供能的技术[2]。小型的分布式电源容量通常在几百千瓦以内,大型的分布式电源容量可达到数十兆瓦级。灵活、经济与环保是分布式发电技术的主要优势,但一些可再生能源具有的间歇性和随机性特点,使得这些电源仅依靠自身的调节能力满足负荷的功率平衡比较困难,通常还需要其他电源的配合。

各种分布式电源的并网发电对电力系统的安全稳定运行提出了新的挑战,一些分散的小容量分布式电源对于系统运行人员而言往往是“不可见”的,而一些集中的大型分布式电源又通常是“不可控”或“不易控”的。正像大容量风电场或大容量光伏电站的接入会对输电网的安全稳定运行带来诸多影响一样，当中低压配电系统中的分布式电源容量达到较高的比例（即高渗透率）时，要实现配电系统的功率平衡与安全运行，并保证用户的供电可靠性和电能质量也会有一定困难[2]。独自并网的分布式电源易影响周边用户的供电质量，分布式发电技术的多样性增加了并网运行的难度，同时实现能源的综合优化面临挑战，这些问题都制约着分布式发电技术的发展。阻碍分布式发电获得广泛应用的难点不仅仅是分布式发电本身的技术壁垒，现有的电网技术也还不能完全适应高比例分布式发电系统的接入要求。

1.3 微 电 网

微电网是指由分布式电源、能量转换装置、负荷、监控和保护装置等汇集而成的小型发/配/用电系统，是一个能够实现自我控制和管理的自治系统[3]。微电网可以看作是小型的电力系统，它具备完整的发电、配电和用电功能，可以有效实现网内的能量优化。微电网有时在满足网内用户电能需求的同时，还需满足网内用户热能的需求，此时的微电网实际上是一个能源网。按照是否与常规电网连接，微电网可分为联网型微电网和独立型微电网。

联网型微电网：具有并网和独立两种运行模式。在并网工作模式下，一般与中、低压配电网并网运行，互为支撑，实现能量的双向交换。通过网内储能系统的充放电控制和分布式电源出力的协调控制，可以实现微电网的经济运行，并对电网发挥负荷移峰填谷的作用，也可实现微电网和常规电网间交换功率的定值或定范围控制，减少由于分布式可再生能源发电功率的波动对电网的影响。利用能量管理系统，可有效提高分布式电源的能源利用率。在外部电网故障的情况下，可转为独立运行模式，继续为微电网内重要负荷供电，提高重要负荷的供电可靠性。通过采取先进的控制策略和控制手段，可保证微电网高电能质量供电，也可以实现两种运行模式的无缝切换。

独立型微电网：不和常规电网相连接，利用自身的分布式电源满足微电网内负荷的长期供电需求[4]。当网内存在可再生能源分布式电源时，常常需要配置储能系统以抑制这类电源的功率波动，同时在充分利用可再生能源的基础上，满足不同时段负荷的需求。这类微电网更加适合在海岛、边远地区等无电地区为用户供电。目前独立微电网一般采用交流母线技术实现分布式电源间的并联运行，便于微电网内分布式电源的接入和微电网扩容。

微电网技术的提出旨在中、低压层面上实现分布式发电技术的灵活、高效应用，解决数量庞大、形式多样的分布式电源并网运行时的主要问题，同时由于具备一定的能量管理功能，并尽可能维持功率的局部优化与平衡，可有效降低系统运行人员的调度难度。特别地，联网型微电网的独立运行模式可以在外部电网故障时继续向系统中的关键负荷供电，提高了用电的安全性和可靠性。在未来，微电网技术是实现分布式发电系统大规模应用的关键技术之一。

从微观看，微电网是小型的电力系统，具备完整的发/输/配/用电功能，可以实现局部的功率平衡与能量优化；从宏观看，微电网又可以认为是配电系统中的一个“虚拟”的电源或负荷。现有研究和实践表明，将分布式电源以微电网形式接入到电网中并网运行，与电网互为支撑，是发挥分布式电源效能的有效方式[5]，具有巨大的社会与经济意义，体现在：①可大大提高分布式电源的利用率；②有助于电网灾变时向重要负荷持续供电；③避免间歇式电源对周围用户电能质量的直接影响；④有助于可再生能源优化利用和电网的节能降损、削峰填谷等。

为了满足不同的功能需求，微电网可以有多种结构。微电网的构成有时可以很简单，例如，仅利用光伏发电系统和储能系统一起就可以构成一个简单的由用户所有的微电网；有时其构成也可能十分复杂，例如，可能由风力发电系统、光伏发电系统、储能系统、以天然气为燃料的冷/热/电联供系统等分布式电源构成，一个微电网内还可以含有若干个子微电网。微电网可以是用户级，中压配电馈线级，也可以是变电站级，后两种一般属于配电公司所有，实际上是智能配电系统的重要组成部分[3]。

微电网的出现改变了配电系统的结构和运行特性。许多与输电系统安全性、保护与控制等相类似的问题也同样需要关注，但由于二者在功能、结构和运行方式上的不同，关注的重点与研究方法也不同。微电网的理想化目标是实现各种分布式电源的方便接入和高效利用，尽可能使用户感受不到网络中分布式电源运行状态改变（并网或退出运行）及出力的变化而引起的波动，表现为用户侧的电能质量完全满足用户要求。实现这一目标关系到微电网运行时的一系列复杂问题，包括：①微电网的规划设计；②微电网的保护与控制；③微电网能量优化管理；④微电网仿真分析等。这些技术问题目前大多处于研究示范阶段，也是当前能源领域的研究热点[5]。

1.4 微电网研究和发展现状

目前，国际上已对微电网相关技术开展了较为深入的研究工作，结合理论和技术研究的开展，很多国家建设了相关的实验示范系统，有的已经投入了市场化运营。

美国学者最早提出了微电网的概念[6]，并对其组网方式、控制策略、能量管理技术、电能质量改善措施等专题进行了长期深入研究。2003年，美国总统布什提出了“电网现代化(grid modernization)”的目标[7]，即将信息技术、通信技术引入电力系统以实现电网的智能化。在随后出台的“Grid 2030”发展战略中，美国能源部制定了以微电网为其重要组成部分的美国电力系统未来几十年的研究与发展规划[8]。由美国北部电力系统承建的 Mad River 微电网[8,9]是美国第一个用于检验微电网的建模和仿真方法、保护和控制策略以及经济效益等的微电网示范工程。此后，在美国建成了包括一些大学校园微电网在内的数十个实际微电网工程。

加拿大政府针对微电网研究启动了 ICES(Integrated Community Energy Solutions)研究计划，重点关注微电网技术在各类社区供能环节的应用，特别强调各类分布式能源的集成利用和与社区公共设施(交通、医疗、通讯等)的相互支撑。在 ICES 项目资助下，加拿大先后建立了包括 Kasabonika 微电网、Bella Coola 微电网、Ramea 微电网、Nemiah 微电网、Quebec 微电网、Utility 微电网、Hydro Boston Bar 微电网和 Calgary 微电网等在内的诸多示范工程[10]。

欧洲对微电网的发展和研究，主要目的是满足能源用户对电能质量的多样性要求、满足电力市场的需求以及欧洲电网的稳定和环保要求等。2005 年，欧洲提出“Smart Power Networks”概念[11]，并在 2006 年出台了该计划的技术实现方略作为未来的电力发展方向。在欧盟第五框架计划(5th Framework Program, FP5)[12]中，专门开展了针对微电网的研究工作，在分布式电源建模方法、可用于对逆变器控制的低压非对称微电网的静态和动态仿真工具、孤岛和互联的运行理念、基于代理的控制策略、本地黑启动策略、接地和保护的方案、可靠性的定量分析、实验室微电网平台的理论验证等方面取得了重要研究成果。目前，欧洲一些国家已经建成了多个微电网示范工程[13]，例如，位于西班牙巴斯克地区毕尔巴鄂市的 Labein微电网，位于意大利米兰市的 CESI 微电网，由德国 SMA 公司与希腊雅典国立大学通讯与信息研究所(ICCS/NTUA)合作建造的位于希腊爱琴海基克拉迪群岛上的 Kythnos 微电网，位于德国曼海姆市的 MVV 微电网等。欧洲的微电网研究计划主要围绕着系统可靠性、分布式电源可接入性、微电网运行灵活性开展研究，目的是解决未来大量分布式电源的有效接入问题。

日本资源匮乏，能源紧缺，对可再生能源的发展给予了高度重视。目前日本在微电网示范工程的建设方面处于世界领先水平。由日本新能源开发机构(New Energy and Industrial Technology Development Organization, NEDO)2003 年支持的“可再生能源区域电网(Regional Power Grid with Renewable Energy Resources Project)”项目中，建成了多个先进的微电网示范工程[14]，如 Archi 微电网、Kyoto 微电网、Hachinohe 微电网、Tokyo gas 微电网等。

目前，中国微电网的发展方兴未艾，国内的高校、相关科研机构及企业对微电网相关技术展开了积极的研究和探索。在理论研究、实验室建设和示范工程建设方面取得了一系列的成果。例如，2009 年，由天津大学联合其他七家大学和电网公司一起承担的国家 973 计划项目“分布式发电供能系统相关基础研究”[5]，在微电网系统规划设计、运行控制与能量管理、建模与仿真等方面取得了大量研究成果。天津大学、合肥工业大学、杭州电子科技大学、中国电力科学研究院、浙江省电力科学研究院、中科院电工所、上海电气集团等多家高校、科研单位和企业建设了高水平的微电网实验系统。浙江东福山岛微电网、珠海东澳岛微电网、蒙东太平林场微电网、内蒙古陈巴尔虎旗微电网、天津中新生态城微电网、江苏盐城大丰微电网、青海玉树微电网等一批实际微电网工程已经投运，目前还有一批微电网工程正在建设中。

需要指出的是，现阶段的微电网仍然处于技术发展阶段，距离大规模商业化的应用还有相当长的路要走。尽管如此，微电网的发展前景依然十分乐观，这源于多方面因素：①微电网是智能电网的重要组成部分，微电网中电力电子变换器、电力电子变压器、直流配电、自愈控制、能量高效管理等同时也是智能配电网的核心技术；②微电网是智能能源网的重要组成部分，微电网中冷/热/电联供、能源梯级利用、能源替代优化、能源综合高效利用等都是能源互联网领域的核心技术；③微电网是能源互联网概念实现的基础，微电网自我管理与自我控制的特征、既可并网又可独立运行的特点、与电网可实现双向能量灵活交换的能力，使能源用户自由平等地实现能源的交易成为可能。微电网技术有可能成为我国未来能源应用模式变革的重要推动力。

参 考 文 献

[1] 张小曳，孙俊英，王亚强，等. 我国雾-霾成因及其治理的思考[J]. 科学通报(中文版)，2013，58(13)：1178-1187.

[2] 王成山，李鹏. 分布式发电、微网与智能配电网的发展与挑战[J]. 电力系统自动化，2010，34(2)：10-14.

[3] 王成山，武震，李鹏. 微电网关键技术研究[J]. 电工技术学报，2014，29(2)：1-12.

[4] 郭力，富晓鹏，李霞林，等. 独立交流微网中电池储能与柴油发电机的协调控制[J]. 中国电机工程学报，2012，32(25)：70-78.

[5] 王成山，王守相. 分布式发电供能系统若干问题研究[J]. 电力系统自动化，2008，32(20)：1-4.

[6] Lasseter R H. Microgrids[C]//Proceedings of 2002 IEEE Power Engineering Society Winter Meeting. New York：IEEE，2001：146-149.

[7] DOE，USA. Modern Grid V1. 0：The modern grid initiative[R]. Washington DC：Department of Energy，2006.

[8] Klinger A. Northern power system's microgrid power network to address risk of power outrages [EB/OL]. [2007-05-07]. http://www. northernpower. com.

[9] Lynch J. Northern power system update on Mad River microgrid and related activities [EB/OL]. [2006-11-17]. http://der. |b|. gov/new_site/2005microgrids_files/presentation_pdfs/CERTS-Lynch. pdf.

[10] Canizares C. Remote microgrids in Canada[C]//Santiago 2013 Symposium on Microgrid，2013.

[11] European Commission. European smart grids technology platform [EB/OL]. [2007-5-1]. http://ec. europa. eu/research/energy/pdf/smartgrids_en. pdf.

[12] European Commission. Strategic research agenda for Europe's electricity networks of the future [EB/

OL]. [2007-5-1]. http://www.smartgrids.eu/documents/sra/sra_finalversion.pdf.
[13] 王成山. 微电网专题介绍[J]. 中国电机工程学报,2012,32(25):1.
[14] Morozumi S. Micro-grid demonstration projects in Japan[C]//Power Conversion Conference. Nagoya: IEEE,2007:635-642.

第 2 章　微电网及其关键技术

2.1 引　　言

微电网内可包含多种类型的分布式电源和储能装置，需要满足用户多种负荷(冷/热/电)的需求，系统内电源或负荷的功率变化常常具有很强的随机性。无论是联网型微电网还是独立型微电网，由于其电源构成、结构方式、运行模式等与常规电网都有很大的不同，这使得其在规划与设计、控制与保护、运行优化与能量管理、仿真分析等方面都有自己的特点，需要专门研究解决，以保证微电网经济、可靠、高效等运行目标的实现[1,2]。微电网相关的关键技术涉及多个方面，本章重点围绕微电网典型结构、控制与保护、运行优化、规划设计、仿真分析等技术进行概括性介绍。

2.2 微电网典型结构

1. 交流型微电网

目前，交流型微电网仍然是微电网的主要形式，在交流型微电网中，分布式电源、储能装置等均通过电力电子装置连接至交流母线，如图 2.1 所示系统，通过对公共联结点(point of common coupling，PCC)处开关的控制，可实现微电网并网运行与孤岛运行模式的转换。

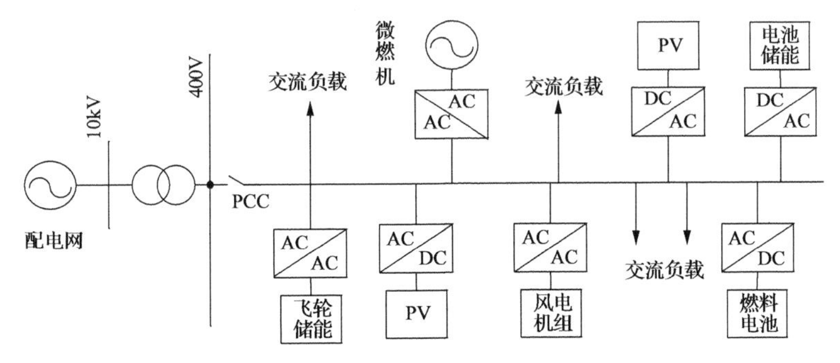

图 2.1　交流型微电网典型结构

2. 直流型微电网

直流型微电网的特征是系统中的分布式电源、储能装置、负荷等均连接至直流母线，直流网络再通过电力电子逆变装置连接至外部交流电网，结构形式如图 2.2 所示。直流微电网通过电力电子变换装置可以向不同电压等级的交流、直流负荷提供电能，分布式电源和负荷的波动可由储能装置在直流侧调节。

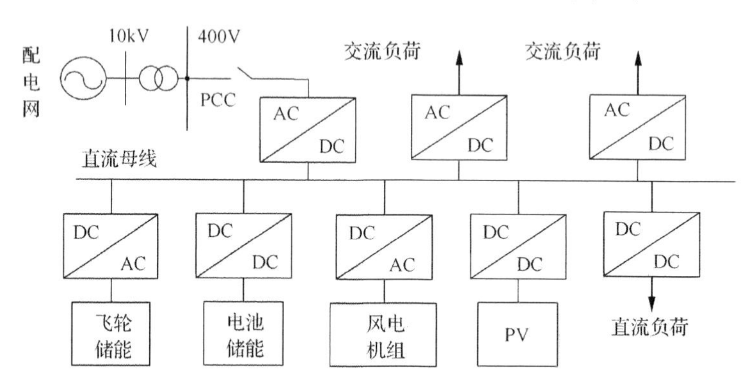

图 2.2　直流型微电网典型结构

同交流型微电网相比，直流型微电网无需考虑各分布式电源之间的同步问题，更多需要关注的是电压控制与不同分布式电源间的环流抑制控制。

3. 交直流混合型微电网

如图 2.3 所示，在这一微电网中，既含有交流母线又含有直流母线，既可以直

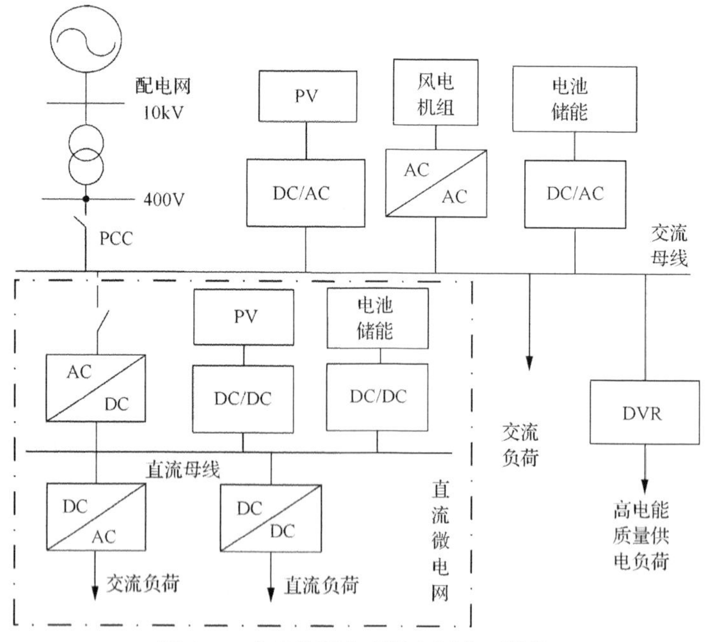

图 2.3　交直流混合型微电网典型结构

接向交流负荷供电又可以直接向直流负荷供电，因此可称为交直流混合型微电网。从整体结构分析，实际上仍可看作是交流微电网，直流微电网可看作一个独特的电源，通过变流器接入交流母线。

2.3　微电网控制

联网型微电网存在四种典型运行模式。

(1) 联网运行模式。正常情况下，微电网作为一个模块化的可控发电或负荷单元联网运行，大电网为其提供电压和频率支撑。微电网通过协调控制所辖各种类型的电源(包括储能)和负荷，满足配电网并网接口要求和负荷的供电需求，并可保证联络线功率按给定运行计划运行。同时，微电网还可以向外部电网提供一定的辅助服务，如支撑当地电压。

(2) 独立运行模式。当大电网出现电能质量下降、故障、停电等问题时，微电网应能够基于本地信息快速有效地切换到独立运行模式，并迅速建立电压和频率支撑，跟踪微电网内的负荷变化，向所辖负荷尤其是重要负荷提供合格可靠的电能。

(3) 从联网模式切换到独立模式的过渡过程模式。此时，联络线功率的缺失以及一些分布式电源控制策略的切换等可能会引起微电网内短时的功率供需不平衡。使这一过渡过程尽可能短，降低功率暂态不平衡对微电网内负荷的影响，是这一状态下控制策略需要达到的主要目的。

(4) 从独立模式切换到联网模式的过渡过程模式。此时，微电网须满足一定的并网条件才能接入配电网，如何协调控制各种类型的分布式电源(包括储能)，满足并网运行条件的要求，实现微电网的快速并网，是这一过程中的主要控制目标。

保证微电网在各种运行模式下满足相应的运行要求，是联网型微电网控制系统需要具备的基本功能。对于独立型微电网，保证微电网长期可靠稳定运行是其控制系统要实现的主要目标。

2.3.1　分布式电源基本控制方法

微电网中的分布式电源按照并网方式的不同可以分为逆变型电源、同步发电机型电源和异步发电机型电源。考虑到小型同步发电机的控制和并网技术已较为成熟，异步发电机的控制较为简单，微电网中大部分电源属于逆变型分布式电源，如光伏发电系统、燃料电池、微型燃气轮机等，因此逆变型分布式电源的控制更加受到关注。有些分布式电源从原动机到并网逆变器可能包含多个环节，如微型燃气轮机，由于微型燃气轮机发电系统发出的电为高频交流电，需要变换为50Hz的工频交流电后才能并网运行，这就需要两个环节，交流/直流(AC/DC)整流环节和直流/交流(DC/AC)逆变环节,前者把高频的交流电转换为直流电,后者作为并网逆变器,用于把直流电转换为 50Hz 的交流电。

本节主要介绍分布式电源并网逆变器的基本控制方法,包括三种:①恒压/恒频控制,又称 V/f 控制;②恒功率控制,又称 PQ 控制;③下垂控制,又称 Droop 控制。考虑到分布式电源与储能装置在控制策略上具有很强的相似性,后文介绍的分布式电源控制方法同样适用于储能装置,除非有必要加以特殊说明,否则将不再对二者加以区分。

1. 恒压/恒频控制

在该控制模式下,并网逆变器的控制器电压幅值参考值 V_{ref} 和频率参考值 f_{ref} 保持恒定不变,控制目标为保证逆变器输出端口电压幅值和频率不变[3,4]。采用该控制模式的分布式电源可以独立带负荷运行,而且输出电压和频率不随负荷变化而变化。当微电网独立运行时,采用该控制模式的分布式电源可作为支撑系统电压和频率的主电源,维持微电网的电压和频率在合适的范围内。对微电网中的负荷或其他分布式电源来说,采用恒压/恒频控制的分布式电源实质上是作为一个电压源,其输出功率和电流由系统中的负荷和其余分布式电源输出的功率决定。

2. 恒功率控制

恒功率控制的主要目的是使分布式电源输出的有功功率和无功功率等于给定参考功率 P_{ref} 和 Q_{ref}[5]。采用该控制方式需要满足一个前提条件,就是分布式电源并网逆变器交流侧母线电压和频率稳定,如果是一个独立运行的微电网,系统中必须有维持频率和电压稳定的分布式电源(即采用恒压/恒频控制的分布式电源),如果是联网运行的微电网,则由常规电网维持电压和频率稳定。

3. 下垂控制

下垂控制是模拟传统同步发电机组一次调频/调压静特性的一种控制方法。该控制方法有两种基本模式,P-f 和 Q-V 下垂控制模式和 f-P 和 V-Q 下垂控制模式。

P-f 和 Q-V 下垂控制:控制器的频率参考值 f_{ref} 和电压幅值参考值 V_{ref} 分别是逆变器输出的有功功率和无功功率的函数,也就是由并网逆变器的输出功率值决定频率和电压参考值[6,7],如图 2.4 所示。当逆变器输出的有功功率和无功功率分别为 P_b 和 Q_b 时,逆变器频率参考值 f_{ref} 和电压幅值参考值 V_{ref} 分别为 f_b 和 V_b,意味着系统到达稳态时输出电压频率和幅值为 f_b 和 V_b;当逆变器输出的有功功率和无功功率分别为 P_a 和 Q_a 时,逆变器频率参考值 f_{ref} 和电压幅值参考值 V_{ref} 分别为 f_a 和 V_a,意味着系统到达稳态时逆变器的输出电压频率和幅值为 f_a 和 V_a,以此类推。采用该控制模式的分布式电源可以独立带负荷运行，其输出电压和频率由负荷情况决定；也可以并网运行，此时由于系统电压幅值和频率由电网决定，依据图2.4所示下垂控制原理，逆变器并网运行时应根据相应的电网电压幅值和频率输出相应的有功功率和无功功率。

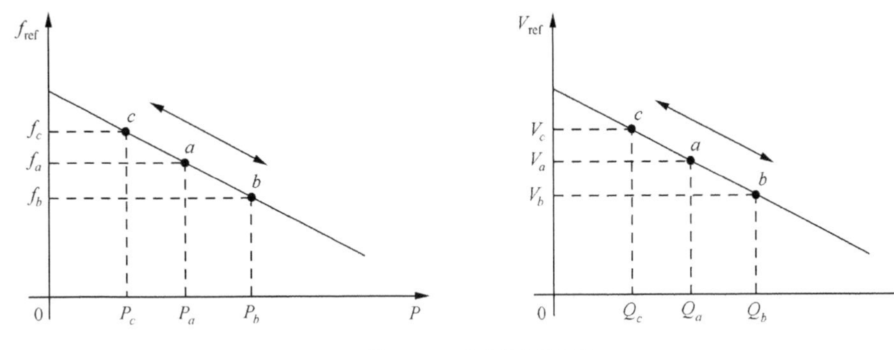

图2.4 下垂控制原理

下面以 P-f 下垂控制为例，介绍分布式电源并入电网运行时采用下垂控制进行有功功率调整的原理。假定电网电压频率为 f_a，逆变器并入电网运行之前采用下垂控制方式独立带负荷运行，且稳定点为(P_b，f_b)，逆变器输出电压频率为 f_b；由于逆变器输出电压频率和电网电压频率存在偏差，就会有两个电压存在相位差为零的时刻，可在该时刻使逆变器并入电网(此时不考虑逆变器输出电压幅值和电网电压幅值的差异)；逆变器并入电网后，由于逆变器输出电压频率 f_b 小于电网电压频率 f_a，逆变器输出功率将会逐渐减小，随着逆变器输出功率的减小，逆变器输出电压频率会逐渐增大；最终逆变器输出电压频率将过渡到a点稳定运行，即逆变器输出电压频率与电网电压频率一致，系统到达稳态，逆变器输出功率从独立运行时的 P_b，变为并网运行时的 P_a。逆变器输出无功功率和电压下垂控制的调整原理同上。

f-P 和 V-Q 下垂控制：f-P 和 V-Q 下垂控制基本原理亦如图2.4所示。与 P-f 和 Q-V 下垂控制原理不同，在 f-P 和 V-Q 下垂控制模式下，由逆变器交流侧母线电压频率 f 和幅值 V 分别决定逆变器输出有功功率和无功功率的参考值[8,9]。采用该控制模式的分布式电源，依据图2.4所示下垂控制原理，逆变器运行时应根据接入点的系统频率和电压幅值决定其相应的有功功率和无功功率输出值，如当频率和电压幅值分别为 f_c 和 V_c 时，分布式电源输出的有功功率和无功功率将分别为 P_c 和 Q_c。

2.3.2 微电网综合控制策略

微电网综合控制策略通常与微电网运行模式相关，在不同运行模式下，微电网的控制功能和实现目标会有所不同。

1. 微电网联网运行控制

微电网联网运行控制示意图如图 2.5 所示。微电网联网运行时，由电网提供电压和频率参考，微电网内各分布式电源一般采用恒功率控制模式。部分可控型分布式电源也可采用下垂控制方法，当电网电压幅值和频率降低时，分别增大其无功功率和有功功率输出，起到支撑电网电压和频率的作用。微电网在联网运行模式下，既可以从电网获取电能也可以向电网输送电能，一般被要求控制成为一个友好负荷形式。

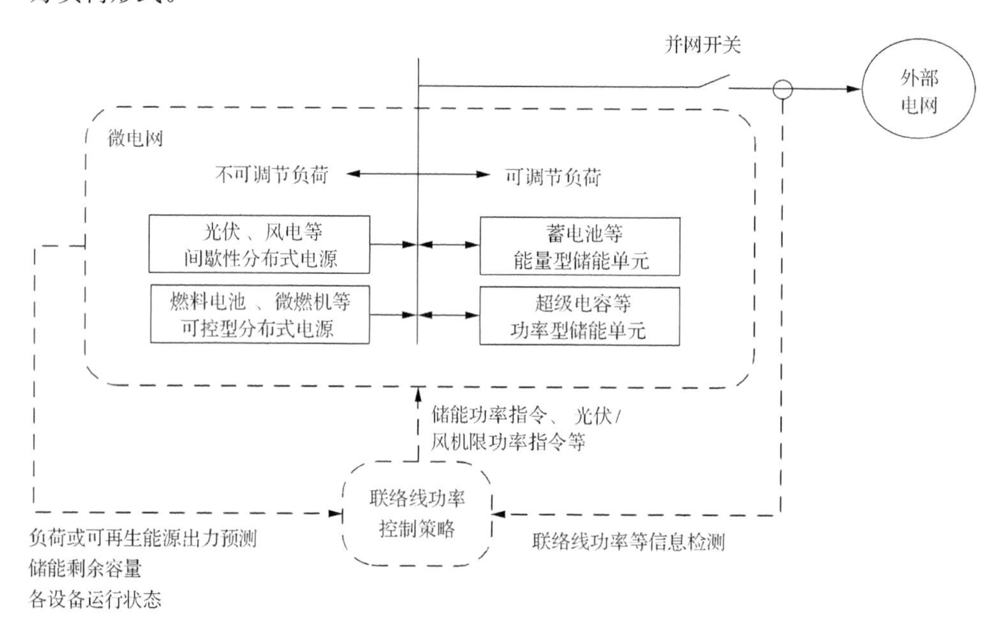

图 2.5 微电网联网运行控制框图

由于微电网中光伏、风电等电源的输出具有间歇性、随机性的特点，有效克服由于微电网内存在间歇性电源而导致的微电网与常规配电网联络线间功率的波动，保证微电网与大电网之间联络线输出功率平滑或者维持在一定功率范围内[10]，进而降低微电网对配电系统的影响，是微电网联网运行模式时的主要控制目标。

在微电网联网运行时，首先需对光伏、风电等这些随机性分布式电源的输出功率和负荷变化情况进行预测，从而为微电网中燃料电池或微型燃气轮机等可控型分布式电源制定相应的运行计划，为实现对联络线功率的有效控制奠定基础。可采用功率型和能量型混合储能系统，有效地发挥不同储能装置的互补特性，分别抑制由于可再生能源输出功率的高频和低频波动导致的联络线功率波动[11,12]。其中，高频功率波动分量需要储能系统进行快速补偿，而且可能需要储能系统工作在频繁的充/放电模式中，具有功率密度高和循环寿命长等特性的超级电容等功率型储能单元，更适合承担这一工作。考虑到充/放电次数对储能系统寿命的影响以及存储能量密度的因素，蓄电池等能量型储能系统更适合平抑联络线中的低频波动分量。值得注意的是，采用混合储能系统在充分抑制联络线功率波动的同时，也应维持其正常运行并避免过度充/放电。考虑到电储能系统一般造价比较昂贵，会导致微电网建设成本较高，也可采用负荷侧需求响应(demand response，DR)控制技术抑制由可再生能源波动引起的微电网联络线功率波动[13]。

2. 微电网独立运行控制

当微电网独立运行时，需由微电网内分布式电源提供电压和频率支撑，依据微电网频率和电压稳定的控制方式不同，此时的控制可分为主从控制模式和对等控制模式[1,4]。

主从控制模式：主从控制模式是指在微电网处于独立运行模式时，其中一个分布式电源(或储能系统)采取 V/f 控制模式，向微电网中的其他分布式电源提供电压和频率参考，而其他分布式电源则一般采用 PQ 控制模式。这种控制模式如图2.6所示。采用 V/f 控制的分布式电源称为主电源，其控制器称为主控制器，而其他分布式电源则为从电源。系统中电源和负荷间的不平衡功率主要由作为主控制单元的分布式电源来平衡，因此要求其功率输出应能够在一定范围内可控，且能够足够快的跟随不平衡功率的波动变化。

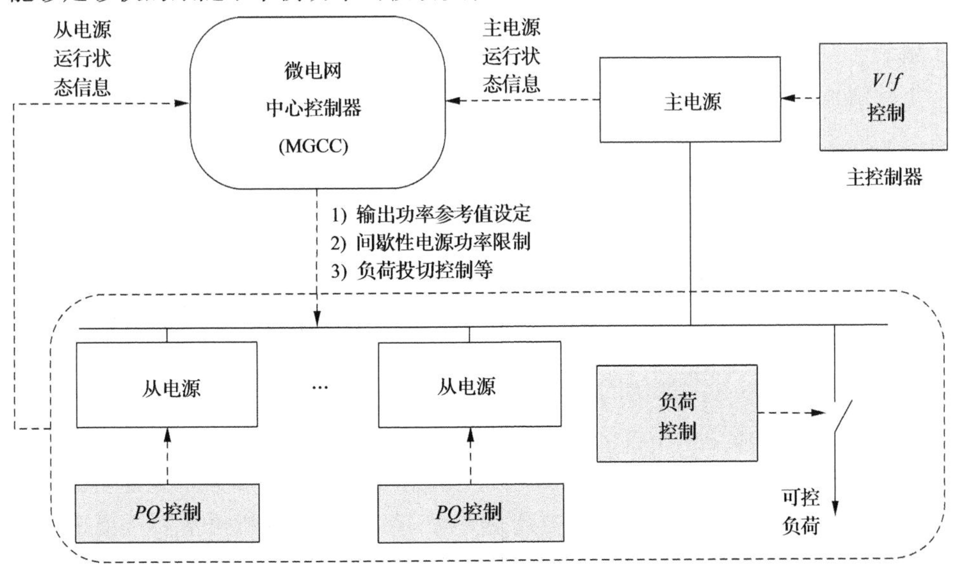

图2.6　主从控制微电网结构

对于以储能系统作为主电源的微电网,为维持微电网的频率和电压稳定,储能系统需通过充/放电控制来平衡其余从电源输出功率和负荷的波动。如果系统中净负荷(负荷消耗功率与其余从电源输出功率之差)较大,使得储能系统一直处于放电状态,放电到一定程度时,受储能系统荷电状态(state of charge,SOC)较低的限制,储能系统将停止运行。反之,如果系统的净负荷为负(所有从电源功率之和大于负荷),储能系统有可能长期处于充电状态,当储能系统充满时也不能够再充电吸收功率。如果是输出可控型分布式电源(如微型燃气轮机、燃料电池等)作为微电网主电源,尽管这类电源的输出功率可以在一定范围内灵活调节,但是由于其输出功率动态响应可能没有储能系统快,在遇到其他电源输出功率或负荷突变时,可能难以保证系统稳定运行,这种情况下需要主电源系统具有一定的热备用容量。

为保证主从控制模式微电网的稳定运行,微电网中通常设有微电网中心控制器(micro-grid central controller,MGCC),用于向微电网中的其余分布式电源和负荷等发出控制信息:①如果系统中光伏、风电等可再生能源出力较多,但负荷较轻时,系统中的储能系统可能一直处于充电状态,当微电网中心控制器检测到储能系统接近满充时,可以选择投入相应负荷或限制光伏、风电等间歇性电源的功率输出等,保证微电网处于安全运行状态;②如果系统中光伏、风电等可再生能源出力较少,且负荷较重时,系统中的储能系统可能一直处于放电状态。当微电网中心控制器检测到储能系统接近放电容量限制值时,可以选择切除部分非重要负荷,保证微电网处于安全运行状态。

对等控制模式:对等控制模式是指微电网中参与 V/f 调节和控制的多个可控型分布式电源(或储能系统)在控制上都具有同等的地位,各控制器间不存在主和从的关系。对于这种控制模式,分布式电源控制器通常选择下垂控制方法,每个分布式电源都根据接入系统点输出功率的就地信息进行控制[14,15],如图 2.7 所示。与主从控制模式相比,对等控制模式中采用下垂控制的分布式电源可以自动参与输出功率的分配。采用对等控制模式尽管能同时解决电压与频率稳定控制和输出功率合理分配等问题,但负载变化前后系统的稳态电压和频率也会有所变化。如果微电网中的分布式电源配置容量合适,负荷对系统中电压和频率的要求不高,则简单的采用这种对等控制就可以满足微电网的运行要求。这样做的优点是分布式电源间不需要通信,易于实现分布式电源的即插即用。若微电网中的负荷对频率和电压水平要求较高,为了满足微电网供电质量要求,可以配备微电网中心控制器(MGCC),除保证微电网中各分布式电源处于安全运行状态外,其主要作用是补偿下垂控制模式所导致的微电网电压和频率变化,以保证电压和频率满足负荷可靠运行的要求。MGCC 检测微电网电压和频率,与期望电压和频率参考值进行比较,然后通过集中通信网络与各分布式电源本地控制系统进行通信,通过调整其下垂曲线设定点等控制参数(相当于上下平移图 2.4 中所示下垂特性曲线),实现微电网电压和频率恢复控制[16]。

主从控制和对等控制是相对而言的,有时为了充分发挥各种分布式电源的运行特点,也可以将两种模式加以结合,例如,可以让多个分布式电源工作于下垂控制模式,共同承担微电网内功率的平衡责任,实现 V/f 的控制目标;而另外一些功率输出波动性比较强的可再生能源类分布式电源可以采用恒功率控制模式,以便最大限度地利用可再生能源,图 2.7 所示即为这种情况。

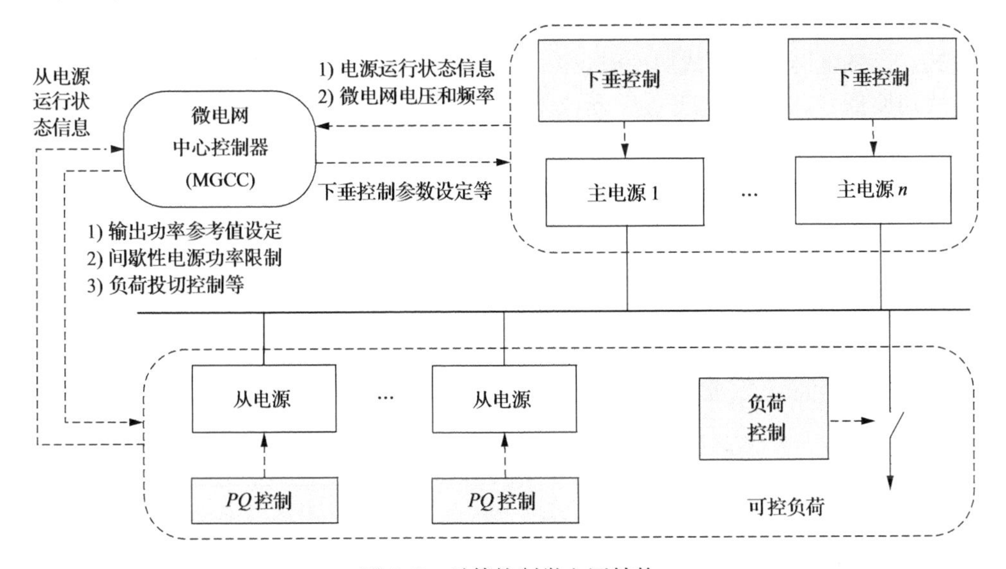

图 2.7　对等控制微电网结构

3. 微电网运行模式切换控制

当外部电网发生故障时,微电网若继续联网运行,一方面有可能导致系统故障加剧,另一方面也影响微电网内部用户的可靠供电,此时需要微电网快速脱网进入独立运行模式。微电网转入独立运行模式后,微电网内负荷由微电网内分布式电源独立供电。当电网故障切除后,电网电压恢复正常时,微电网需要重新并入电网运行。对于微电网内负荷供电质量要求不太高的微电网,为避免简单的切换控制导致负荷电流或电压冲击过大,在微电网运行模式切换时,常常需要短时停电。而理想情况下的微电网,则要求在各种运行状态下,尤其是在运行模式切换时,都能保证系统内重要负荷的供电质量不受影响。因此,实现微电网的无缝切换控制对微电网内重要负荷的不间断供电意义重大。为快速隔离电网故障,切断与主电网的电气连接,实现无缝切换,微电网需通过静态开关(static transfer switch,STS)接入外部电网。静态开关一般是由电力电子器件[17]构成的,能在接收到关断信号后半个工频周波内断开微电网与主电网间的电气联系。

就现阶段而言，在微电网处于独立运行状态时，分布式电源采用主从控制模式最为常见。下面就以采用这种控制模式的微电网为例，介绍其模式切换过程。

对于独立运行状态下采用主从控制的微电网，在微电网联网运行时，其主电源一般也应采用恒功率控制（*PQ* 控制）模式，目的是使主分布式电源运行在最佳功率输出状态，而从电源则一直工作在恒功率控制模式；当微电网独立运行时，主电源需采用恒压/恒频控制（*V*/*f* 控制）模式，以维持微电网电压和频率恒定。因此，在不同的微电网运行模式下，主电源为了实现相应的控制目标需采用不同的控制模式。当微电网运行模式切换时，如果同时下发静态开关开/闭指令和主电源控制模式切换信号，由于静态开关关断或闭合需要短暂的过程，会导致微电网主电源出现 *V*/*f* 控制时微电网短暂处于并网运行模式及 *PQ* 控制时微电网短暂处于独立运行模式，这将分别导致主电源输出电流和电压不可控状态的出现，当微电网输出功率与负荷不匹配时，会使微电网电压幅值和频率发生暂态波动，切换过程中极易出现暂态电流或电压冲击，导致无缝切换失败[18]。因此，为保证微电网运行模式实现无缝切换，并网开关的开闭状态和主电源控制模式的转换需要遵循一定的时序关系，如图 2.8 所示。

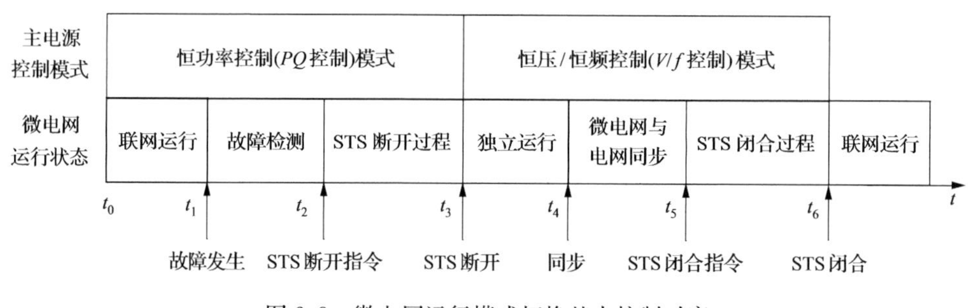

图 2.8　微电网运行模式切换基本控制时序

如图 2.8 所示，微电网联网运行时，在 t_1 时刻，若电网侧发生故障，导致电网侧电压幅值或频率偏离正常设定值，微电网运行模式控制系统检测到该故障后，立即下发静态开关断开指令（t_2 时刻），当检测到联络线电流瞬时值接近零时，静态开关彻底断开（t_3 时刻），同时下达主电源控制模式切换控制信号。当电网故障切除、电网电压恢复正常时，微电网运行模式切换控制系统在 t_4 时刻启动同步控制，调节微电网电压、频率和相位，检测到微电网满足并网条件后，在 t_5 时刻下发静态开关闭合指令，确认开关闭合的同时（t_6 时刻），下达主电源控制模式切换信号。

值得注意的是，如果微电网采用对等控制模式，在联网和和独立运行模式下分布式电源均采用下垂控制方法，则在微电网运行状态切换时，分布式电源不需进行控制模式切换。这一点是对等控制相对于主从控制最为明显的优势。但在微电网采用对等控制模式时，若微电网处于独立运行状态，采取下垂控制策略的分布式电源间可能会由于微电网不平衡功率的分配不均导致系统稳定运行失败，相对于主从控制而言，其实现难度较大。因此，目前主从控制模式在一般实际微电网工程中应用更加广泛。

2.4　微电网保护

微电网由于含有多种分布式电源，不同类型的分布式电源的特性也有所不同，微电网具有与传统电网不同的运行及故障特征，且微电网运行模式切换时会导致线路的潮流和电压发生变化。微电网的这些特点都给继电保护的整定和配合带来困难。当微电网中存在逆变型分布式电源时，将导致微电网的故障电流特征与常规电力系统有很大区别。逆变型分布式电源所提供的短路故障电流通常与逆变器的控制方式有关，为保护逆变器设备本身，其最大输出电流(包括故障状态)一般被限制在2倍额定电流以内，由于逆变器本身动作的快速性，当电流超过最大允许电流时，逆变器保护动作，将会使逆变器迅速退出运行，这使得传统的过电流保护不再适用于微电网，有必要寻求新的继电保护措施。微电网中分布式电源的存在，有可能导致微电网内部和所接入配电网的潮流具有双向性。当系统发生短路故障时，故障电流的大小和方向都会发生变化，这些也将使得配电系统保护方案有别于传统配电系统。

微电网的保护应遵循系统性原则。不同运行模式下，微电网保护不仅要保护微电网安全稳定运行，还应尽可能降低微电网联网对公共电网的不利影响。微电网的保护还必须与微电网内的各种控制环节相结合，根据微电网的运行模式、控制策略及故障特性来制定微电网保护策略。

2.4.1　微电网孤岛检测技术

当大量分布式电源接入配电系统时，在配电网发生故障的情况下，一般应避免分布式电源和邻近的负荷形成孤岛继续运行，这将有可能给电网检修人员带来人身安全问题，也会使配电系统的一些自动化装置(如重合闸装置)失效，按照目前的运行导则(如IEEE1547[19])，需要配置反孤岛保护(loss of mains protection/anti-island protection)，防止这样的现象发生。与分布式电源直接接入配电系统不同，微电网本身具有孤岛运行能力，当外部系统故障时，只需检测到外部故障，微电网就可以迅速由联网运行模式转为独立运行模式，进而发挥出微电网能够孤岛运行的优势。为做到这一点，需要具备外部故障检测能力，也就是使微电网转为独立运行模式的外部条件检测能力，这里称为孤岛检测。

微电网孤岛检测方法可分为三类：被动检测法、主动检测法以及基于通信技术的开关状态检测法[20]。

被动检测法：被动检测法又称内部无源法。在外部配电网发生故障前后，微电网与外部系统的公共连接点（PCC点）的电气量会发生变化，该方法主要就是通过分析外部电网的电压、频率的变化来判断微电网是否需要孤岛运行。当微电网内分布式电源功率输出与微电网内负载需求相差较大时，也就是微电网与外部电网的联络线功率较大时，在外部系统发生故障后，微电网本身的电压及频率会产生很大的变动，此时被动检测法适用。被动检测法主要包括电压或频率检测、电压相位突变检测、功率/频率变化率检测等方法。被动检测法所面临的主要问题就是一些检测量的门槛值的设定。由于分布式电源本身输出会有波动，电网的电压幅值和频率与理想情况不同，也会有波动，某些负载的突然起停也会对频率、电压造成影响，所以门槛值必须能够区分出外网故障状态与正常运行条件下的一些波动状态。门槛值设定不当有可能造成检测盲区较大，这是这类方法的缺陷。

主动检测法：主动检测法又称内部有源法，该方法需要给微电网内分布式电源的输出施加一个扰动，通过检测微电网的响应来判断微电网外是否发生了故障。主动检测法主要有幅值偏移法、频率偏移法和相位偏移法。幅值偏移法主要通过控制微电网内分布式电源并网逆变器输出电流的幅值来对PCC点电压幅值产生扰动，通过检测电压幅值的变化来判断孤岛是否发生；频率偏移法通过改变分布式电源并网逆变器输出电流的角频率ω来对PCC点电压频率产生扰动，并网运行时电压频率保持工频稳定，孤岛时电压频率受逆变器输出电流频率的影响发生变化，超出门槛值时可认为产生了孤岛；相位偏移法主要是判断分布式电源并网逆变器控制系统中的锁相环所输出的频率是否在允许范围外。主动检测法的优点是检测盲区小，检测速度快，缺点是对电能质量有一定的影响。当微电网内分布式电源出力与负荷需求基本平衡而导致微电网与外部电网间的联络线功率很小时，对这种小概率事件，被动检测方法很可能会失效，而主动检测方法此时具有明显的优势。

基于通信技术的开关状态检测法：此类方法主要利用通信手段，或者检测断路器的开断状态，或者在电网侧发出载波信号，而安装在微电网内的接收器将根据这些信号的变化来确定外部系统是否发生了故障。如断路器状态检测法，依赖于外部电网与微电网的通信，在外部馈线断路器上配置小的发送器，当外部故障导致相关断路器打开时，可以通过微波、电话线或其他方法发送信号给微电网。

综上所述，被动检测法虽然原理简单，但存在检测盲区，特别是当外网故障时刻恰巧微电网与外部电网联络线功率接近零的小概率事件出现时，基本无法检测到故障信息；主动检测法检测盲区较小，但由于需要对分布式电源并网逆变器发出干扰信号，对微电网的电能质量可能会产生影响；开关状态检测法无盲区、不影响电能质量，但需要一些关联性开关与微电网进行通信，实现起来较为复杂或是经济性略差。

2.4.2　微电网保护方案

与含分布式电源的配电系统保护方案相比较，微电网保护方案的特殊性在于必须满足微电网独立运行时的特殊要求。当微电网处于独立运行模式时，由内部的分布式电源为负载供电，此时由于失去了配电系统的较大的短路容量支持，其内部馈线上的故障特征将与由配电网供电运行时有很大的不同。本节利用美国电力可靠性技术解决方案协会(Consortium for Electric Reliability Technology Solutions，CERTS)微电网结构，分析微电网独立运行时保护配置方案[21]，系统结构如图2.9所示。

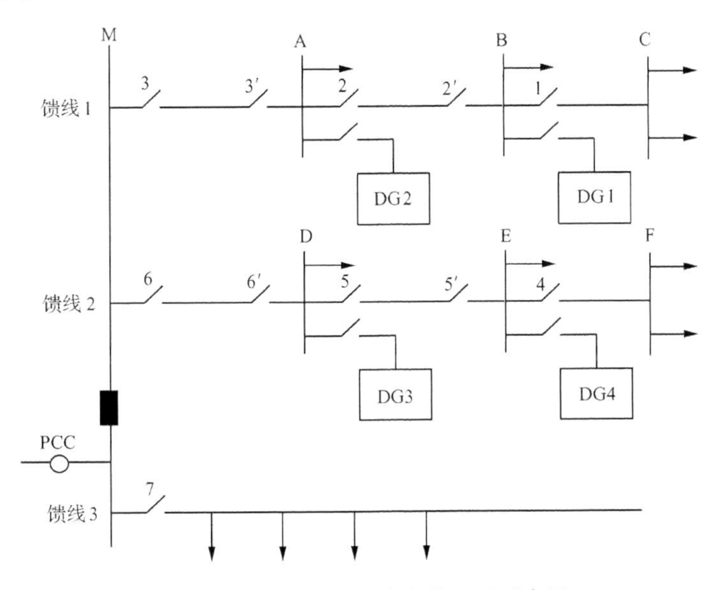

图2.9　微电网独立运行保护配置示意图

在图2.9所示微电网中，PCC表示微电网与外部电网的公共连接点，在微电网处于独立运行模式时，该点处开关打开；假定这里的分布式电源都是逆变型分布式电源，用DG表示；微电网内部有三条馈线，其中馈线1和馈线2上连接有对供电可靠性要求较高的重要负荷，分布式电源分散安装在馈线上的不同位置，这种接入形式有助于减少线路损耗和提供馈线末端电压支撑，馈线3向普通负荷供电，没有安装分布式电源；每个分布式电源出口处都配有断路器，同时具备功率和电压控制器，可以在能量管理系统或本地控制器的控制下，调整各分布式电源功率输出以调节馈线潮流。

目前，在低压配电系统中，馈线一般只装设电流速断和过电流保护即可满足保护范围及保护配合的要求。过电流保护根据被保护设备及配合要求可以采用定时限电流保护或反时限电流保护。只有当所安装的相间短路保护对单相接地短路灵敏度不够时，才需装设零序过电流保护。考虑到由外部配电网供电时对线路的保护，图 2.9 所示微电网中的断路器 1～7 装有电流瞬时速断保护和反时限过电流保护。考虑到微电网独立运行时故障电流特征的特殊性，需在保留上述两种保护的同时，在断路器 1～7 上加装电流闭锁低电压保护与负序电压启动过流保护。由于微电网内线路上发生故障时故障特征主要表现为电压跌落明显，而短路电流受逆变器限流控制作用并不是非常大，这与配网为负载供电时有很大不同。在线路上发生对称性故障时，保护安装点处的相电压（相对中线电压）会降得较低；而对于不对称故障，保护处的负序电压也较大。因此，适宜将电流闭锁电压保护与负序电压启动过电流保护共同用作线路的保护。

保护 1～7 的电流闭锁低电压保护Ⅰ段可按照微电网孤岛最小运行方式进行整定，例如，对于保护 1 而言，考虑只有容量最小的 DG 为负载供电，且母线 C 上发生单相接地短路时，按照母线 B 上的残余电压进行低电压继电器的整定。对于保护 7 的Ⅰ段，按照 DG1 到 DG4 等效到母线 M 上容量较小的一方进行整定。保护Ⅱ段按照四个分布式电源全部投入运行时下一段母线上发生三相故障时本母线的残余电压进行整定。动作时限的整定依赖于保护范围校验，向上级依次增加 Δt。保护Ⅲ段的过电流继电器整定原则与Ⅰ、Ⅱ段一样，均是按照当前线路的最大负荷电流进行整定。在断路器 2、3、5 和 6 对端的断路器 $2'$、$3'$、$5'$和 $6'$上也需要安装电流闭锁低电压保护和负序电压启动过流保护，整定原则同上。由于电流闭锁低电压保护的Ⅰ、Ⅱ段分别用最小运行方式和最大运行方式整定，因此可以保证对线路全长的保护，而动作时限的整定则确保了保护的选择性要求。负序电压启动过流保护对非对称性故障具有较高的灵敏度，可以与原有的反时限过电流保护共同作为线路的后备保护。综上所述，如图 2.9 所示的微电网孤岛运行保护配置方案不会失去选择性，可以与线路上的原电流瞬时速断和反时限过电流保护构成一套有效的微电网内部线路保护方案。

2.5 微电网能量管理系统

微电网内可采用的分布式电源的种类很多，一些基于可再生能源的分布式电源（如光伏发电系统、风力发电系统）的输出功率具有较强的随机波动性，有些微电网还需要满足用户冷/热/电综合负荷的需求，所有这些因素对微电网的运行优化与能量管理提出了更高的要求。为了充分发挥微电网对分布式电源、储能装置以及相关负荷的管理能力，有效提高微电网安全、稳定、经济运行水平，微电网能量管理系统（microgrid energy management system，MEMS）成为必不可少的有效手段。与传统电力系统的能量管理系统不同，MEMS 需要充分结合微电网自身的特点，通过对微电网内部数据的实时监控以及外部信息的及时交互，制定合理的经济运行方案，对微电网设备进行有效的管理和控制。MEMS需综合考虑微电网的各种运行模式、设备运行条件以及外部相关信息，对分布式电源、储能装置、负荷进行协调优化控制和管理。

MEMS的功能可以分为能量管理、数据采集与监视控制（SCADA）两个功能模块，配套以支持性的软硬件平台。MEMS通过与微电网、运行人员、配电网能量管理系统的通信和人机交互实现其基本功能，如图2.10所示。

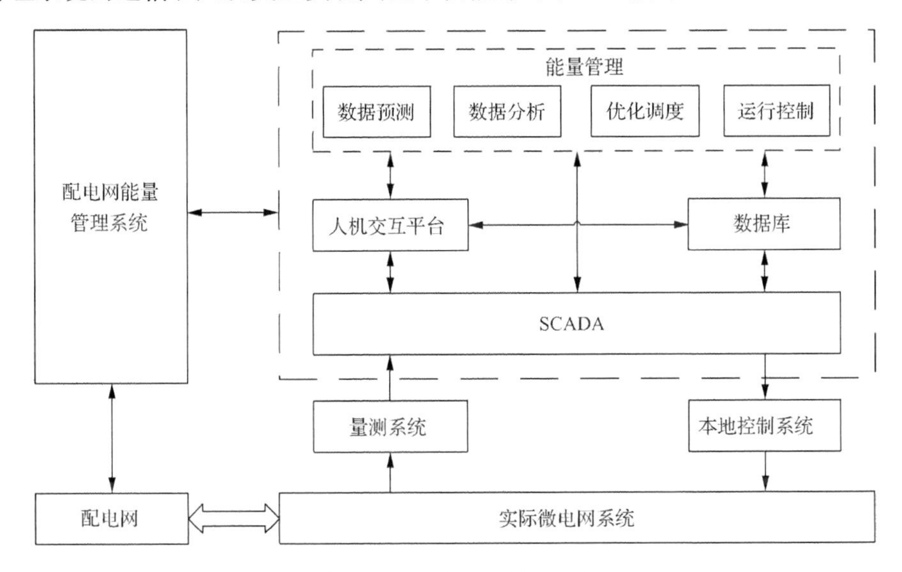

图2.10　MEMS功能示意图

1. SCADA

作为MEMS与微电网物理系统联系的总接口环节，除为其他模块提供数据源外，还能接受其他模块发出的指令。通过数据交互，SCADA模块一方面从实际微电网系统的量测系统采集微电网与配电网联络线、母线、负荷、分布式电源及储能系统的运行状态数据，并将其传输给能量管理模块，同时通过人机交互平台显示给外部系统，实现全网信息实时监测，另一方面还能够将能量管理模块发出的决策控制指令以及从人机交互平台输入的相关信息传递给实际微电网，对分布式电源及储能设备传达相应指令。此外，SCADA还能将采集到的数据及事件上传到数据库中，以供随时查询。

2. 能量管理模块

能量管理模块是MEMS的核心模块。能量管理模块需要综合考虑SCADA提供的实时监控数据、人机交互平台提供的政策及市场信息、数据库提供的历史记录数据，对微电网实时运行状态进行决策和调整，同时将相关决策和控制信息传递给 SCADA 模块以及数据库进行存储，并通过人机交互平台向外部系统输出。根据能量管理模块的主体功能，可以将其划分为四个子模块。

(1) 数据预测子模块，既包括对风电、光伏等分布式电源的出力预测，也包括负荷预测，在对历史数据进行分析的基础上建立合理的预测模型，并结合未来气象预测信息以及用户侧需求信息进行预测，为能量管理优化调度提供输入数据。常用的预测方法包括基于数值天气预报模型的预测方法和基于历史数据的预测方法。

(2) 数据分析子模块，根据 SCADA 提供的实时量测数据，结合预测数据对调度方案进行修正，使其满足微电网安全稳定运行的要求。

(3) 优化调度子模块，根据数据预测结果，结合微电网外部政策及市场信息、微电网系统和设备运行约束、微电网-配电网联络线功率约束等，同时根据经济效益、环境效益等的实际需求，制定合理的优化调度策略。

(4) 运行控制子模块，该模块从稳定运行的角度对设备的运行模式和功率进行实时监控和调节，以维持系统的电压、频率稳定。与优化调度子模块相比，运行控制子模块的时间尺度小，对实时性的要求更高，需结合在线状态估计和超短期数据预测技术加以实现。

对 MEMS 的功能，还可以从时间尺度进行划分，分别包括数天级、小时级能量管理功能和秒级、毫秒级控制功能，如图 2.11 所示。其中，优化调度的时间尺度多是针对一天做出日前调度计划，数据分析则是每个小时根据预测数据针对调度计划做出相应的调整，数据预测是日前优化调度和小时级数据分析的基础，运行控制

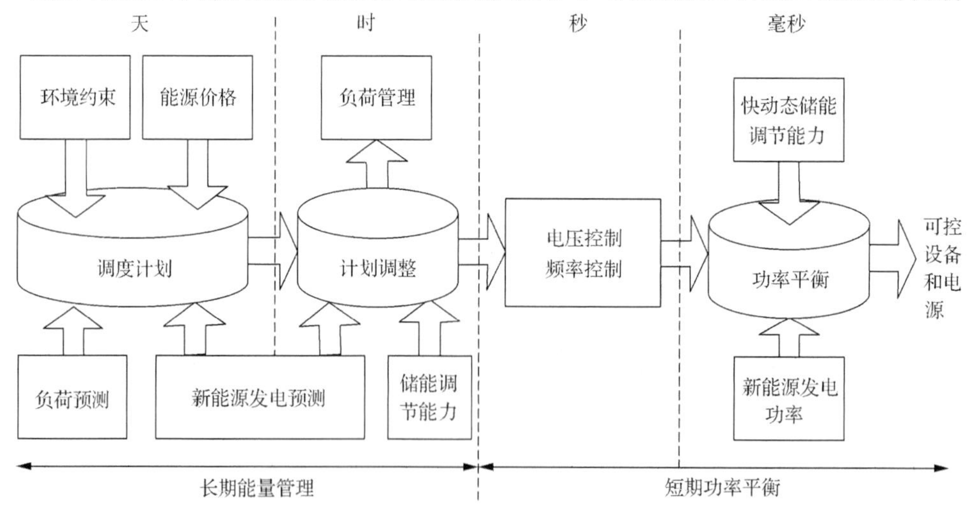

图 2.11　按时间尺度划分的 MEMS 功能

则是根据系统的实时运行情况做出秒级甚至毫秒级的控制。图2.11中新能源发电是指风力发电、光伏发电等间歇式不稳定电源。

作为MEMS的核心，优化调度子模块的任务是制定微电网的运行优化调度策略，需要根据系统运行目标、满足系统安全运行的约束条件，构造微电网运行优化问题，通过对优化问题的求解获得系统的优化运行调度策略。通常情况下，优化调度主要通过以下几个步骤实现。

1. 数据预测

数据预测是优化调度的前提和基础。考虑到系统中风力发电、光伏发电以及负荷的不确定性，在制定优化调度策略前需要对相应的数据进行合理的预测。预测过程通常可以概括为历史数据分析、预测建模和确定预测结果三个环节。

历史数据分析：预测时首先要重视原始数据的收集与分析，特别是剔除其中的"异常数据"或"伪数据"，这些数据可能是由于历史上的突发事件或某些特殊原因而产生的。"异常数据"或"伪数据"的存在会影响预测系统的预测精度，必须采取措施排除其带来的不良影响。

预测建模：即从样本集中寻找某一数值的计算规律，它包含特征提取和建模两个步骤。特征提取是指从已知数据中选取有代表性的数据，用于组成特征向量，并假设特征向量包含的信息足够对目标输出进行预测。此时需要考虑的问题主要有如何构建特征向量、特征向量需要包含哪些信息、对这些信息进行何种预处理(如归一化、差分)等。同时，预测模型是多种多样的，不同的模型可能适用于不同的数据。正确选择预测模型在进行预测时是关键性的一步，模型选择不当，可能会造成预测误差过大。经常采用的模型有线性回归模型、时间序列模型、灰色系统模型、神经网络模型等。

确定预测结果：通过选择适当的预测技术，建立用来进行预测的数学模型，得到预测值。通过综合分析、对比、判断推理和评价，对初步预测结果进行调整和修正，分析预测误差和预测结果的准确性，最终获得预测结果。

2. 目标函数与约束条件

优化调度模型的目标函数可以有多种表述形式，既可以采用经济成本最小化、环境效益最大化、能源消耗最小化等单一的目标函数，也可以是某两个或多个目标函数的组合。当建立微电网的多目标优化调度模型时，考虑到不同目标之间可能存在冲突，应充分结合系统当前条件进行折中，实现微电网综合效益的最大化。通常，经济成本最小化是主要的运行目标，它包括燃料消耗成本、设备折旧成本[22](指发电机、风电机组、光伏和储能等设备的安装成本折算到每小时运行或单位输出功率的成本)、设备运行维护成本等，对于联网型微电网还要包括从电网购电的成本以及向电网售电的收益。

约束条件主要包括两类，即设备运行约束和系统运行约束。设备运行约束主要是指设备自身的约束条件，如一些设备的功率上、下限约束、运行时间约束、容量约束等。系统运行约束主要包括系统中的功率平衡约束、电网购电量约束、蓄电池充/放电始末 SOC 约束等。

3. 优化调度策略

对微电网进行优化调度需要制定合理的调度策略。优化策略通过对前述优化问题的求解获得相关的策略，又可分为静态优化策略和动态优化策略。静态优化策略是根据当前时刻或时段的负荷需求、各分布式电源的发电成本及额定功率，按照相应的目标函数最优的原则依次确定设备的运行组合及输出功率。该种策略不考虑各时段之间的相互关联，分别独立地对各时段进行优化。动态优化策略是根据未来多个时间段的预测数据，对调度周期内目标函数进行优化。由于动态优化策略考虑了多时段设备运行之间的协调配合，一般而言能获得比静态优化策略更理想的优化效果，但前提是能够更加准确地掌握微电网的运行数据与运行条件。在实际系统中这一点有时并不容易做到。对于实际微电网，采用什么样的调度策略制定方法需要结合系统的实际运行情况决定。此外，在制定调度策略时还要综合考虑微电网内设备类型和运行目标的多样性[23]，风、光等可再生能源发电、负荷需求等的随机性[24]因素对优化结果产生的影响。

值得特别指出的是，在实际微电网中，采用启发式方法制定其运行调度策略也是常用的选择。对于简单的微电网，通过对系统各种运行工况进行全面细致的分析，可以确定出在各种工况下的设备启停逻辑，根据这些逻辑即可以决定微电网中可调度设备的运行策略。通过事先拟定好这样的运行逻辑策略，可以有效地实施微电网的运行调度。对于这种通过启发式方法制定的调度策略，尽管没有直接建立调度问题的优化模型并加以求解，但在制定调度策略时，需要充分考虑各种运行工况下系统和设备的运行约束条件，以及系统运行时需要追求的运行目标，启发式寻找调度策略的过程也就是求解优化问题的过程。这种策略制定方法对于独立型微电网(如海岛供电系统)应用的非常普遍。

MEMS 通常包括集中式和分布式两种结构类型[25]，目前应用较为广泛的是集中式 MEMS。在典型的集中式 MEMS 中，通常设置一个微电网中央控制器(MGCC)，用于实现 MEMS 的能量管理功能，由其统一对系统内所有设备进行优化和控制。MGCC 根据 SCADA 模块采集的系统运行信息，结合负荷与可再生能源的预测数据，以及外部提供的政策和市场信息，通过合理的优化调度，确定可控负荷的投切状态、各设备的起停状态、分布式电源以及储能系统的功率输出，并将指令下达给对具体设备进行控制的各本地控制器。集中式 MEMS 需要对整个系统的运行状态和实时信息进行监控，同时还要对所有设备下发实时控制信号，因此在 MGCC 和本地控制器之间需要一个可靠、高速的通信网络。由于集中式 MEMS 能及时有效的掌握微电网的全局信息，有利于对系统中发生的扰动和故障及时做出响应，并对微电网的发电调度与设备控制进行统筹规划。但集中式 MEMS 也有灵活性差的问题，难以满足未来微电网对“即插即用”功能的要求，且当微电网中的任何一点的通信或设备运行出现故障时都会影响其整体功能，甚至危害整个微电网的稳定运行。

与集中式 MEMS 不同，分布式 MEMS 通过本地控制器对各设备进行独立决策和管理。每个本地控制器通过与相邻本地控制器进行信息交互，能够独自制定运行计划并对相应的设备进行控制。此类结构中弱化了 MGCC 的功能，只利用其与外部进行信息交互并处理特殊情况，当微电网发生通信或设备故障时其余部分仍可正常运行。由于这种结构不需要同时对大量数据进行处理，减少了 MGCC 的计算时间和通信负担。尽管分布式能量管理系统的灵活性适合于实现微电网的“即插即用”功能，但由于分布式 MEMS 在系统设计方面的挑战性，集中式 MEMS 仍是当前的主流。

2.6　微电网规划设计

微电网规划设计的目的是根据规划期间内的综合用能情况、可再生能源资源情况和现有网络的基本状况确定最优的系统建设方案，使得系统的建设和运行费用最小。规划设计工作需依据特定的优化目标和系统约束，确定系统最优配置（包括设备类型、设备容量）与分布式电源的选址，优化系统的建设方案。

由于可再生能源的随机性和波动性对微电网的可靠运行影响较大，同时有别于常规电网的规划，微电网的规划设计问题与其运行优化策略具有高度的耦合性，规划时必须充分考虑运行策略的影响，综合考虑系统全生命周期内的运行信息对微电网进行优化规划设计。而微电网运行策略多样，也增加了微电网规划设计问题的复杂性。一般而言，微电网规划设计工作的流程如图 2.12 所示。

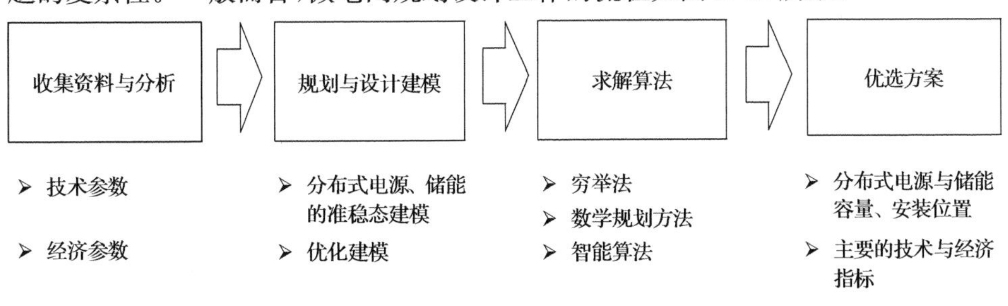

图 2.12　微电网规划设计基本工作流程

对于网络结构比较简单的微电网，其规划设计可以凭借常规电网设计者的经验完成，微电网网络结构规划一般不作为重点，主要关注微电网内分布式电源设备的容量和类型规划设计。

实现微电网合理规划设计的首要前提是对微电网规划相关资料的准确收集与分析，主要可分为技术参数和经济参数两大类。技术参数主要包括历史负荷需求及增长趋势，环境数据，风速、光照等可再生能源的历史分布信息，现有系统的网架信息，以及供备选的分布式电源与储能的相关物理参数等。经济参数包括投资利率、通胀率、贴现率等宏观经济参数，也包括电价、燃料价格、设备单价等微观经济参数，这些将最终影响各方案的经济性评价结果。

对可再生能源和负荷需求的分布特性进行分析时，主要包括确定性分析和不确定性分析两种方法。确定性分析主要是指微电网规划设计中所涉及的风、光等资源情况与负荷需求等信息来源于历史记录数据。一种典型应用即利用风速、光照强度与负荷等信息的全年 8760h 的历史数据，对微电网的运行情况进行序贯分析。这种方法简单直接，但获取小时级的现场历史气象信息的难度较大，特别是对于偏远地区或海岛。即使能够获得完整的全年历史信息并对微电网的运行情况进行分析，这样得到的结果也有一定的局限性，并不能全面地反映系统未来可能的运行情况。

微电网规划设计优化模型需要按照规划设计要求，基于各设备的准稳态运行模型，从技术、经济和环境等不同角度选定合理的优化变量、目标函数和约束条件，形成规划设计优化问题的数学描述。鉴于微电网的运行优化问题与规划设计问题存在一定程度的耦合，需要在微电网规划设计阶段考虑系统运行中各设备的准稳态运行模型。

微电网规划设计问题的优化模型可以用下面的一般性表达式加以描述：

$$
\begin{aligned}
&\min f_i(\boldsymbol{X}),\ i=1,2,3,\cdots \\
&\text{s.t.} \\
&\boldsymbol{G}(\boldsymbol{X})=0 \\
&\boldsymbol{H}(\boldsymbol{X})\leqslant 0 \\
&\boldsymbol{X}\in\boldsymbol{\Omega}
\end{aligned}
$$

式中，$\boldsymbol{X}$表示优化向量；f_i 表示目标函数；$\boldsymbol{\Omega}$表示可行解空间；$\boldsymbol{G}$和$\boldsymbol{H}$ 分别表示等式约束和不等式约束构成的函数集合。

微电网规划设计的目标可以是系统成本的最小化、投资净收益的最大化、污染物排放的最小化、系统供电可靠性的最大化等目标中的单个或者多个。

优化变量主要包括分布式电源、储能装置与冷/热/电联供系统相关设备的型号、容量和位置。设备安装位置和容量将会影响到系统短路电流的大小、节点的电压分布等。合理的安装位置和容量有助于改善网络电压水平，减小系统损耗。考虑到实际的工程应用条件及一些技术的限制，这里提及的优化变量基本都是离散变量，如风电机组的类型(包括容量类型)与台数、柴油机组的台数、光伏组件支路的并联数(光伏组件支路的串联数由其所连接变流器的直流侧电压确定)等。可以在进行优化规划设计前明确可选的设备类型，然后通过优化问题的求解从中选择出最佳方案。

约束条件包括：微电网电(冷、热)功率平衡约束；设备运行约束条件，如设备出力上下限限制、爬坡率限制、运行时间限制、储能存储容量约束等；最小能源利用率约束、最大碳排放量限制等；总成本的最大值约束，投资回收期约束等；相关设备的安装面积及台数的限制；微电网供电可靠性约束、供热和供冷可靠率约束、系统供能质量约束等。

鉴于微电网规划设计与运行优化问题的耦合性，运行策略及与其相关的一些参数也可作为待决策的变量。具体建模时，一种方法是将所有变量统一到同一目标函数内；另外一种是将运行优化问题和规划设计问题分为两个层次区别对待，采用两阶段的建模方式[26]，即第一阶段主要确定设备的型号、位置与容量，在此基础上，确定系统的运行策略及其相关的参数。对于运行优化问题，可以基于全年历史数据进行序贯优化，也可采用典型运行场景进行优化。规划设计和运行策略的求解过程如图2.13所示。

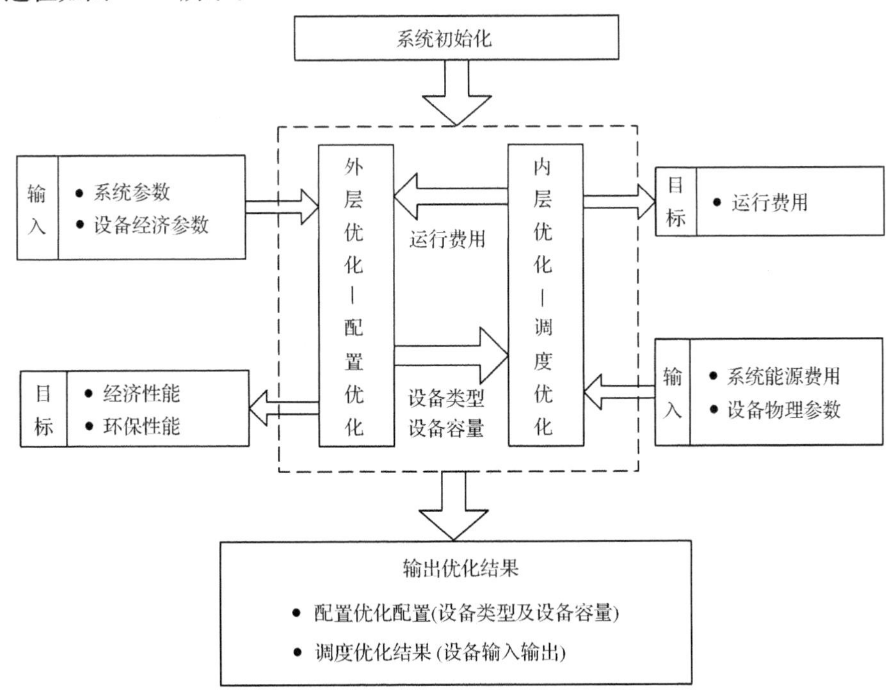

图2.13　微电网规划设计基本工作流程

2.7　微电网仿真与实验

微电网具有很复杂的动态行为，为保证其安全、可靠、经济的运行，在实际工程实施前，一般需要进行详细的实验仿真测试研究工作。实验仿真系统主要包括数字仿真、数字-实物混合仿真以及物理实验系统。

数字仿真具有投资少、受硬件条件限制小、系统仿真规模易于扩充、各种元件参数易于调整、可模拟各种极端和复杂运行环境和工作条件下的系统动态行为等特点。在常规电力系统数字仿真研究中，根据动态过程时间尺度的不同，针对电磁暂态过程和机电暂态过程发展出相应的电磁和机电暂态仿真程序。针对微电网不同时间尺度动态过程的具体特点，也可以开发出相应的数字仿真软件。这些数字仿真软件均用于离线研究工作，尽管可以对微电网控制与保护、能量优化管理策略等进行分析和验证，但由于受仿真速度和微电网建模精度影响，难以非常真实的反映实际装置和设备的运行特性。

数字-实物混合仿真系统是利用实时数字仿真系统与实际物理装置构成的半实物仿真系统。实时数字仿真技术可以保证仿真速度与实际系统的动态过程一致性。以加拿大 Manitoba 直流研究中心发展的 RTDS 为代表的仿真系统已在常规电网中获得广泛应用[27]，实时数字仿真系统均能提供丰富的与外部系统实现数据交互的接口，在仿真过程中能够实时输出所研究系统的动态信息，并接收外部系统的控制信号等，因此可与外部实际物理装置构成软件-硬件闭环的混合仿真系统。利用微电网混合仿真系统对微电网软硬件进行闭环实时仿真测试，能有效缩短研发周期、方便测试和验证所研究的微电网运行特性及所提出的相应控制策略的控制效果。

物理实验系统是指专门用于微电网实验研究的物理模拟综合仿真实验平台，即微电网实验系统。这一系统完全由实际装备搭建而成，容量可大可小，分布式电源等所有装备均采用真实的系统。这样的系统可以真实反映实际系统的动态行为，特别适用于一些硬件装备（如控制器、保护装置等）的研究测试，其缺点是灵活性不如数字仿真或混合仿真系统。但这类实验平台常常是微电网中一些关键装置开发的重要工具，结合实验对理论分析进行验证性研究，可为微电网关键技术研究及应用基础研究工作提供坚实的基础支撑。目前，国内外已建成了多个微电网实验平台[28,29]。比较典型的有 CERTS 在俄亥俄州建立的多母线结构的微电网示范平台、德国的 Demotec 微电网实验室、希腊的 ICCS-NTUA 微电网实验室及天津大学的微电网综合仿真实验系统等。

参考文献

[1] 王成山. 微电网分析与仿真理论[M]. 北京:科学出版社,2013.

[2] Lasseter R, Akhil A, Marnay C, et al. White paper on integration of distributed energy resources. The CERTS MicroGrid concept[EB/OL]. http://certs. lb l. gov/pdf/LBNL_50 829. pdf.

[3] Peas L J A, Moreira C L, Madureira A G. Defining control strategies for microgrids islanded operation[J]. IEEE Transactions on Power Systems, 2006, 21(2): 916-924.

[4] 王成山,李琰,彭克. 分布式电源并网逆变器典型控制方法综述[J]. 电力系统及其自动化学报,2012, 24(2):12-20.

[5] Peas L J A, Moreira C L, Madureira A G. Defining control strategies for microgrids islanded operation[J]. IEEE Transactions on Power Systems, 2006, 21(2): 916-924.

[6] Lu X N, Guerrero J M, Sun K, et al. Hierarchical control of parallel AC-DC converter interfaces for hybrid microgrids[J]. IEEE Transactions on Smart Grid, 2014, 5(2): 683-692.

[7] Vasquez J C, Guerrero J M, Luna A, et al. Adaptive droop control applied to voltage-source inverters operating in grid-connected and islanded modes[J]. IEEE Transactions on Industrial Electronics, 2009, 56(10): 4088-4096.

[8] Wang C S, Li Y, Peng K, et al. Coordinated optimal design of inverter controllers in a micro-grid with multiple distributed generation units[J]. IEEE Transactions on Power Systems, 2013, 28(3): 2679-2687.

[9] Chung I Y, Liu W, Cartes D A, et al. Control methods of inverter-interfaced distributed generators in a microgrid system[J]. IEEE Transactions on Industry Applications, 2010, 46(3): 1078-1088.

[10] Shigeyuki S, Saburou M, Kimio M, et al. Site test of Power System Stabilizer in Micro-Grid into which a large amount of PV Power generation system are introduced[C]//CIGRE SC C4 Kushiro Colloquium, Kushiro, 2009: 167-172.

[11] Fakham H, Lu D, Francois B. Power control design of a battery charger in a hybrid active PV generator for load-following applications [J]. IEEE Transactions on Industrial Electronics, 2011, 58(1): 85-94.

[12] 张野,郭力,贾宏杰,等. 基于电池荷电状态和可变滤波时间常数的储能控制方法[J]. 电力系统自动化, 2012, 36(6): 34-38.

[13] 王成山,刘梦璇,陆宁. 采用居民温控负荷控制的微电网联络线功率波动平滑方法[J]. 中国电机工程学报, 2012, 32(25): 109-117.

[14] He J, Li Y W. An enhanced microgrid load demand sharing strategy[J]. IEEE Transactions on Power Electronics, 2012, 27(9): 3984-3995.

[15] Piagi P, Lasseter R H. Autonomous control of microgrids[C]//IEEE Power Engineering Society General Meeting, Montreal, 2006: 1-8.

[16] Shafiee Q, Vasquez J C, Guerrero J M. Distributed secondary control for islanded microgrids—A novel approach[J]. IEEE Transactions on Power Electronics, 2014, 29(2): 1018-1030.

[17] Kwon J, Yoon S, Choi S. Indirect current control for seamless transfer of three-phase utility interactive inverters[J]. IEEE Transactions on Power Electronics, 2012, 27(2): 773-781.

[18] Liu Z, Liu J J. Indirect current control based seamless transfer of three-phase inverter in distributed generation[J]. IEEE Transactions on Power Electronics, 2014, 29(7): 3368-3383.

[19] IEEE. IEEE Standards 1547, IEEE Standard for Interconnecting Distributed Resources with Electrical Power Systems[S], 2003.

[20] 程启明,王映斐,程尹曼,等.分布式发电并网系统中孤岛检测方法的综述研究[J].电力系统保护与控制,2011,39(6):147-153.

[21] 李盛伟,李永丽.微型电网故障分析及电能质量控制技术研究[D].天津:天津大学,2010.

[22] 丁明,张颖媛,茆美琴,等.集中控制式微电网系统的稳态建模与运行优化[J].电力系统自动化,2009,33(24):78-82.

[23] Ren H B,Zhou W S,Nakagami K,et al. Multi-objective optimization for the operation of distributed energy systems considering economic and environmental aspects[J]. Applied Energy,2010,87(12):3642-3651.

[24] 刘宝碇,赵瑞清,王纲.不确定理论与优化丛书[M].北京:清华大学出版社,2003.

[25] Su W C,Wang J H. Energy management systems in microgrid operations[J]. The Electricity Journal,2012,25(8):45-60.

[26] Guo L,Liu W J,Cai J J,et al. A two-stage optimal planning and design method for combined cooling,heat and power microgrid system[J]. Energy Conversion and Management,2013(74):432-745.

[27] Jeon J H,Kim J Y,Kim H M,et al. Development of hardware in-the-loop simulation system for testing operation and control functions of microgrid[J]. IEEE Transactions on Power Electronics,2010,25(12):2919-2929.

[28] 王成山,杨占刚,王守相,等.微电网实验系统结构特征及控制模式分析[J].电力系统自动化,2010,34(1):99-105.

[29] Wang C S,Yang X S,Wu Z,et al. A highly integrated and reconfigurable microgrid testbed with hybrid distributed energy sources[J]. IEEE Transactions on Smart Grid.

第3章　微电网关键电力电子装置及其控制

3.1 引　　言

常规大电网中电源主要为同步发电机,微电网内主要分布式电源如光伏、风力发电、微型燃气轮机、燃料电池等,主要储能单元如铅酸蓄电池、锂电池、超级电容、飞轮储能等,其输出为直流电或非工频交流电,通常需要通过相应的DC-DC、AC-DC和DC-AC等电力电子装置接入微电网或为交流负荷供电,因此,电力电子变流器已经成为微电网内分布式电源或储能系统电能转换的关键设备。微电网通常与外部电网并联运行,当电网出现故障或电能质量无法满足微电网内重要负荷的要求时,微电网需要快速且无缝切换至独立运行状态,为本地关键负荷提供高质量电能。为快速隔离电网故障或切断微电网与主网的电气联系,微电网并网点开关通常需要特殊配置。基于电力电子技术的静态开关一般能够实现快速关断,可以满足微电网并网点开关的要求。本章将重点围绕微电网中电力电子变流器、静态开关等关键电力电子设备的工作原理和控制策略等内容进行介绍。

3.2 关键电力电子装置

图3.1给出了一种典型的微电网的结构示意图,图中将微电网内分布式电源或储能单元主要分为交流型和直流型两类。其中直流型分布式电源(如光伏、燃料电池发电系统)与直流型储能系统(如锂电池储能系统、超级电容器储能系统等)可以通过DC-AC变流器直接接入微电网交流母线,然后为本地交流负荷供电或直接通过并网开关并入大电网,也可以通过DC-DC变流器接入微电网直流母线,为直流负荷供电;交流型分布式电源(如风力发电系统,包括双馈风力发电系统、永磁直驱风力发电系统等和微型燃气轮机发电系统等)与交流型储能系统(如飞轮储能、压缩空气储能系统等)可以通过AC-DC-AC变流器直接接入微电网交流母线,也可以通过AC-DC变流器接入微电网直流母线。

微电网中接入直流母线处的分布式电源、储能和本地负荷可以单独形成直流微电网。为提高供电可靠性和经济性,直流微电网也可以通过双向DC-AC变流器与交流母线相连,进而并入交流微电网系统,实现交直流系统相互支撑[1]。

微电网通常与外部电网并联运行,当电网出现故障或电能质量无法满足微电网内重要负荷的要求时，微电网需要快速且无缝切换至独立运行状态，为本地关键负荷提供高质量电能。为快速隔离电网故障或切断微电网与主网的电气联系，微电网并网点开关通常需要特殊配置，如采用基于电力电子技术的静态开关[2,3]。

微电网中的电力电子设备类型较多，这里重点对 DC-DC 变流器、DC-AC 变流器与静态开关的基本原理进行介绍。

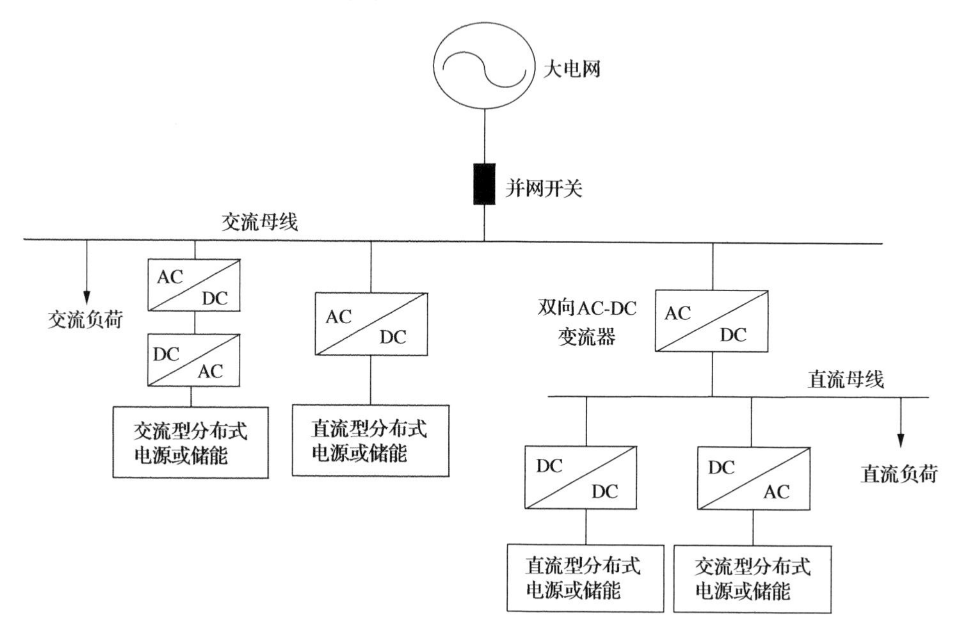

图 3.1 典型微电网结构

3.3 DC-DC 变流器典型应用及控制

3.3.1 非隔离型 DC-DC 变流器

1. 典型拓扑结构

常见的非隔离型 DC-DC 变流器拓扑主要有 Boost 变流器、Buck 变流器和 Buck-Boost 双向变流器三类[4]，其主回路结构分别如图 3.2(a)～(c)所示。

图 3.2(a)所示 Boost DC-DC 变流器为升压电路，是输出直流电压 u_{dc} 高于输入直流电压 u_s 的非隔离直流变换器。图中 L_{dc} 为升压电感，D_1 为续流二极管，S_1 为全控型开关管(如 IGBT 等)。

当 Boost 变流器处于稳态时，Boost 电路变压比通常满足如下关系：

$$u_{dc} = Mu_s = \frac{1}{1-d_1}u_s \tag{3.1}$$

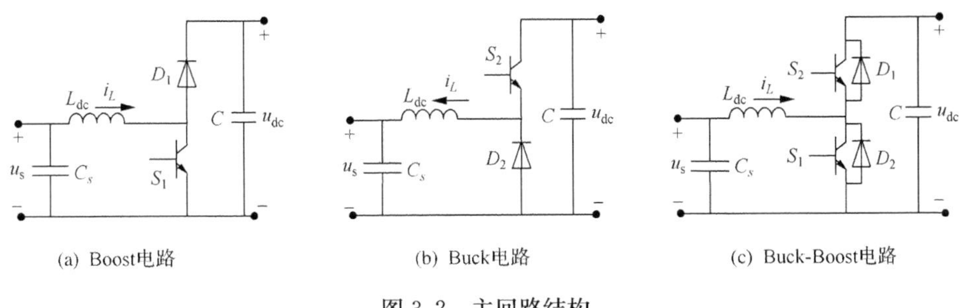

图 3.2　主回路结构

改变开关管 S_1 在一个开关周期 T_s 中的导通时间，即改变导通占空比 d_1，可以改变变压比 M。

图 3.2(b)所示 Buck DC-DC 变流器为降压电路，是输出直流电压 u_s 低于输入直流电压 u_{dc}的非隔离直流变换器。图中 L_{dc}和 C_s 构成 Buck 型电路的 LC 滤波电路，D_2 为续流二极管，S_2 为全控型开关管(如 IGBT 等)。

当 Buck 变流器处于稳态时，Buck 电路变压比通常满足如下关系：

$$u_s = Mu_{dc} = d_2 u_{dc} \tag{3.2}$$

改变开关管 S_2 在一个开关周期 T_s 中的导通时间，即改变导通占空比 d_2，可以改变变压比 M。

由上述分析可知，Boost 电路只能实现升压功能，Buck 电路只能实现降压功能，二者均为能量单向流动方式。将二者组合则可构成半桥型 Buck-Boost 双向变流器，允许能量的双向流动。如图 3.2(c)所示，当开关管 S_1(即下桥臂)进行 PWM 调制，开关管 S_2(即上桥臂)关断时，电路处于 Boost 运行状态；当开关管 S_2(即上桥臂)进行 PWM 调制，开关管 S_1(即下桥臂)关断时，电路处于 Buck 运行状态。

2. 典型应用及控制策略

本节主要介绍图 3.2 所示三类典型非隔离型 DC-DC 变流器在微电网中的应用及相应控制策略。

1) Boost DC-DC 变流器

当微电网内直流型分布式电源(如光伏、燃料电池等)输出直流电压较低时，可采用 Boost 升压型 DC-DC 变流器作为能量转换接口，使其输出电压满足后级 DC-AC 逆变要求，从而接入交流微电网；亦可接入直流微电网内的相应电压等级的直流母线，其基本结构和相应的控制如图 3.3(a)所示。

若直流侧接入为光伏时，DC-DC 变流器控制系统的外环通常为最大功率跟踪控制(即 MPPT)；若直流侧接入为燃料电池等可控电源时，功率参考通常由上层

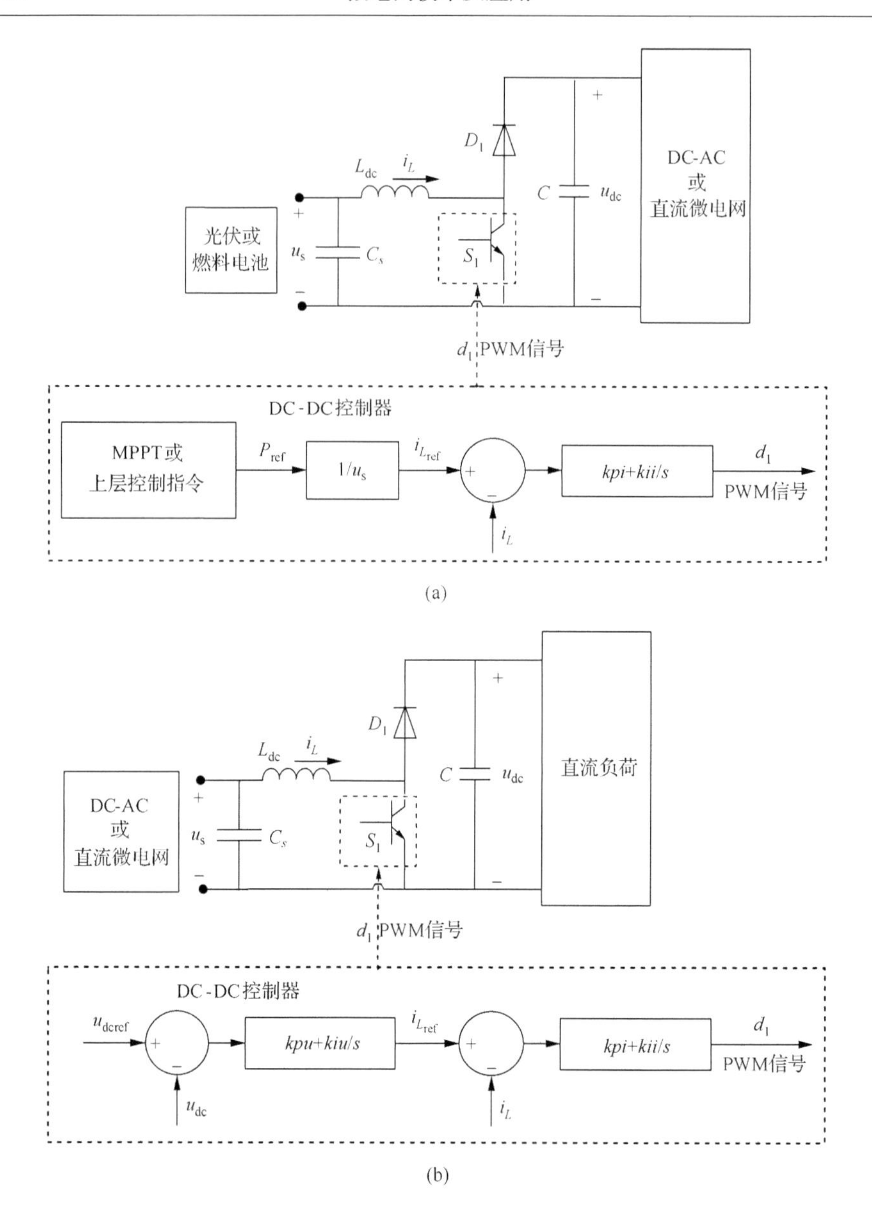

图 3.3　Boost DC-DC 变流器典型应用及控制

控制指令得到。由外环控制得到内环电感电流参考值，电流环通常采用比例-积分控制器(即 PI 控制)实现电感电流快速跟踪和无差调节[5]。

微电网内越来越多的负荷采用直流供电，为满足负荷需求，需要为其提供合适电压等级的直流电压。当直流负荷所需直流电压等级高于直流微电网内母线电压或 DC-AC 变流器的直流侧电压时，通常可选择 Boost DC-DC 变流器作为直流负载变换器，如图 3.3(b)所示。此时，DC-DC 变流器的控制目标主要为控制直流负荷端电压恒定，通常采用电压/电流双环控制[6]，电压参考取决于负荷需求。

2) Buck DC-DC 变流器

当微电网内直流型分布式电源（如光伏、燃料电池等）输出直流电压较高时，可采用 Buck 降压型 DC-DC 变流器作为能量转换接口，使其输出电压满足后级 DC-AC 逆变器要求，从而接入交流微电网；亦可接入直流微电网内的相应电压等级的直流母线，其基本结构和相应的控制如图 3.4(a)所示。DC-DC 变流器控制结构与

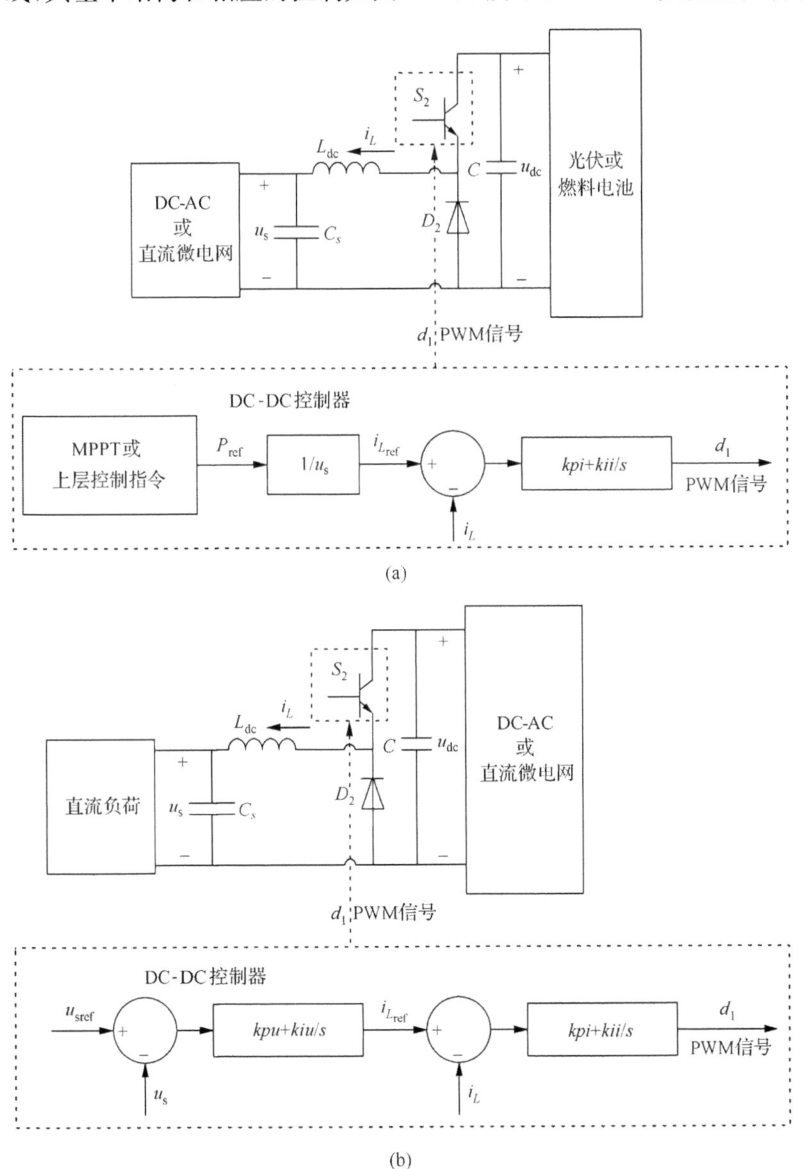

图 3.4　Buck DC-DC 变流器典型应用及控制

图 3.3(a)中类似。

当微电网内直流负荷所需直流电压等级低于直流微电网内母线电压或 DC-AC 变流器的直流侧电压时，通常可选择 Buck DC-DC 变流器作为直流负载变换器，如图 3.4(b)所示。此时，DC-DC 变流器的控制目标主要为控制直流负荷端电压恒定，控制结构与图 3.3(b)中类似，通常采用电压/电流双环控制，电压参考取决于负荷需求。

3) Buck-Boost 双向 DC-DC 变流器

微电网内直流型储能系统(如蓄电池、超级电容器组等)通常采用 Buck-Boost 双向 DC-DC 变流器作为能量转换接口，使其输出电压满足后级 DC-AC 逆变要求；或者接入直流微电网内的相应电压等级的直流母线，其基本结构和相应的控制如图 3.5 所示。

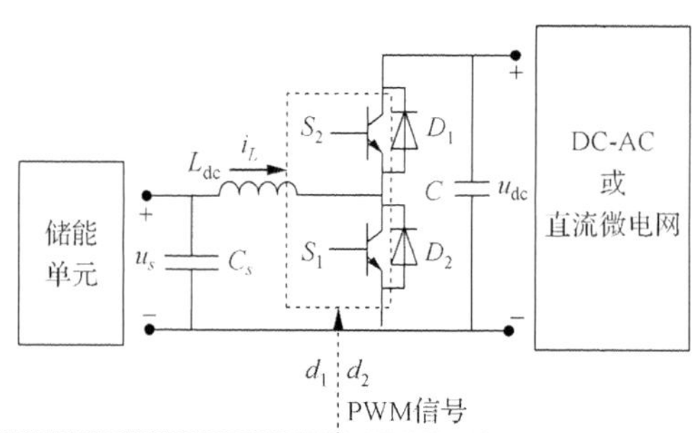

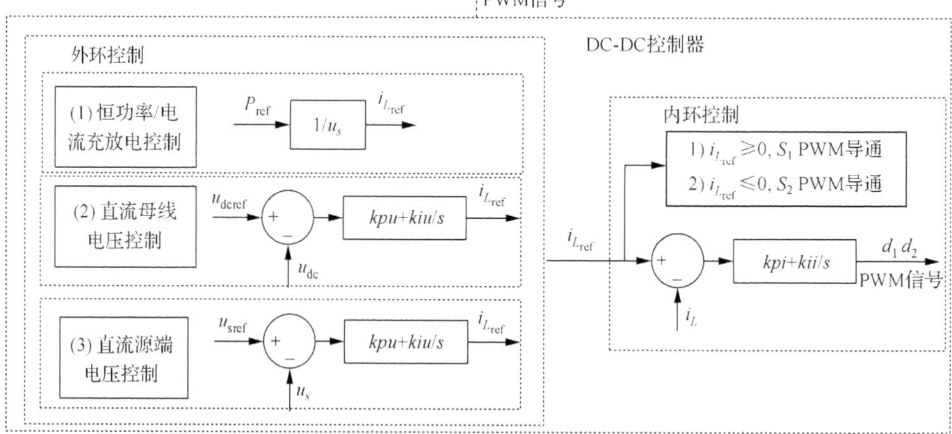

图 3.5　Buck-Boost 双向 DC-DC 变流器典型应用及控制

储能单元根据不同的应用场景，通常具有如下三种典型的控制模式。

1) 恒功率/电流充放电控制

当储能单元工作在接受调度运行模式时，其充放电功率或电流指令通常由上层能量管理系统下发；当储能单元工作在平抑微电网内间歇性可再生能源发电单元出力波动或平滑微电网与大电网联络线功率时，其充放电功率或电流指令可由相应的功率平滑算法得到[7,8]。

2）直流母线电压控制

当储能单元作为直流微电网内主电源，其DC-DC变流器通常采用直流母线电压控制，控制直流母线电压恒定，维持直流系统内功率平衡。当直流微电网中多个储能单元作为主电源时，每个储能单元及其相应的DC-DC变流器可采用如图3.6所示的P-U_{dc}下垂控制，直流母线电压参考值随变流器输出功率变化，通过设置合理的下垂曲线，既能实现多储能单元之间的功率合理分配，又能实现储能单元的即插即用，有利于提高系统供电可靠性[9-11]。但缺陷是直流母线电压会随系统运行状态的变化而发生变化，这时可以采取二次电压恢复控制算法来恢复直流母线电压至额定水平值[11-13]。

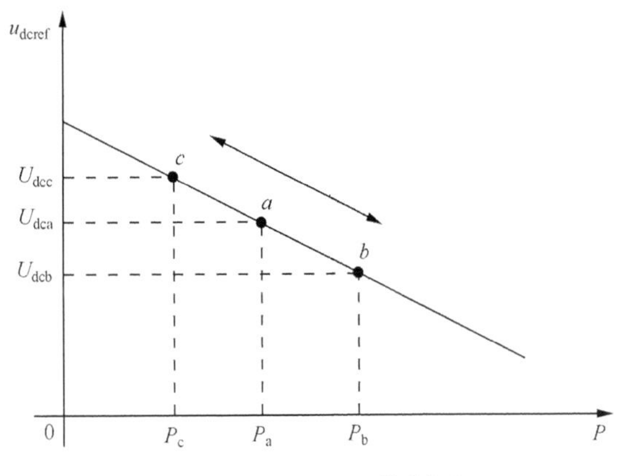

图3.6　DC-DC下垂控制原理

3）直流源端电压控制

如图3.5所示，u_s表示直流源端电压，当该侧接入电池储能单元时，即为电池储能端电压；u_{dc}表示直流母线电压，可由DC-AC变流器或直流微电网内其余分布式电源采用上述直流母线电压控制方法来控制。当储能单元需要进行恒压充电时，可以采用直流源端电压控制，即控制储能单元端电压u_s为给定参考值。

3.3.2　隔离型DC-DC变流器

1. 典型拓扑结构

在如图3.2所示的基本的Buck变流器、Boost变流器和Buck-Boost双向变流器中引入隔离变压器，可以使变流器的两端实现电气隔离，提高变流器运行的安全可靠性和电磁兼容性[4]。

图 3.7 所示为一种典型的隔离型 Buck 变流器，也称为单端正激变流器。正常工作时，开关管 S_1 和 S_2 同时导通和关断，当其处于稳态时，输入输出直流电压变压比通常满足如下关系：

$$u_{dc}=Mu_s=\frac{1}{n}du_s \tag{3.3}$$

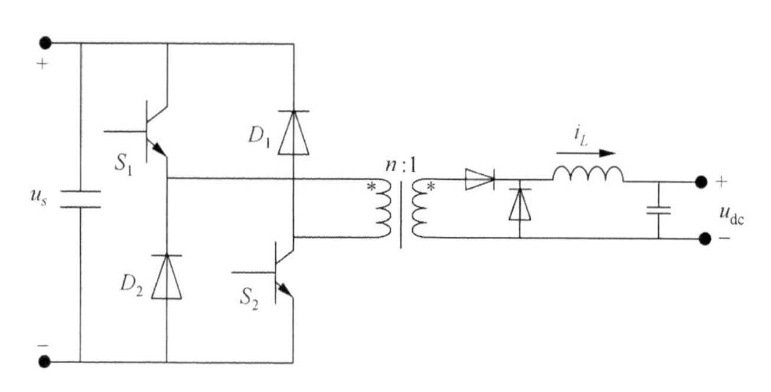

图 3.7　隔离型 Buck 变流器(单端正激变流器)

由上式可知，变流器两端直流电压的变压比不仅和开关管导通时间相关，也和隔离变压器变压比相关。因此，选择适当的变压器变压比 n 可匹配变流器输入端和输出端电压，即使两端电压相差很大，也能使 DC-DC 变流器的占空比 d 数值适中而不至于使占空比 d 远小于 1 以致开关管利用率过低，或 d 太接近于 1 而减小调控范围。

在传统的隔离型 DC-DC 变流器中，变压器磁通只在单方向变化，变压器铁心利用率低，且无法实现能量双向流动。2007 年，日本东京工业大学赤木泰文课题组提出如图 3.8 所示的双主动全桥拓扑(dual-active-bridge, DAB)[14]，将其作为核心电路普遍应用在新一代的高功率密度 DC-DC 变流器中。DAB 拓扑结构主要由两个全桥变换器 H_1 和 H_2、两个直流电容 C_1 和 C_2、一个辅助电感 L_1 和一个变

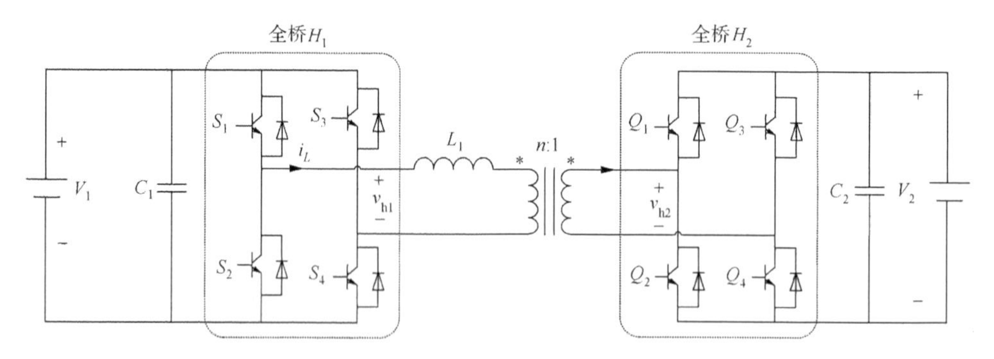

图 3.8　DAB 的拓扑结构

压器组成。由于中间交流环节的变压器是高频变压器，不仅能为电路提供电气隔离和电压匹配，且其重量和体积都可大大减小，辅助电感作为瞬时能量存储环节。

图3.9(a)给出了DAB的基本工作原理图，两个全桥的交流侧电压为高频方波交流电压。因此DAB功率传输特性分析可以借鉴电网中输电电路功率传输特性。在交流电网中，以感性输电线路为例，有功功率从电压相位超前的一端流向电压相位滞后的一端；无功功率从电压幅值较高的一端流向电压幅值较低的一端。因此，若想控制有功功率从直流侧 V_1 端流向直流侧 V_2 端，就需要通过控制全桥 H_1 的方波占空比相位要超前全桥 H_2 的方波占空比相位，如图3.9(b)所示，图中 T_{hs} 为半个开关周期，D 为半个开关周期内的移相比，$0<D<1$。稳态情况下DAB的传输功率为

$$P=\frac{nV_1V_2}{2f_sL}D(1-D) \tag{3.4}$$

式中，n 为变压器变比；$f_s=1/(2T_{hs})$，为开关频率。

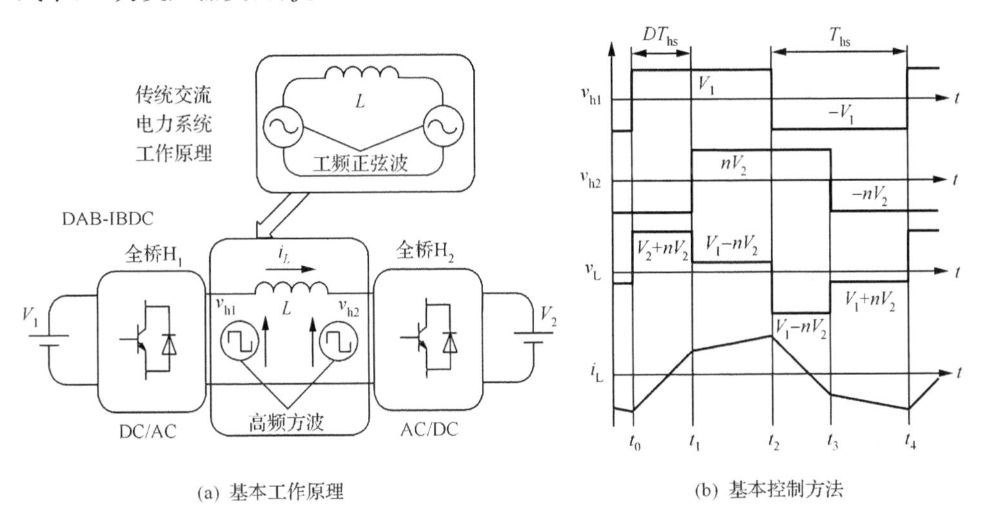

(a) 基本工作原理　　(b) 基本控制方法

图3.9　DAB的基本工作原理和控制方法

从式(3.4)知道，通过调节移相比 D 就可以调节DAB功率流动的大小，也可以调节变换器输出电压的大小。

2. 典型应用及控制策略

DAB非常适用于微电网内的中大功率DC-DC双向变换的应用场景，并提供电气隔离。如图3.10(a)所示，储能单元可以通过DAB变换器与直流母线连接，完成能量的双向传输。同图3.5类似，储能单元及DAB也可以具有恒功率/电流充放电控制、直流母线电压控制和直流源端电压控制三种不同的运行和控制方式，

本节以直流母线电压控制为例进行说明。

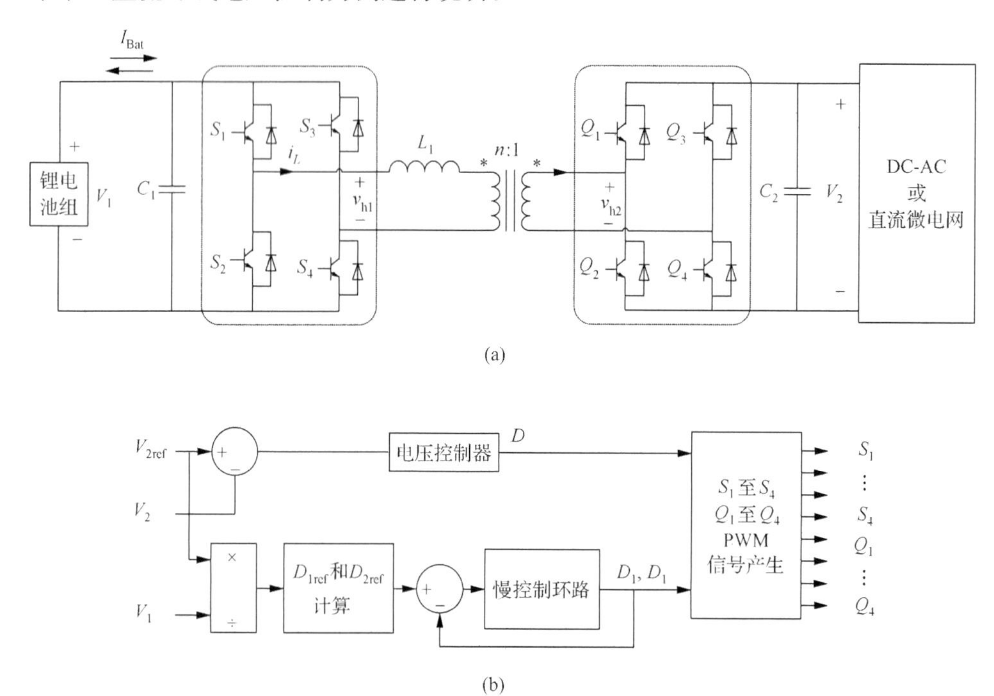

图 3.10　DAB DC-DC 变流器典型应用及控制

储能单元通过 DAB 控制直流母线电压 V_2 的控制策略如图 3.10(b)所示，通过调节 v_{h1}与 v_{h2}间的移相比 D 来稳定直流母线电压。通过对 DAB 电压变比 V_2/V_1 的检测，以 DAB 变换器效率最大化为优化目标，来生成两个全桥 H_1 和 H_2 的占空比参考值 D_{1ref}和 D_{2ref}，并通过慢控制环路(slow control loop)生成 H_1 和 H_2 的 PWM 占空比信号 D_1 和 D_2。通过 D、D_1 和 D_2 的给定，生成 S_1 至 S_4 和 Q_1 至 Q_4 的全部 PWM 信号，实现闭环控制[15,16]。

3.4　DC-AC 变流器典型应用及控制

3.4.1　DC-AC 变流器

1. 典型拓扑结构

图 3.11 所示为典型单相全桥电压型变流器的拓扑结构，逆变器采用全桥结构，滤波器为 LCL 滤波器，输出接入交流电网或单相负荷。

调制方法通常采用 SPWM 调制，逆变器典型的调制方式一般有双极性调制、

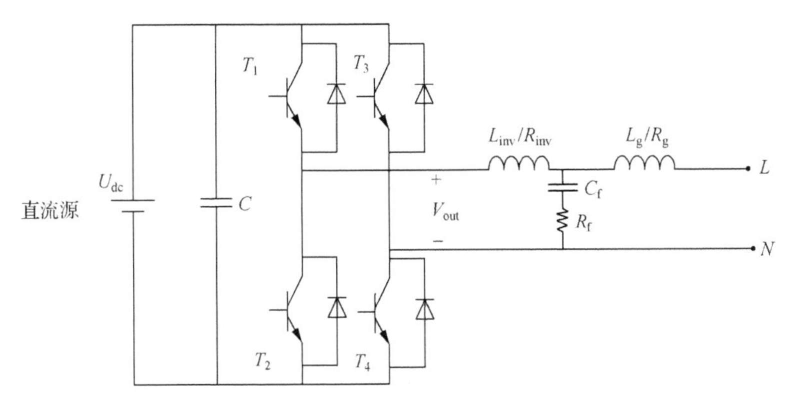

图 3.11　单相全桥电压源型变流器结构

单极性调制、单极倍频调制三种，其中单极性调制具有开关谐波小、电磁干扰小、损耗低等优点，但普通单极性调制方式在过零点附近会出现振荡。因此，单相电压源型变流器通常采用单极倍频调制方式[4]。

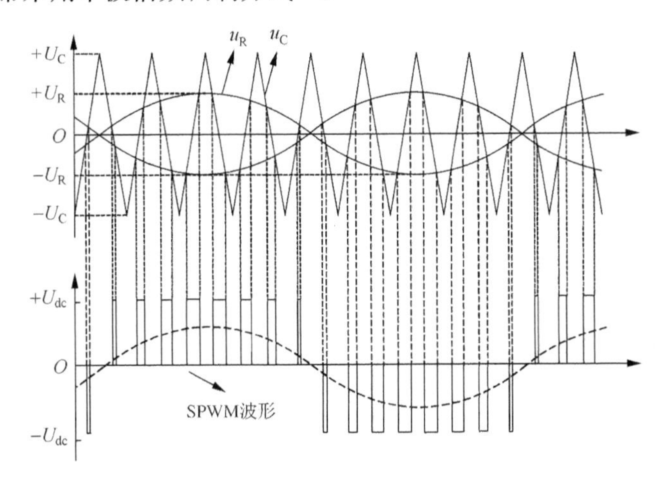

图 3.12　单极倍频 SPWM 工作原理

单极倍频 SPWM 调试方式的工作原理如图 3.12 所示。为实际硬件系统实现方便，将调制波取反，调制波包含 u_R 与 $-u_R$ 两组，载波为 u_C，当调制波与载波相等时，T_1、T_2 和 T_3、T_4 两个桥臂的驱动脉冲电平发生变化，如图 3.12 所示。具体来说：当 $u_R>u_C$ 时，使 T_1 导通，T_2 截止，同理当 $-u_R<u_C$ 时，使 T_4 导通，T_3 截止。当 T_1、T_4 同时导通时，逆变器输出正向电压，当 T_1、T_3 或 T_2、T_4 同时导通时，输出电压为零，当 T_2、T_3 同时导通时，逆变器输出负向电压。根据上面的分析，对应于基波电压正、负半周，SPWM 波形仅出现正、负脉冲，因此称为单极性 SPWM。由于输出电压有三种可能，所以也称为三电平调制。

对单极性调制方式进行分析，设正弦调制波 u_R 的幅值为 U_R，频率为 f_r，$u_R(t)=U_R\sin\omega_R t$，载波三角波 u_C 的幅值为 U_C，频率为 f_C。变流器输出电压的基波瞬时值计算公式如式(3.5)所示：

$$V_{out}(t)=U_{dc}\frac{U_R}{U_C}\sin\omega_R t=MU_{dc}\sin\omega_R t=U_{1m}\sin\omega_R t \tag{3.5}$$

式中，U_{1m}是输出电压的基波幅值；$M=U_R/U_C=U_{1m}/U_{dc}$，M 定义为调制比，一般要求最大值不超过 1。

图 3.13 所示为典型三相电压型变流器的拓扑结构，逆变器采用三相半桥结构，滤波器为 LCL 滤波器，输出接入交流电网或三相负荷。

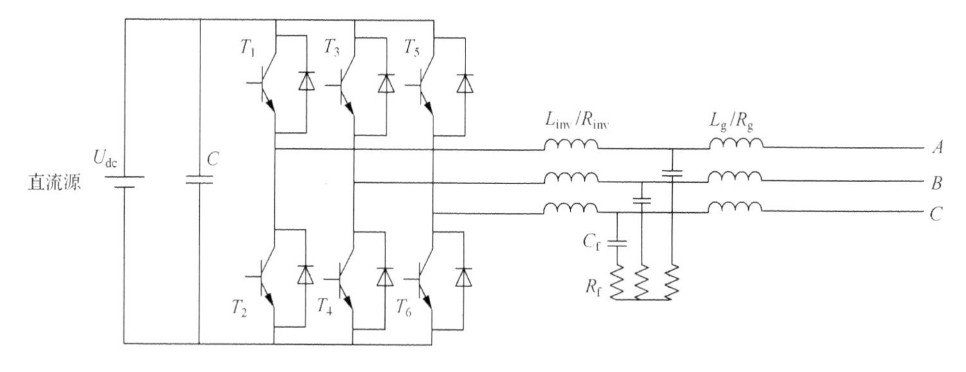

图 3.13　三相电压源型变流器结构

三相电压型逆变器常用的调制方式一般有两种，即双极性 SPWM 调制方法与空间矢量调制方法(SVPWM)[4]。当三相变流器采用 SPWM 调制时，其输出相电压 u_A 的基波幅值为：

$$U_A=M\frac{1}{2}U_{dc} \tag{3.6}$$

当三相变流器采用 SVPWM 调制时，输出相电压 u_A 的基波幅值可满足：

$$U_A\leqslant\frac{1}{\sqrt{3}}U_{dc} \tag{3.7}$$

2. 典型应用及控制策略

在微电网内，DC-AC 变流器主要可作为直流型分布式电源(如光伏、燃料电池等)、直流型储能(如铅酸电池、锂电池、超级电容等)装置的并网接口，也可以作为微电网内综合电能质量治理装置变流器。本节主要以图 3.13 所示三相 DC-AC 电压源型变流器为例，介绍其在微电网中的上述应用及相应控制策略。

1）分布式电源并网变流器

微电网内光伏发电单元或燃料电池等直流型分布式电源通过DC-AC直接并网的典型拓扑结构如图3.14所示。若直流侧接入为光伏发电单元，DC-AC变流器通常采用最大功率跟踪控制（即MPPT），通过测量直流侧光伏阵列电压和电流，以及电网侧三相电压和电流，实现最大功率跟踪，保证光伏发电单元始终运行在当前允许的最大功率输出点，有效提高光伏发电效率。若直流侧接入为燃料电池等可控型分布式发电单元，则通常采用恒功率控制（即PQ控制）[17]，其主要目的是使分布式电源输出的有功功率和无功功率等于给定参考功率P_{ref}和Q_{ref}。图3.14所示分布式电源及其变流器能稳定工作的前提是交流母线电压和频率稳定。如果是一个独立运行的微电网，系统中必须有维持频率和电压稳定的分布式电源（即采用恒压/恒频控制的分布式电源），如果是联网运行的微电网，则由常规电网维持电压和频率稳定。

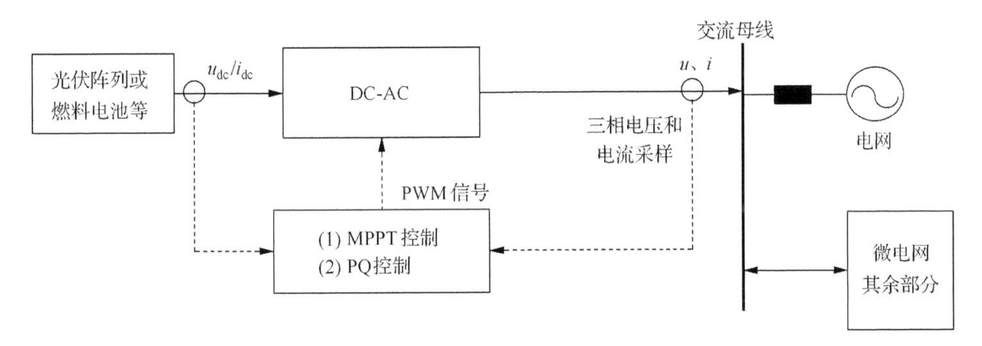

图3.14　分布式电源单级式并网发电系统拓扑及控制

当光伏阵列或燃料电池等分布式电源的输出直流电压较低，无法满足DC-AC逆变要求时，通常可采用如图3.15(a)和(b)所示两种方式进行并网发电。图3.15(a)所示中，直流侧分布式电源首先通过如图3.2所示Boost升压DC-DC电路，然后再经DC-AC并网；图3.15(b)所示中，DC-AC输出后通过升压变压器接入交流母线。

2）储能变流器

储能应用1：实现微电网联络线功率控制。

当微电网处于联网运行模式时，微电网内光伏、风电等间歇性分布式电源与负荷的变化，将导致微电网与配电网间联络线功率的波动，进而会对配电网产生较大的影响。通过对微电网中分布式储能系统进行合理的控制，能够将联络线功率的波动水平控制在一定范围之内。

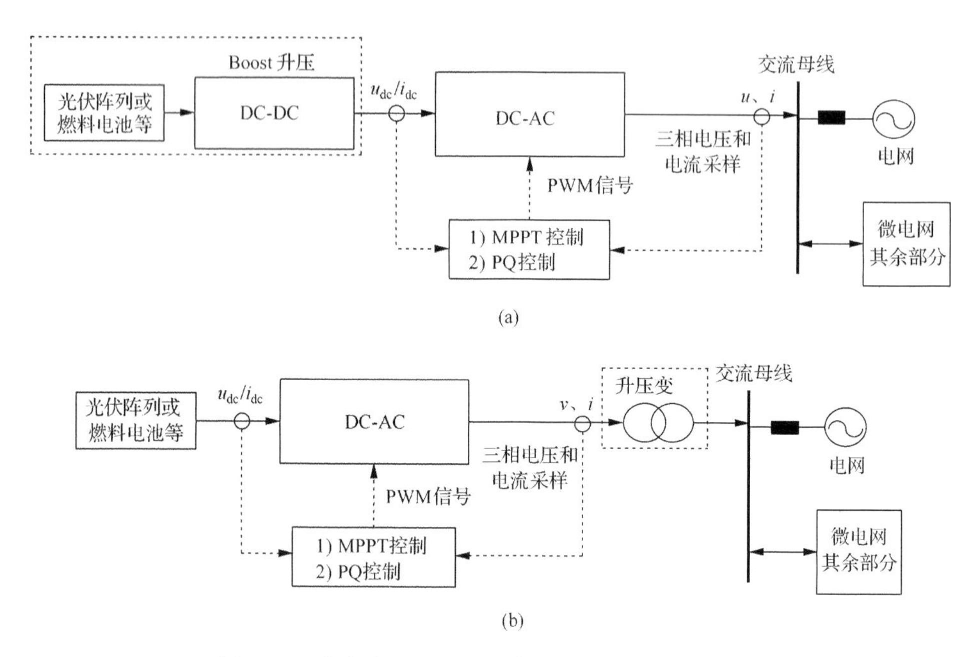

图 3.15　分布式电源双级式并网发电系统拓扑及控制

典型的应用和控制结构如图 3.16 所示，储能系统实时检测微电网联络线功率，并执行相应的联络线功率控制策略(该策略可根据微电网的实际运行情况和配网对微电网的运行要求而定)[18]，得到 DC-AC 变流器的有功功率和无功功率参考值，然后再经 PQ 控制，使储能系统的 DC-AC 变流器输出的有功功率和无功功率等于给定参考功率值。

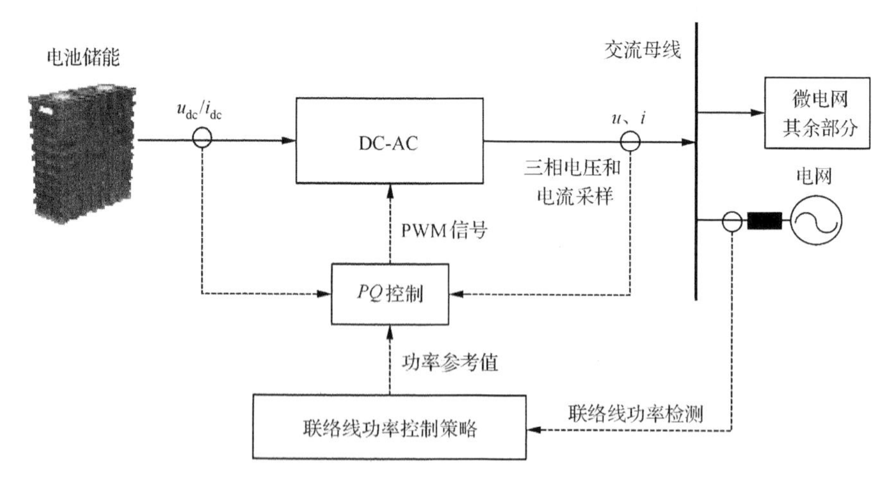

图 3.16　储能应用 1:实现微电网联络线功率控制

此外，在这种运行模式下，通过给定微电网与配电网间的联络线功率，可以实现微电网的输出(输入)功率调度，对配电网而言，微电网将成为一个可调度的电源(负荷)，可以利用微电网实现一些电网辅助服务功能，进而更多地发挥出微电网的技术优势。

储能应用 2：改善间歇性分布式电源运行特性。

将分布式储能系统与这类分布式电源相结合，可显著改善这些分布式电源的运行特性，抑制其功率波动并增强其可调度性。

典型的应用和控制结构如图 3.17 所示，实时检测波动性分布式电源输出功率，并执行相应的间歇性分布式电源功率平滑控制策略(该策略可根据微电网的实际运行情况而定)[19]，得到 DC-AC 变流器的有功功率和无功功率参考值，然后再经 *PQ* 控制，使储能系统的 DC-AC 变流器输出的有功功率和无功功率等于给定参考功率值。

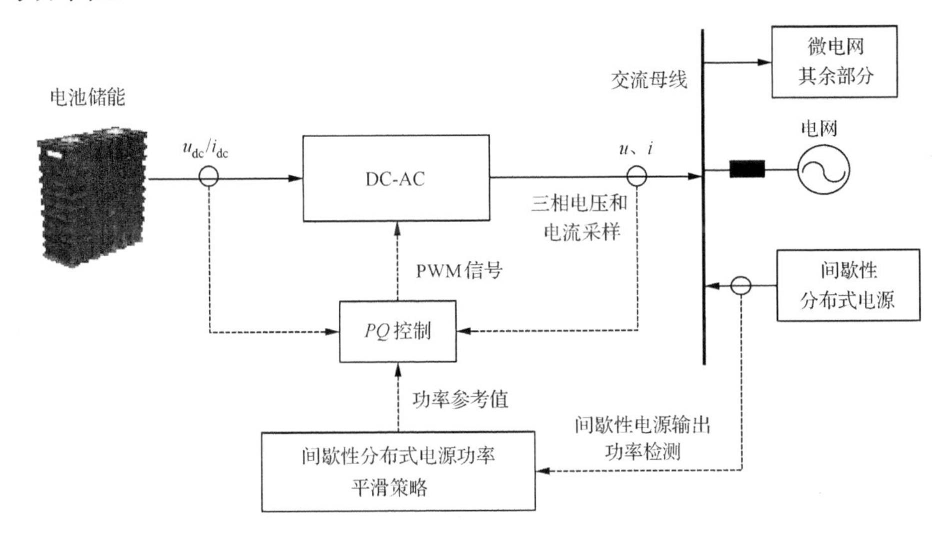

图 3.17　储能应用 2：改善间歇性分布式电源运行特性

对于风电和光伏类的分布式电源，常常需要采用最大功率跟踪算法，以便尽可能充分地利用风能或太阳能。这将导致这类分布式电源的功率输出仅取决于自然条件(风力、光照强度)，而不具备可调度性。将分布式储能系统与这类电源有效加以集成，对电网而言形成一个统一的单元，在充分利用可再生能源的同时，利用储能系统的充放电特性，实现在一定时间尺度(分钟-小时)上输出总功率的调节，进而使其具备一定程度的可调度性。当大量的分布式电源接入配电网时，这一点将变得十分重要。这将有助于对大量此类分布式电源的有效管理，在保证可再生能源得到充分利用的同时，从配电系统层面提高系统运行效率，增大系统的可控性。

储能应用 3：微电网电压和频率支撑。

当微电网处于独立运行模式时，分布式储能系统可作为微电网的主电源提供电压和频率支持，充分发挥储能系统快速响应的技术特点，实时平衡微电网中的功率波动，保证电压和频率在允许的运行范围内。另一方面，储能系统还可以在微电网运行模式切换时提供暂态功率支撑，确保微电网在并网模式与孤岛模式间切换时尽可能小的对用户负荷带来冲击，甚至完全消除暂态冲击影响，实现无缝切换。

典型的应用和控制结构如图 3.18 所示，在 V/f 控制模式下，电压幅值参考 V_{ref} 和频率参考 f_{ref} 保持恒定不变，DC-AC 变流器输出端口电压幅值和频率维持不变。采用该控制模式的分布式电源通常可以独立带负荷运行，输出电压和频率不随负荷变化而变化。微电网独立运行时，采用该控制模式的分布式电源即可作为系统主电源，建立交流微电网电压和频率。对交流微电网中的负荷或其他分布式电源来说，采用恒压/恒频控制的分布式电源实质上是作为一个电压源，其输出功率和电流由系统中的负荷和其余分布式电源输出的功率决定。

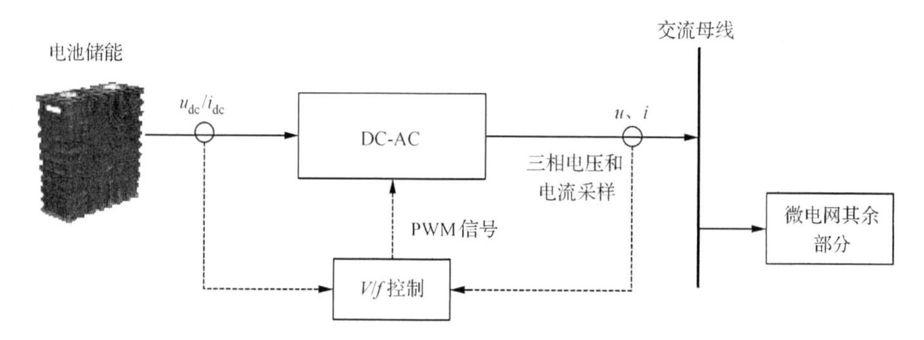

图 3.18　储能应用 3：微电网电压和频率支撑（V/f 控制）

微电网独立运行时，当系统中含有多个储能单元均可参与电压和频率调节时，储能单元及其 DC-AC 变流器可采用 P-f 和 Q-V 下垂控制[20,21]，如图 3.19 所示。本书第 2 章图 2.4 对下垂控制原理进行了介绍，P-f 和 Q-V 下垂控制是分布式电源模拟传统同步发电机组一次调频/调压静特性的一种控制方法。当微电网内有多个分布式电源通过 DC-AC 变流器参与交流母线电压和频率调节时，各 DC-AC 变流器通常采用下垂控制，可以自动参与输出功率的分配，易于实现分布式电源在交流微电网内的即插即用。

3）综合电能质量治理装置

在实际微电网中，可能含有大量的变频空调、节能灯、个人电脑与手机的开关电源等整流型非线性负载及单相负荷等不平衡负载。这类混合负载对微电网输出电压波形质量影响很大，大量非线性负荷的引入会增大微电网内分布式电源输出电流谐波含量，从而导致输出电压波形畸变；分布式电源带单相、三相等不平衡负

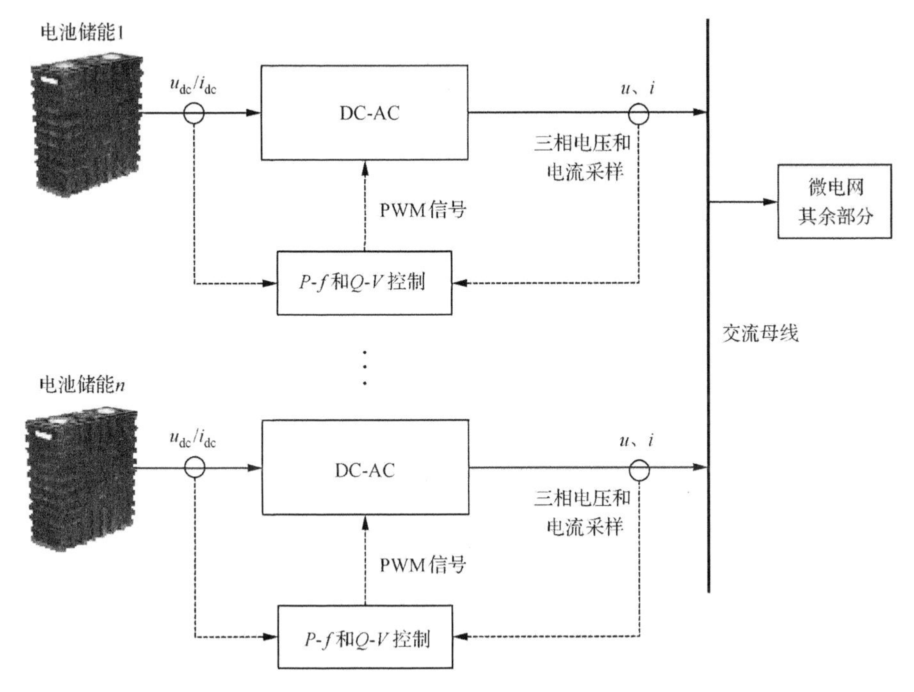

图3.19　储能应用3:微电网电压和频率支撑(下垂控制)

荷时,会导致每相输出电压幅值出现较大差异,从而增大微电网内三相电压不对称度,会对系统内其余负荷供电或分布式电源的正常运行带来不利影响。

在微电网内可以配置电能质量治理装置,其典型结构及控制如图3.20所示。综合电能质量治理装置通常基于DC-AC变流器,其直流侧通常为大电容,可完成

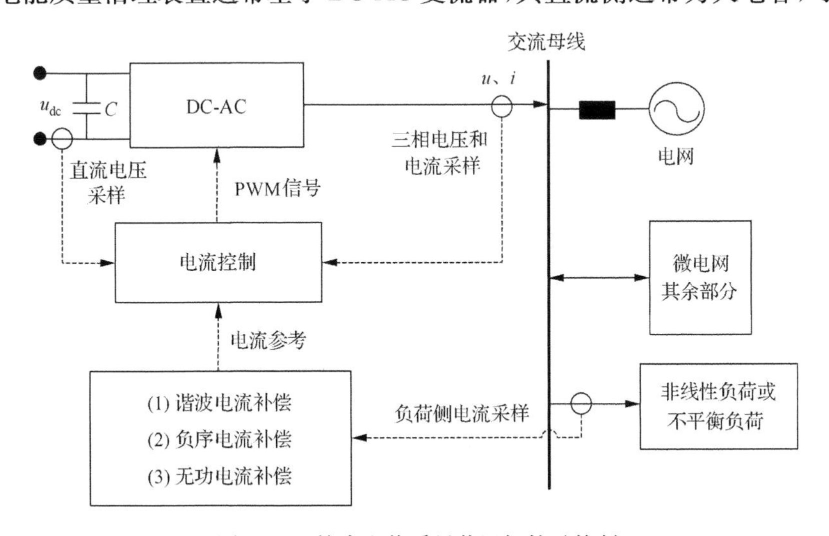

图3.20　综合电能质量装置拓扑及控制

谐波电流补偿、负序电流补偿及无功电流补偿等功能[22,23]。

该装置的基本工作原理如下：首先采集非线性负荷或不平衡负荷电流，分解出相应的谐波电流分量、负序电流分量以及无功电流分量；然后经过相应的谐波电流补偿、负序电流补偿或无功电流补偿控制策略，得到内环电流环的参考电流值；最后通过电流控制实现电流参考跟踪，完成电能质量综合治理，提高微电网内供电电能质量。

3.4.2 AC-DC-AC 变流器

1. 典型拓扑结构

图 3.21 所示为典型三相电压型背靠背（AC-DC-AC）变流器的拓扑结构，由 AC-DC 和 DC-AC 两个三相电压源变流器级联而成，且均采用 PWM 控制。

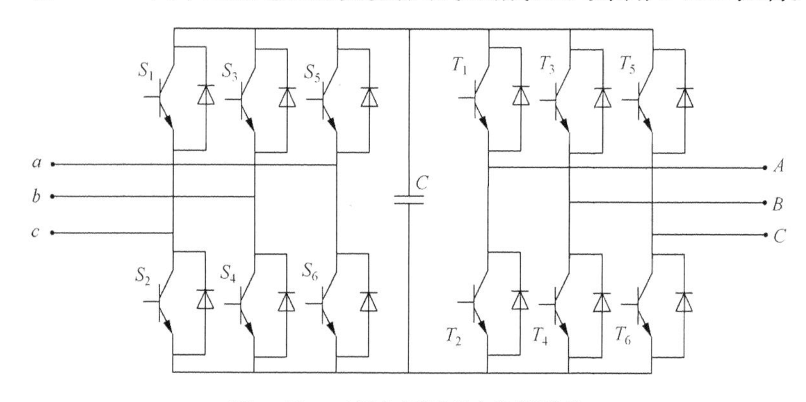

图 3.21 三相电压源型变流器结构

AC-DC 和 DC-AC 变流器由于结构统一，在控制策略上可以方便地加以协调，可以很好地实现所要求的控制目标。但这种并网模式由于整流和逆变部分均为 PWM 控制，需要采用全控器件，成本较高，控制较为复杂。

2. 典型应用及控制策略

微电网内永磁直驱风力发电系统、微型燃气轮机发电系统，以及飞轮储能单元等，输出均为非工频交流电，这类交流型分布式电源通过 AC-DC-AC 并网的典型拓扑结构如图 3.22 所示，其中将 AC-DC 称为机侧变流器，即靠近分布式电源的变流器；DC-AC 称为网侧变流器，即靠近电网侧/微电网交流母线的变流器。当机侧变流器接入不同类型分布式电源或储能单元时，由于 AC-DC-AC 运行方式可能不同，通常机侧变流器和网侧变流器控制系统也有所差异。

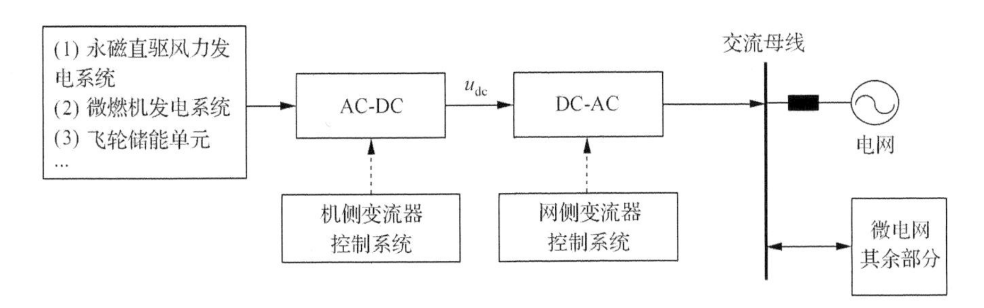

图 3.22　AC-DC-AC 变流器拓扑及控制

1) AC-DC-AC 运行方式 1：并网运行控制

当永磁直驱风力发电系统、微型燃气轮机发电系统，以及飞轮储能单元等交流型分布式电源或储能单元通过 AC-DC-AC 变流器并网运行时，其典型控制结构如图 3.23 所示。若 AC-DC 侧接入为永磁直驱风力发电系统时，AC-DC 变流器通常采用最大功率跟踪控制(即 MPPT)，实现最大功率跟踪，保证风力发电单元始终运行在当前允许的最大功率输出点，有效提高风力发电效率[24]；DC-AC 变流器则通常采用 U_{dc}-Q 的控制方式，通过控制直流母线电压恒定，能够保证 DC-AC 变流器输出功率完全跟踪 AC-DC 变流器注入中间直流母线的功率，实现并网发电。

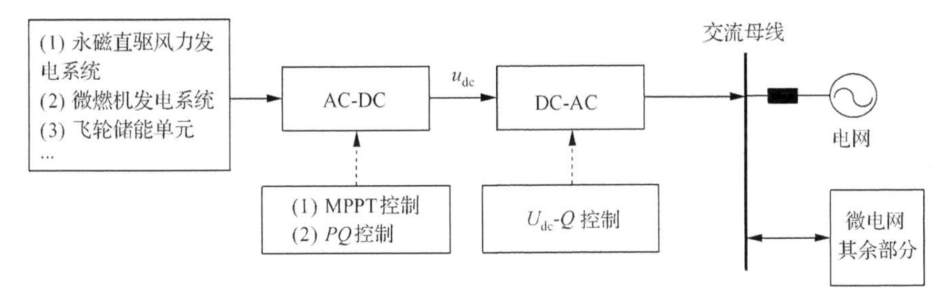

图 3.23　AC-DC-AC 变流器并网运行控制

若 AC-DC 侧接入为微型燃气轮机或飞轮储能单元，AC-DC 变流器常采用恒功率控制(即 PQ 控制)，其主要目的是使分布式电源输出的有功功率和无功功率等于给定参考功率 P_{ref} 和 Q_{ref}。图 3.23 所示分布式电源及其变流器能稳定工作的前提是交流微电网内母线电压和频率稳定。如果是一个独立运行的微电网，系统中必须有维持频率和电压稳定的分布式电源(即采用恒压/恒频控制的分布式电源)，如果是联网运行的微电网，则由常规电网维持电压和频率稳定。

2) AC-DC-AC 运行方式 2：独立运行控制

由于微型燃气轮机发电系统为可控型分布式发电单元，可通过 AC-DC-AC 变流器工作在独立运行模式，独立为本地负荷供电，或作为微电网主电源，建立微电网电压和频率参考。AC-DC-AC 独立运行典型控制结构如图 3.24 所示，AC-DC

变流器通常采用 U_{dc}-Q 的控制方式，维持直流母线电压恒定；DC-AC 变流器则采用 V/f 控制方式，建立交流母线电压和频率，作为系统中的平衡节点，跟随和补偿系统中负荷波动或其余分布式电源出力的变化，维持系统功率和能量平衡，保证系统稳定运行。

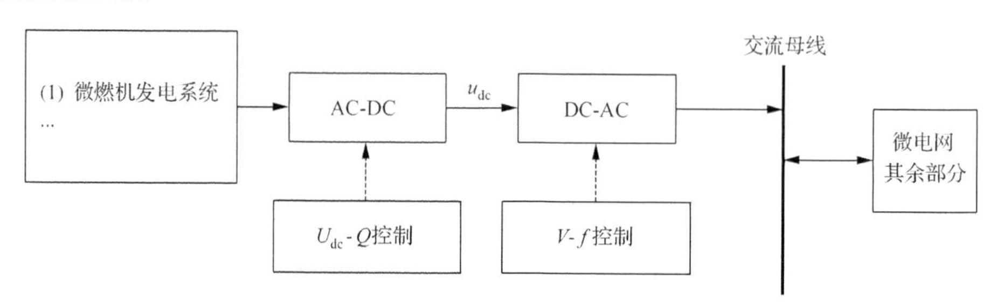

图 3.24　AC-DC-AC 变流器独立运行控制

3.5　静 态 开 关

普通断路器按灭弧介质可以分为油断路器、空气断路器、真空断路器、六氟化硫断路器等。微电网为达到无缝切换以及保证对本地重要负荷的供电电能质量，对微电网并网点开关设备的开断能力，以及如何快速切除短路电流和隔离电网故障等，提出了更高的要求。现有的传统机械式断路器因受其自身物理结构的制约，动、静触头分开时引起的电弧延长了故障电流切除时间，使之难以满足微电网对故障电流开断的速动性要求。

3.5.1　基于半控型器件的固态断路器

20 世纪 70 年代末，出现了用晶闸管器件，又称可控硅整流器（silicon controlled rectifier，SCR）做开断元件的特殊断路器，由于这种断路器中没有机械运动部分，又称为固态断路器（solid state circuit breaker），也称静态开关。

晶闸管属于半控型器件，通过在控制极和阴极之间施加正向触发脉冲电流，即可控制晶闸管导通，但控制极只能控制其导通而不能控制其关断，因此基于晶闸管的固态断路器，需要加上一个强迫换流电路以迫使两个反并联的晶闸管关断。其主回路结构如图 3.25 所示。

工作原理是：在正常工作状态时，电流流过两个主晶闸管，两个电容必须按照特定方向预先充好电，当故障发生时，触发辅助晶闸管，电流立即换流到辅助路径上，电容开始放电，迫使主晶闸管电流迅速过零以达到使晶闸管关断的目的，电容放电至辅助晶闸管上的电流至零，从而实现完全关断。因此，基于图 3.25 所示 SCR 的三相固态断路器在接收到断开指令后，不能保证三相交流电压同时关断，每相需在过零点时刻关断,关断时间在半个工频周波内。加入强迫关断电路,会使固态断路器电路设计复杂化,且工作可靠性降低。

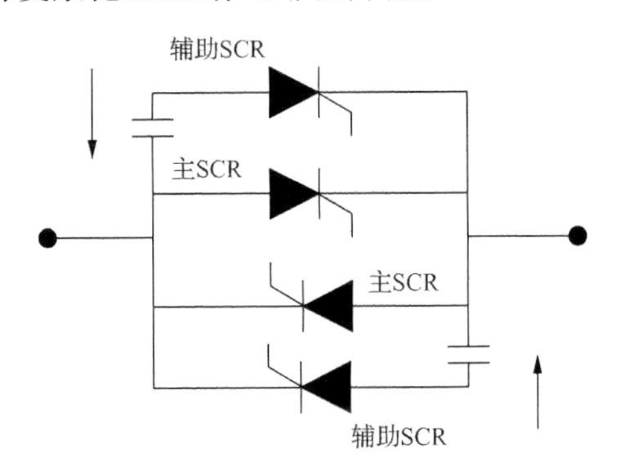

图 3.25　基于 SCR 的固态断路器

3.5.2　基于全控型器件的固态断路器

全控型器件,如门极可关断晶闸管 GTO、绝缘栅极晶体管 IGBT 等,在功能上可实现自关断,从而避免了传统电力电子器件关断时所必需的强迫换流电路。

根据开通和关断所需门极(或栅极)触发或驱动要求的不同,全控型开关器件又可以分为电流控制型开关器件和电压控制型开关器件两大类。常见的电流控制型开关器件如门极可关断晶闸管 GTO,在门极加上正向触发脉冲电流后,GTO 即可由断态转入通态,已处于通态时,门极加上足够大的反向脉冲电流时可使 GTO 由通态转入断态。电流型驱动器件的特点是通态压降小、通态损耗小,但所需驱动功率大,驱动电路比较复杂,工作频率较低。常见的电压控制型开关器件如电力场效应晶体管 P-MOSFET 和绝缘门极双极型晶体管 IGBT,在门极施加持续的正向或反向驱动电压即可控制其开通和关断。电压驱动型器件的共同特点是输入阻抗高、所需驱动功率小、驱动电路简单、工作频率高,但通态压降要大一些。

以基于 IBGT 的固态断路器为例,基本主回路有如图 3.26 所示的反并联式和桥式结构两种。反并联式的工作原理是正半周流过 IGBT1,负半周流过 IGBT2。桥式结构的工作原理:在固态断路器处于通态时,正半周时电流流经 D_1、IGBT、D_3,负半周时电流流经 D_2、IGBT、D_4,固态断路器中的 IGBT 始终保持导通。这种结构相比于反并联式的结构,减少了全控型器件的个数,尤其在高电压场合,需要将若干个器件并联的情况下,将明显减少所需全控型器件的个数。基于如图 3.26 所示 IGBT 的三相固态断路器在接收到断开指令后,能保证三相交流电压同时快速关断,无需在过零点时刻关断,关断时间可在 100μs 以内[25]。

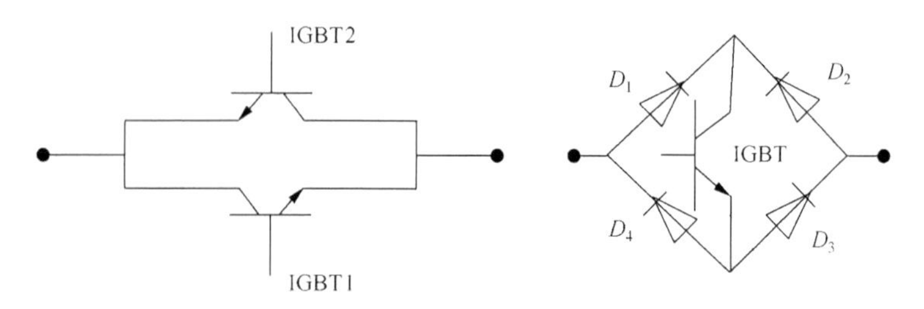

图 3.26 基于 IGBT 的固态断路器

3.5.3 混合型断路器

上述图 3.25 和图 3.26 所示固态断路器，通态损耗较大，且在高压和大容量微电网并网开关的应用场合，需要庞大的冷却系统。传统的机械式断路器接触电阻小，通态损耗低，且价格较低。因此，在传统机械式断路器基础上，利用电力电子器件作为无触头开关与机械式开关并联，可构成一种综合两者优点的混合型断路器[26]，其基本拓扑结构如图 3.27 所示。混合型断路器工作原理：当系统正常运行时，固态断路器断开，机械断路器闭合，完成电流导通。当系统发生故障时，由事故检测和控制回路向机械开关发出分闸脱扣信号，同时给固态开关发出导通信号，随后机械开关分闸，电流在电弧电压作用下经过一定时间转移至固态断路器，然后再断开固态断路器。

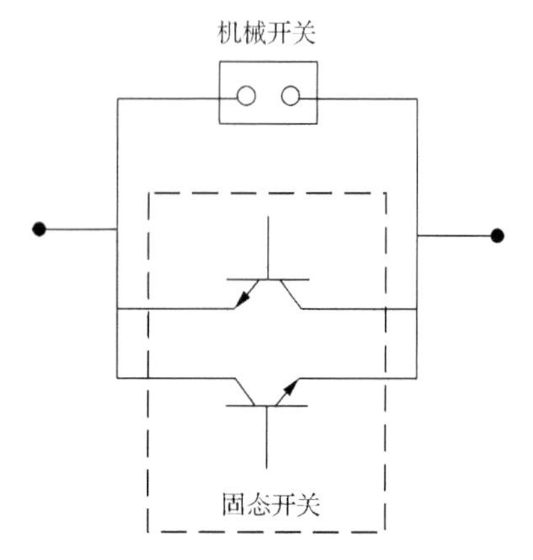

图 3.27 混合型断路器

混合型断路器有效地结合传统断路器通态损耗小、固态断路器开断速度快等优点。但是混合型断路器结构和控制复杂，一方面机械开关分断时会产生电弧，造成开关触头磨损，影响其寿命，且电弧电流的转移会威胁固态开关的安全，并可能会限制其快速开断故障电流的能力，此外其成本也比普通的固态断路器高。

参 考 文 献

[1] Loh P C, Li D, Chai Y K, et al. Hybrid AC-DC microgrids with energy storages and progressive energy flow tuning[J]. IEEE Transactions on Power Electronics, 2013, 28(4): 1533-1542.

[2] 郑竞宏，王燕廷，李兴旺，等. 微电网平滑切换控制方法及策略[J]. 电力系统自动化，2011，35(18)：17-24.

[3] Kim H, Yu T, Choi S. Indirect current control algorithm for utility interactive inverters in distributed generation systems[J]. IEEE Transactions on Power Electronics, 2008, 23(3): 1342-1347.

[4] 陈坚，康勇，阮新波，等. 电力电子学——电力电子变换和控制技术[M]. 北京：高等教育出版社，2002.

[5] 王成山,李霞林,郭力.基于功率平衡及时滞补偿相结合的双级式变流器协调控制[J].中国电机工程学报,2012,32(25):109-117.

[6] 郭力,李霞林,王成山.计及非线性因素的混合供能系统协调控制[J].中国电机工程学报,2012,32(25):60-69.

[7] 张野,郭力,贾宏杰,等.基于平滑控制的混合储能系统能量管理方法[J].电力系统自动化,2012,36(16):36-41.

[8] 王成山,刘梦璇,陆宁.采用居民温控负荷控制的微网联络线功率波动平滑方法[J].中国电机工程学报,2012,32(25):36-43.

[9] Lu X N,Guerrero J M,Sun K,et al. Hierarchical control of parallel AC-DC converter interfaces for hybrid microgrids[J]. IEEE Transactions on Smart Grid,2014,5(2):683-692.

[10] 张国驹,唐西胜,周龙,等.基于互补 PWM 控制的 Buck/Boost 双向变换器在超级电容器储能中的应用[J].中国电机工程学报,2011,31(6):15-21.

[11] Lu X N,Guerrero J M,Sun K,et al. An improved droop control method for DC microgrids based on low bandwidth communication with DC bus voltage restoration and enhanced current sharing accuracy[J]. IEEE Transactions on Power Electronics,2014,29(4):1800-1812.

[12] Guerrero J M,Vasquez J C,Matas J,et al. Hierarchical control of droop-controlled AC and DC microgrids—a general approach toward standardization[J]. IEEE Transactions on Industrial Electronics,2011,58(1):158-172.

[13] Anand S,Fernandes B G,Guerrero M. Distributed control to ensure proportional load sharing and improve voltage regulation in low-voltage DC microgrids[J]. IEEE Transactions on Power Electronics,2013,28(4):1900-1913.

[14] Inoue S,Akagi H. A bidirectional isolated DC-DC converter as a core circuit of the next-generation medium-voltage power conversion system[J]. IEEE Transactions on Power Electronics,2007,22(2):535-542.

[15] Zhao B,Yu Q G,Sun W X. Extended-phase-shift control of isolated bidirectional DC-DC converter for power distribution in microgrid[J]. IEEE Transactions Power Electronics,2012,27(11):4667-4680.

[16] 赵彪,于庆广,孙伟欣.双重移相控制的双向全桥 DC-DC 变换器及其功率回流特性分析[J].中国电机工程学报,2012,32(12):43-50.

[17] Wang C S,Li X L,Guo L,et al. A seamless operation mode transition control strategy for a microgrid based on master-slave control[J]. Science China Technological Sciences,2012,55(6):1644-1654.

[18] Fakham H,Lu D,Francois B. Power control design of a battery charger in a hybrid active PV generator for load-following applications[J]. IEEE Transactions on Industrial Electronics,2011,58(1):85-94.

[19] 张野,郭力,贾宏杰,等.基于电池荷电状态和可变滤波时间常数的储能控制方法[J].电力系统自动化,2012,36(6):34-38.

[20] Wang C S,Li Y,Peng K,et al. Coordinated optimal design of inverter controllers in a micro-grid with multiple distributed generation units[J]. IEEE Transactions on Power Systems,2013,28(3):2679-2687.

[21] Yao W,Chen M,Matas J,et al. Design and analysis of the droop control method for parallel inverters considering the impact of the complex impedance on the power sharing[J]. IEEE Transactions on Industrial Electronics,2011,58(2):576-588.

[22] Radu I B,Leonardo R L,Daniel R,et al. Enhanced power quality control strategy for single-phase invert-

ers in distributed generation systems[J]. IEEE Transactions on Power Electronics, 2011, 26(3): 798-805.

[23] 吴在军,杨雷雷,胡敏强,等.改善微网电能质量的有源电能质量调节器研究[J].电网技术,2012, 36(7):67-73.

[24] Chinchilla M, Arnaltes S, Burgos J C. Control of permanent-magnet generators applied to variable-speed wind-energy systems connected to the grid[J]. IEEE Transactions on Energy Conversion, 2006, 21(1): 130-135.

[25] Meyer C, Schröder S, Doncker R W D. Solid-state circuit breakers and current limiters for medium-voltage systems: having distributed power systems[J]. IEEE Transactions on Power Electronics, 2004, 19(5):1333-1340.

[26] 周万迪,魏晓光,高冲,等.基于晶闸管的混合型无弧高压直流断路器[J].中国电机工程学报,2014, 34(18):2990-2996.

第4章　独立型微电网系统

4.1 引　　言

独立型微电网一般建设在大电网尚未到达或难以到达的地方，通过多能互补的供能供电方式，保证对用户良好的供电可靠性和系统可扩展性，特别适合在有人居住的岛屿、边远农牧区等地区推广应用。独立型微电网系统[1]的典型特征体现在多个方面，如：①与大电网没有物理连接；②电源类型“因地制宜”，可再生能源发电渗透率较高；③负荷以生产、生活用电为主，波动大，峰谷差、季节差较大；④具备一定的智能管理功能，可实现电源和负荷的灵活控制；⑤建设有内部变电和配电系统；⑥含调节能量平衡用的储能系统等。

微电网和早期用于边远地区供电的传统独立供电系统的共同点是：利用分布式电源，如风力发电、太阳能发电、小水电、柴油发电等供电；一般配置有蓄电池储能系统；应用在大电网难以到达的地区。而两者也存在一定的区别，如：

(1) 含义和规模不同。独立供电系统专指供电电源，独立型微电网是包含发、配、用电的小型电力系统，范围更广；规模不同，独立供电系统一般规模较小，几百瓦到数十千瓦；而独立型微电网可从数千瓦到几十兆瓦不等；

(2) 系统运行管理方式不同。独立供电系统中可再生能源发电首先储存在储能系统中，再由储能单元为负荷供电，系统一般不包含能量管理单元；而独立型微电网中可再生能源发电系统需组网运行为负荷供电，系统包含协调源-荷工作的能量管理系统；

(3) 负荷管理能力不同。独立供电系统的负荷类型较少，且不能进行负荷管理；而独立型微电网的负荷种类视规模不同而有所区别，通常允许进行负荷分级管理；

(4) 可扩展性不同。独立供电系统为满足当时负荷需求设计建设，在负荷增大后不可扩展，系统灵活性较差；而独立型微电网设计时可预留未来负荷增长后的系统扩展接口，具有灵活的可扩展性。

此外，为提高系统运行的可靠性，增加系统设计的冗余，在一些分布式发电资源较为分散的地区，多个小型微电网可以互联形成一个较大规模的微电网。微电网互联能够实现各网之间的能量共享，同时通过更加灵活的控制，可实现能效的优化，更好地为用户提供经济、可靠的电力供应。

近年来,独立型微电网在我国获得了较快的发展。在国家863计划及"金太阳示范工程"的支持下,已经建立了一批独立微电网工程,这些工程主要集中在我国西北地区和沿海岛屿。通过这些独立微电网的建设和运行,在微电网系统架构设计、保护与控制、能量管理、蓄电池使用以及微电网核心设备等方面积累了一定的经验,同时对独立微电网的系统建设和商业运行模式等方面也进行了不同程度的探索。

4.2 系统组成与优化配置

4.2.1 典型系统组成

独立型微电网需要根据当地的分布式能源资源情况,结合负荷的需求特点,科学合理地进行规划设计。在实际的独立型微电网中,分布式电源的组成模式可以多种多样,例如:

(1) 风/光/柴/蓄(光/柴/蓄、风/柴/蓄)微电网。在风能和太阳能资源均较好的海岛或边远地区,可充分利用风能和太阳能资源的互补特性,建设由风力发电系统、光伏发电系统、柴油发电机和蓄电池构成的微电网。对于仅风能或太阳能资源比较理想的地区,也可以建设风/柴/蓄微电网或光/柴/蓄微电网。

(2) 风/光/柴/生物质/蓄微电网。在以渔业为主的海岛上,可以利用渔业副产品、垃圾等资源,发展生物质发电,与光伏、风电和柴油发电机实现互补。

(3) 风/光/气/生物质/蓄微电网。在天然气条件较好的海岛上,可以利用天然气发电代替柴油发电,减少环境污染;还可实现冷/热/电三联供,同时满足一些用户的冷/热/电需求。

(4) 水/光/柴/蓄微电网。云南、贵州、四川、西藏、青海、新疆等地有不少水电资源和太阳能资源均比较丰富的边远地区,适合发展水/光/柴/蓄微电网;若太阳能资源不太理想,也可以发展水/柴微电网或者直接由小水电机组构成的微电网,充分利用当地资源满足用户供电需求。

4.2.2 配置原则

在独立型微电网建设和运行过程中,经济性、可靠性和环保性是需要关注的重要因素。独立型微电网主要应用于经济发展比较落后的地区,常常需要政府的支持。尽管这样,现阶段其成本电价也高于常规电网供电地区。提高微电网建设和运行的经济性可直接使用户受益。要做到这一点,在规划设计阶段对电源的选择就需要进行精心考虑。当主要依靠当地可再生能源供电时,由于风能、太阳能受气候条件影响较大,保持微电网长时间稳定可靠供电十分具有挑战性。增设柴油发电机组备用，无疑将增加系统投资，同时不利于环保性诉求，而加大储能系统容量将显著提高系统建设成本。在可再生能源比较丰富的地区，尽可能充分的利用可再生能源有助于环保性目标的实现，但由于可再生能源与微电网中负荷的波动性较大，过于强调可再生能源的利用比例有可能不利于系统的运行可靠性。同时，由于需要配置更多的储能系统，反而会恶化系统的经济性。总之，经济性、可靠性、环保性三方面常常相互制约，在实际中需要注意三者的平衡。在建设具体微电网时，可参照下述原则进行规划设计。

1. 电源选择的主要原则

在可再生资源丰富地区，优先发展可再生能源发电，如光伏发电、风力发电、生物质发电、水力发电等。总的原则是尽可能多地利用可再生能源，优选储能系统，尽可能减少对柴油或天然气的依赖。

在确定风电机组时，应考虑当地的风资源情况、负荷大小及分布特性，同时还要考虑不同风电机组的控制方式及运行特性。对风资源较为丰富，但风能季节性变化和负荷季节性需求不一致的地区，选择风电机组容量时要权衡系统的经济性和弃风情况；对独立型微电网，系统的弃风比例高不一定不经济。同时要考虑风速波动情况对机组的功率控制要求，尽可能采用技术较为成熟的变速变桨距机组。

在确定光伏系统容量时，要考虑当地的光照资源及负荷情况，还要考虑光伏板安装空间限制。由于有些地区（如海岛）的生态环境、建筑物屋顶面积等的约束，安装容量需要依据现场条件仔细勘察。对于我国东南沿海岛屿，光伏发电的高峰季节与夏日旅游类海岛的负荷高峰季节比较一致，同时考虑到光伏发电的控制易于实现，应尽可能多配置光伏发电系统容量。

在选择储能系统容量时，应充分考虑价格因素。目前储能成本相对较高，在系统配置时应尽可能保守些，适当降低容量。具体选取原则取决于储能系统在微电网中担负的职能和系统的运行策略。当系统中有可控性比较强的发电机组时（如柴油发电机、燃气发电机、水电机组等），储能系统主要用于平滑系统中功率突然变化导致因机组爬坡速率限制引起的电压或频率波动。此时，储能系统的输出应能够快速弥补系统的功率不平衡，支撑时间一般为数秒到数分钟，额定功率不低于负荷和/或不可控发电单元的最大功率变化量。储能系统容量（kW·h）可按照相应的时间和功率配置。考虑对功率输出响应时间的不同，可配置功率型和能量型混合的储能系统，比如超级电容器和锂离子电池（或者铅酸蓄电池）混合储能系统。当系统中不存在可控性比较强的发电机组时，在一些运行场景下，微电网需要以储能系统作为主电源组网运行，满足特定时间内的负荷需求，此时其额定功率应不低于运行时间段内全部负荷或关键负荷的总功率，供电时间根据当地自然条件及负荷情况不同可达到数小时甚至数天。当微电网中有冷/热/电联供机组时，为提高系统的整体运行效率，有必要对储电、储热、储冷等不同储能方式统筹分析，选择最佳储能方案。

对于柴油发电机，由于运行效率与输出功率有关，若容量过大，使其长期低负载率运行，效率较低。因此要根据负荷情况选择合适的柴油发电机容量，必要的时候可以选择多台小容量机组代替单台大容量机组，以保证柴油发电机的运行效率。当微电网中有柴油或天然气发电机组时，应保证柴油、天然气等燃料供应充足，适当考虑燃料储存措施。在高海拔地区，因气压低，运行额定容量可能难以达到，机组会出现降容问题，同时燃料运输相对困难，应慎重使用燃油、燃气发电机组。

光伏、风电等可再生能源发电成本逐渐降低，而燃油、燃气发电成本较高，并且燃料费用从长期角度观察应处于上升趋势。从降低发电成本的角度考虑，应尽量多用光伏、风电等可再生能源。就目前情况看，光伏、风电、储能等投资成本仍然较高，而系统收益需在运营期内逐渐收回，在投资额比较紧张的情况下，可以采用折中方案。

在系统设计之初需要进行周详的成本和效益分析，分析中必须对电价、气价、运行小时数及全寿命周期内的补贴方案等不确定性因素进行敏感性分析，确保系统的财务盈利能力。

2. 系统设计需考虑的附加因素

微电网的系统设计需要考虑的因素很多，如应满足微电网长期可靠稳定供电的要求，要满足全年各种条件下的负荷总用电需求和冲击性负荷需求，充分考虑到电源和负荷的季节差异、昼夜差异。同时，需要考虑到独立型微电网供电的一些特殊性。

可再生能源发电系统的特点是发电资源不稳定，受气候影响比较大，例如，枯水期对水电机组出力的影响、昼夜交替对光伏系统出力的影响。而微电网中的负荷也常常存在季节性变化，如冬季取暖负荷较重，一些旅游性海岛存在明显的旅游旺季和淡季，导致不同季节负荷需求明显不同等。在系统设计时需要对系统运行情况进行详细准确的分析，要考虑到气候变化、用户负荷的季节性变化等。对于冷/热/电联供系统，能否准确的预估冷、热、电负荷情况将决定系统设计的成败。

在微电网中，作为主电源的发电系统应有连续可靠的一次能源供应，若出现一次能源供应不足的情况，也应具备向关键负荷供电的能力。同时，系统应具备故障后的黑启动能力，必要时需配备冷备用机组。

考虑到独立型微电网一般建在边远农牧区和沿海岛屿，以照明、取暖等生活负荷为主，可以接受每天短时间的间歇性停电，但如果微电网包含对供电质量敏感的负荷，则应采取相应措施提高电能质量。

3. 二次系统设计

独立型微电网的运行控制应尽可能稳定可靠，推荐配备智能化、自动化的微电网能量管理系统。同时，在系统设计时必须考虑到系统故障和检修时的临时供电问题。

在采用主从控制的系统中，二次设备的热备用也极其重要。本地服务器作为微电网能量管理和综合控制系统的载体具有“指挥全局”的功能，不仅要实时监控系统各台设备的状态、控制电源和负荷的投切，同时肩负数据存储和远传的重要功能，一旦服务器发生故障，整个微电网系统即陷入瘫痪，因此服务器等二次设备也需要考虑热备用。

独立型微电网系统在设计之初需要考虑充分的保护措施，除了系统的继电保护外，对于储能系统的保护也极其重要。到目前为止，无论是铅酸蓄电池还是锂离子电池均存在一定的安全风险，因此储能室的通风、安保等措施必须配备到位。

4.2.3　优化配置

微电网系统多源、多负荷类型的特点决定了系统存在多种不同的配置组合和运行方式，而不同的配置组合和运行方式又会导致系统不同的建设运行成本、污染物排放量和负荷用电可靠性。在系统设计阶段所需要考虑的电源配置、运行方式及控制目标的选择构成了微电网系统的优化配置问题。

在微电网优化设计时，往往需要权衡若干类子目标，对系统的配置进行综合评估，因此要建立相应的多目标优化模型。独立型微电网的优化目标包括经济性、环保性和可靠性等指标，通常将总优化目标分解为诸多子目标。子目标反映经济性、环保性或者可靠性指标，其中反映经济性指标的子目标可以是最小化投资建设成本、最小化系统网损、最小化折旧成本、最大化综合收益等；反映环保性指标的子目标可以是最大化可再生能源发电量、最小化碳排放等；反映可靠性指标的子目标可以是最小化失电率、最小化年容量短缺量、最大化电压稳定裕度等[3-7]。

独立型微电网优化目标的不同源自于观察者所处位置的不同，比如站在投资者的立场上往往以经济性为目标，站在国家和社会的立场则考虑环保效益更多，而站在客户和使用者的角度上用电可靠性则成为首要考虑的目标。上述目标也可以通过灵活引入诸如系统污染物治理费用模型、容量短缺惩罚费用模型等环节，将环保性指标和可靠性指标转化到经济性指标之内，将多目标函数归一化成单目标函数。

需要指出的是，有时也可将系统的投资成本作为目标函数，将系统的环保性和可靠性等指标与系统的功率平衡约束、节点电压限制、设备和储能系统容量限制、设备最小停机和开机时间限制等一起归入约束条件，将多目标的优化函数转换成多约束条件的单目标优化函数，以便于求解。

关于独立型微电网优化规划设计的模型和方法很多，本节仅以风/光/柴/蓄微电网为例，选择一种典型的模型和求解方法加以介绍，其目的是让读者了解规划设计优化问题的分析思路。

在这一典型优化规划模型中，经济性指标用全寿命周期内的净现值费用 NPC (net present cost)来表示；环保性指标用燃料(柴油)消耗量和可再生能源利用率指标表示；系统可靠性指标用负载缺电率 LPSP(loss of power supply probability)表示。这几个指标间有一定的独立性，也有一定联系，如燃料消耗量越小，需要的可再生能源则越多。最终结果需要在各种指标之间寻求一个相对平衡的解决方案。考虑到系统的可靠性是微电网需要满足的基本条件，这里可靠性指标不作为优化目标，而是作为约束条件考虑。

1. 多目标函数[3]

1) 全寿命周期内的净现值费用

全寿命周期内的净费用 NPC 为微电网在全寿命周期内所产生的净费用，可用全寿命周期内所有成本和收入的资金现值表示。其中，成本部分包括初始投资、设备更新、运行维护和燃料费用，收入部分包括售电收益和设备残值。数学表达式为

$$f_1(X) = \sum_{k=1}^{K} \frac{C(k) - B(k)}{(1+r)^k} \tag{4.1}$$

式中，K 代表整个系统的工程寿命，单位为年；r 为贴现率；$C(k)$ 和 $B(k)$ 分别代表第 k 年的成本和收入，单位为元/年。

$C(k)$计算公式如下：

$$C(k) = C_{\mathrm{I}}(k) + C_{\mathrm{R}}(k) + C_{\mathrm{M}}(k) + C_{\mathrm{F}}(k) \tag{4.2}$$

式中，$C_{\mathrm{I}}(k)$、$C_{\mathrm{R}}(k)$、$C_{\mathrm{M}}(k)$、$C_{\mathrm{F}}(k)$ 分别代表第 k 年的初始投资、更新、维护和燃料费用。具体变量计算公式分列如下：

$$C_{\mathrm{I}}(k) = C_{\mathrm{ICon}} + C_{\mathrm{IBattery}} + C_{\mathrm{IPV}} + C_{\mathrm{IWind}} + C_{\mathrm{IDG}} + C_{\mathrm{IConverter}} \tag{4.3}$$

其中，C_{ICon}、C_{IBattery}、C_{IPV}、C_{IWind}、C_{IDG}和 $C_{\mathrm{IConverter}}$分别代表微电网控制系统、蓄电池、光伏组件、风力发电机、柴油发电机和变流器的初投资费用。

$$C_{\mathrm{R}}(k) = C_{\mathrm{RBattery}}(k) + C_{\mathrm{RPV}}(k) + C_{\mathrm{RWind}}(k) + C_{\mathrm{RDG}}(k) + C_{\mathrm{RConverter}}(k) \tag{4.4}$$

其中，$C_{\mathrm{RBattery}}(k)$、$C_{\mathrm{RPV}}(k)$、$C_{\mathrm{RWind}}(k)$、$C_{\mathrm{RDG}}(k)$和 $C_{\mathrm{RConverter}}(k)$分别代表第 k 年的蓄电池、光伏组件、风力发电机、柴油发电机和变流器的更新费用。

$$C_{\mathrm{M}}(k) = C_{\mathrm{MBattery}}(k) + C_{\mathrm{MPV}}(k) + C_{\mathrm{MWind}}(k) + C_{\mathrm{MDG}}(k) + C_{\mathrm{MConverter}}(k) \tag{4.5}$$

其中，$C_{MBattery}(k)$、$C_{MPV}(k)$、$C_{MWind}(k)$、$C_{MDG}(k)$和 $C_{MConverter}(k)$分别代表第 k 年的蓄电池、光伏组件、风力发电机、柴油发电机和变流器的维护费用。

$$C_F(k) = C_{FDG}(k) \tag{4.6}$$

其中，$C_{FDG}(k)$表示第 k 年柴油发电机的燃料费用。

$B(k)$计算公式如下：

$$B(k) = B_{Salvage}(k) + B_{Grids}(k) \tag{4.7}$$

式中，$B_{Salvage}(k)$和 $B_{Grids}(k)$分别表示设备残值和第 k 年的售电收入。残值产生于经济评估寿命的最后一年，可以等效为“负成本”，其他年份取值为零。

2）环境成本

利用化石燃料发电会排放一定量的污染物，而污染物的排放量与燃料消耗量直接相关。因此，减小污染物排放的目标可以通过使化石燃料消耗最小来达到。这里考虑的污染物排放主要指 CO_2 排放，假定微电网年 CO_2 排放水平等于年燃料消耗量乘以其排放系数。为将排放量转化为经济费用，引入排放处罚项来计算环境成本：

$$f_2(X) = \sum_{k=1}^{K} \frac{g^{CO_2}\sigma^{CO_2}v^{fuel}(k)}{(1+r)^k} \tag{4.8}$$

式中，σ^{CO_2}代表柴油排放系数(kg/L)，即单位柴油耗量产生的 CO_2；g^{CO_2}代表排放 CO_2 的处罚收费标准(元/kg)；$v^{fuel}(k)$代表微电网第 k 年柴油年消耗量(L)。

3）可再生能源利用率

可再生能源利用率定义为可再生能源年发电量与微电网内全部电源年发电量的比值。为了提高可再生能源的利用率，需减少未利用的可再生能源能量。因此，可引入对全寿命周期内未利用的可再生能源能量的惩罚费用作为经济指标：

$$f_3(X) = \sum_{k=1}^{K} \frac{g_{RR}E_{dump}(k)}{(1+r)^k} \tag{4.9}$$

式中，g_{RR}代表未利用的可再生能源处罚收费标准(元/(kW·h))；$E_{dump}(k)$代表第 k 年未利用的年可再生能源能量(kW·h)。

2. 多目标优化模型

为了综合考虑上述三项评价指标，可采用线性加权求和法将多目标优化问题转换为单目标优化问题并进行求解，最终获得的带惩罚项的单目标优化问题如下：

$$\min F = \sum_{i=1}^{3} \lambda_i f_i + C \tag{4.10}$$

$$\text{s.t.} \quad \sum_{i=1}^{3}\lambda_i = 1, \lambda_i \geqslant 0 \tag{4.11}$$

$$C = \begin{cases} 0, & g(X) \leqslant 0 \\ 10^{20}, & g(X) > 0 \end{cases} \tag{4.12}$$

式中，目标函数中的权重系数可由专家根据微电网建设目标及微电网所处区域内的环境等因素综合确定。若认为 f_1 的重要性略高于 f_2，f_2 的重要性略高于 f_3，则有 $\lambda_1 \geqslant \lambda_2 \geqslant \lambda_3$。$C$ 为一个惩罚项系数，用于引入系统可靠性指标约束项，如果不满足约束要求，则目标函数加入此项惩罚系数。

$g(X)$用于表示由负载缺电率 LPSP 引入的约束函数，可由下面的式子计算得到。LPSP 定义为未满足供电需求的负荷能量与整个负荷需求能量的比值。LPSP的取值在 0～1 之间，数值越小，供电可靠性越高。

假设在优化过程中负载缺电率应小于等于 1%，则有：

$$\text{LPSP} = \frac{E_{\text{CS}}}{E_{\text{tot}}} \leqslant 0.01 \tag{4.13}$$

$$g(X) = \text{LPSP} - 0.01 \tag{4.14}$$

式中，E_{CS}为总的未满足能量；E_{tot}为总的电负荷需求能量。

3. 约束条件

独立型微电网规划设计优化问题的约束条件主要包含如下几类。

(1) 微电网功率平衡约束；

(2) 设备运行约束：对不同的设备有不同的运行约束条件，如设备负荷率约束、电压约束、电流约束、运行时间约束等；

(3) 监管约束：包括可再生能源利用率约束、最大碳排放量限制等；

(4) 资金约束：主要指总投资等年值的最大值约束，投资回收期约束等；

(5) 可用资源约束：如光伏系统安装面积及容量约束，风电系统安装场地及容量约束，设备安装空间约束等；

(6) 运行性能约束：包括微电网供电可靠性约束、供电质量约束等。

值得指出的是，微电网运行的上述约束条件需要在整个规划期内的各个时刻都能够满足，在上述目标函数中所有的量都是按年统计，因此是一个较为复杂的优化问题。不同的系统配置方案，在整个规划期内获得的目标值不同；所谓优化方案也就是满足整个规划期目标函数达到最小的系统配置方案。在规划问题求解过程中，需要考虑规划期内负荷的增长，还要考虑每年、每日和每时的可再生能源与负荷的变化。在规划设计阶段中，真实准确获得可再生能源与负荷的估计数据是不可能的。一般处理方法是在整个规划周期内，假定可再生能源的资源情况不变，负荷的年特征曲线不变，但年负荷最大值可逐年增长；在每年选择若干个典型日，通过针对典型日进行运行模拟，确定典型日的各项定量指标，然后根据典型日代表的天数，获得全年的量化指标，如燃料消耗量、可再生能源利用量等。很明显，即使是针对典型日进行运行模拟，问题也不那么简单，因为系统采用不同的运行控制策略，会直接影响最终结果。微电网的规划问题与运行问题高度耦合，在求解规划问题时，需要首先明确系统运行策略。关于独立型微电网的运行策略将会在后面加以介绍。

4.3　系统组网方式

所谓组网方式，实际是指微电网内各分布式电源在系统运行中所承担的角色。当微电网采用对等控制策略（如全部分布式电源采用Droop控制），在微电网内负荷发生变化时，所有分布式电源承担类似的角色，共同分担负荷的变化，这是一种典型分布式电源对等式组网方式。当微电网采用主从控制时，需要选择一个用于承担系统内负荷平衡角色的电源作为主电源，选择不同的主电源就构成了不同的主从式组网方式，这里的主电源又称组网电源。考虑到目前实际的微电网主要以主从控制为主，本节主要分析主从控制模式下的系统组网方式和运行策略。

依据分布式电源和储能系统的控制特性不同，采用主从控制模式的微电网的组网方式可以有多种选择。典型的组网方式可以分为可控型分布式电源组网、储能系统组网、储能系统与分布式电源交替组网三种。这里典型的可控型分布式电源主要指柴油发电机组、小型水电机组、燃气轮机组等。

4.3.1　可控型分布式电源组网

1. 组网方案概述

可控型分布式电源组网方案通常以燃油发电机组、小型水电机组等作为微电网功率平衡机组（在常规电网中这种功率平衡机组又称调频机组），少数地方会用燃气轮机组网。此时，太阳能、风能、生物质等可再生能源发电系统作为从电源并入微电网，一般采用最大功率输出模式满足负荷需求，系统结构如图4.1所示。例如，丹麦Bornholm岛微电网[8]可长期脱离北欧电网孤岛运行，系统由14台总容量为34MW的柴油机组、一台25MW的燃油型汽轮机组、一台37MW的燃油-煤-木屑混合型汽轮机组、29台总容量为29MW的风电机组和两台总容量为2MW的沼气机组构成，其中柴油机组和汽轮机组可以作为组网机组，控制系统的电压和频率。2011年建成的青海玉树15MW水/光/互补电站[9]远离大电网孤岛运行，包含13MW水电机组和2MW光伏电站，水电机组作为组网单元，2MW光伏电站按照恒功率输出模式运行。

在这类组网方案中，控制技术相对比较成熟，类似于传统大电网的机组控制模式。此时，由于主电源的可控性较强，可以较为灵活地决定是否配置储能系统。当配置储能系统时，储能系统一般工作在改善电能质量、平抑短时功率波动模式。这类微电网运行控制相对简单，系统稳定性好，可以很好地借鉴传统电网的运行调度经验。

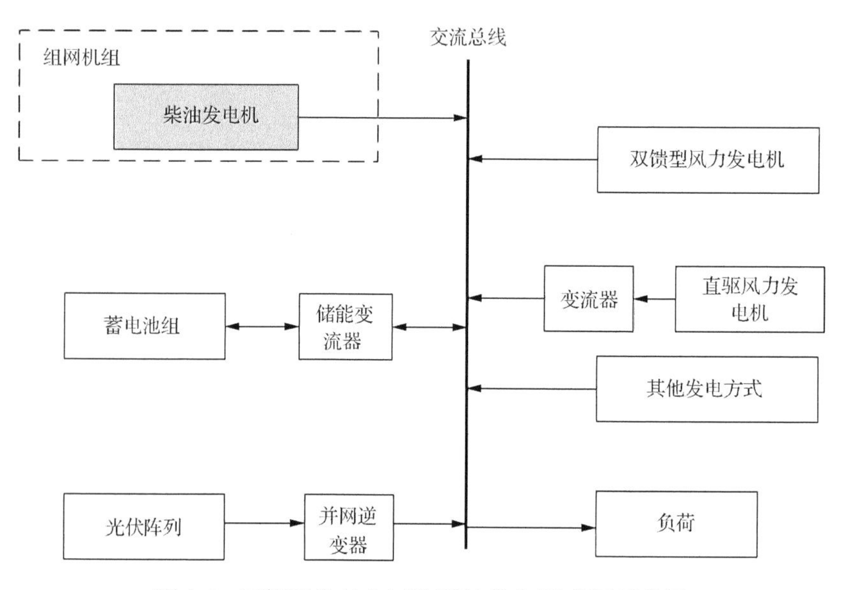

图 4.1 可控型分布式电源(柴油发电机)组网示意图

采用同步发电机直接并网模式的可控型分布式电源一般由原动机和同步发电机两部分构成，原动机为小型水轮机、柴油发动机、汽轮机等，同时配置有调速系统和励磁控制系统。调速系统控制原动机及同步发电机的转速和有功功率，励磁控制系统控制发电机的电压及无功功率，如图 4.2 所示。通过发电机的转速和电压恒定控制，可以对微电网的频率和电压起到支撑作用，即使在微电网内负荷和其他分布式电源功率发生波动时，也能保证系统的稳定运行。

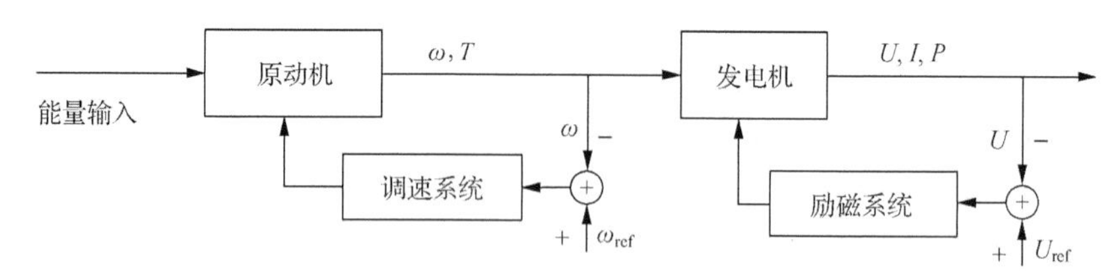

图 4.2 转速及励磁控制

作为组网电源，必须具备使微电网内电源和负荷功率保持平衡的能力。这对组网电源提出了两方面要求:反应的快速性和能量输出能力的充裕性。当其他分布式电源(如光伏,风电)或负荷快速波动时,组网电源能够快速响应,平衡此类波动;当其他分布式电源能量输出降低导致系统内能量不平衡时,能够输出足够的能量满足负荷的能量需求。对于柴油发电机这类分布式电源,因功率爬坡率的限制,有时不能够适应光伏等分布式电源输出功率的快速波动。此时需要配置电池等储能系统,配合组网电源实现微电网内功率的快速平衡。

2. 经济性分析

依靠柴油发电机进行组网,是独立型微电网最典型的组网方式,一般具有较低的初投资成本。但由于柴油发电机的燃料费、维护费等运行成本较高,柴油发电机组网的全生命周期成本可能会较高。目前,在我国东南沿海岛屿上,采用柴油发电机的供电成本大多在 2 元/(kW · h)以上,在青海、西藏等高海拔地区,甚至高于 4 元/(kW · h),而且从长远看柴油价格总的趋势应该还会上涨,同时还存在环境污染的风险。在这些地区,利用柴油发电机与光伏、风电等可再生能源发电系统组成的微电网联合供电,具备降低发电成本的潜力,可以显著降低柴油的消耗量,减轻环境污染的风险。值得指出的是,由于柴油发电机有最小功率输出限制,当光伏、风电出力较大而负荷较小时,不得不弃光、弃风才能保证柴油发电机工作在允许的功率输出范围内,这一定程度提高了光伏、风电的发电成本,降低了其发电收益。

当采用小型水电机组组网时,从建设投资和运行成本方面看都不高,且无环境污染问题,属于比较经济环保的供电方式。目前在青海、西藏等水资源丰富的地区,已经建成了许多小型水电站,其主要问题是有可能存在连续数月的枯水期,供电能力严重受限。若能与光伏、风电等可再生能源发电系统组成为微电网,则可以适当缓解枯水期供电紧张的情况。

4.3.2　储能系统组网

1. 组网方案概述

在储能系统组网方案中,储能系统作为主电源,在微电网中起到稳频稳压、平衡功率的作用。考虑到储能系统的容量限制,这样的系统一般规模较小。例如,希腊 2009 年建成的基斯诺斯岛微电网[10],由 10kWp 光伏系统、53kW · h 的蓄电池组和一台 5kW 的柴油发电机组组成,柴油发电机组作为微电网系统的冷备用机组,微电网为 12 户住宅供电。2011 年底我国在青海灾后重建中建成了代格村微电网[1],由 60kWp 光伏系统和 1200kW · h 铅酸蓄电池组构成。也有一些规模较大的类似微电网,如我国 2013 年建成的青海省玉树州曲麻莱县微电网[11],由 5MW · h 锂离子电池储能系统、20MW · h 铅酸电池储能系统和 7MWp 的光伏电站构成。其中,锂离子电池配备10台500kV·A的变流器(简记为PCS),铅酸电池配备8台500kV·A的PCS,光伏发电系统含14台500kW光伏并网逆变器,充分发挥了不同类型储能电池的技术特点。系统由一套基于工业以太网的主控系统进行控制,监控系统保证了系统的高可靠性和高稳定性。

在这种组网方式中,目前主要采用电池储能系统。由于其快速充电和放电能力,具有很好的可控性,可有效平衡微电网内可再生能源发电系统的功率波动,很好地保证系统的运行稳定性。具体组网方案有两种,如图4.3所示。其中,方案一单独利用储能电池作为主电源,对储能系统的容量要求相对较高;在方案二中,光伏系统和储能系统被组合成一种可控型分布式电源,承担起系统内负荷平衡的角

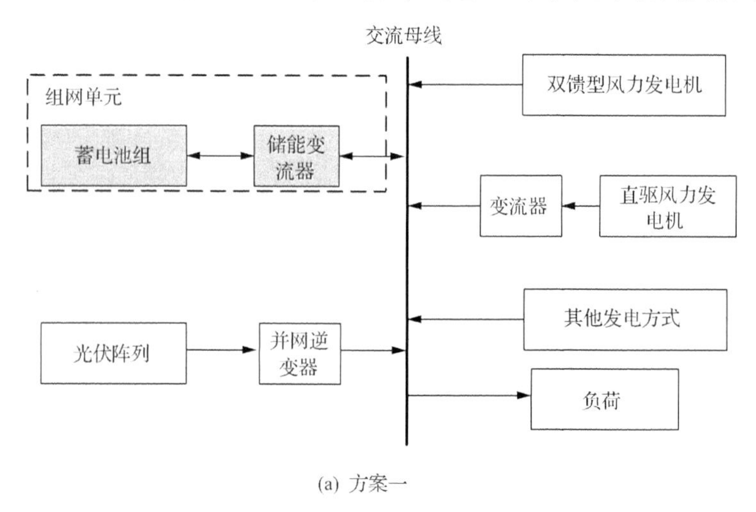

(a) 方案一

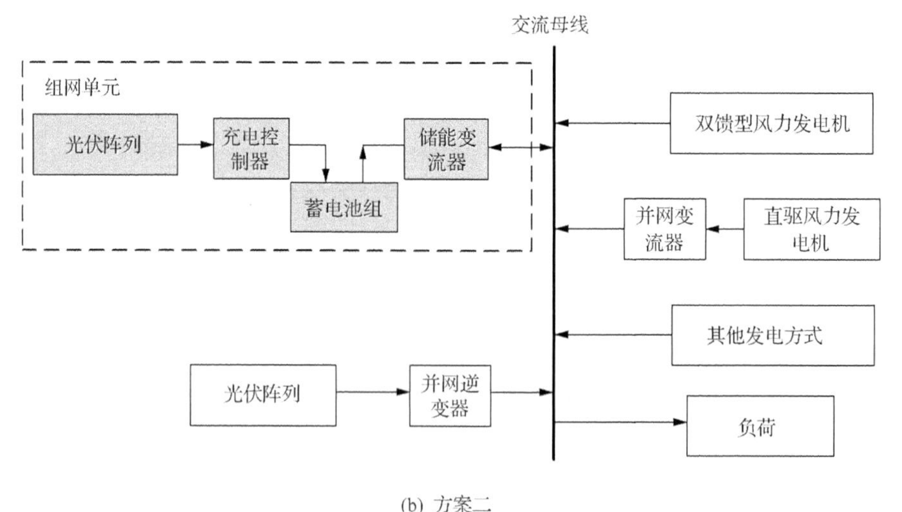

(b) 方案二

图4.3　储能系统组网方案

色，这一方案对电池系统的容量要求可以适当降低，但与其组合的光伏系统会经常处于弃光状态，同时对系统的能量管理技术要求较高。

以电池储能系统为主电源组网，可以使微电网运行时完全脱离柴油发电机，实现柴油零消耗，仅需在天气异常、储能系统故障等情况发生时，启动处于冷备用状态的柴油发电机组，使其组网运行。因此，微电网的环保性会大为提高。但是，由于蓄电池安全、寿命和成本等问题的制约，目前国内外主要还处于示范阶段，相信随着储能技术的不断发展，未来以电池储能系统组网的微电网将会得到更多应用。

在这种组网方案中，储能系统变流器、微电网能量管理系统是实现系统功能的关键。考虑到单台变流器的容量成本限制，常常需要多台储能系统变流器并联运行，共同承担起为微电网提供频率和电压支撑的角色。多台变流器并联运行，需要保证运行特性的高度一致性，以降低并联部分的环流，实现功率的均衡输出。由于电池储能系统的容量有限，且电池的使用寿命和充电与放电策略密切相关，能量管理系统需要不断检测电池的荷电状态，避免过充过放，使电池工作在合理的荷电状态区间。为了保证微电网持续稳定工作，能量管理系统还需要根据电池的荷电状态、可再生能源发电系统功率预测结果、负荷预测结果等，确定系统的运行策略，包括弃风、弃光策略等。总之，这种组网方式对能量管理系统的要求较高。

2. 经济性分析

储能系统组网方案初投资成本通常较高，但没有燃料费用，运行成本较低，运行维护费用也不高。在这种方案中，储能系统的使用寿命是决定系统经济性的关键。蓄电池的使用寿命与运行策略密切相关，通常需要几年更换一次，其更换周期和更换成本是微电网经济性分析的一个重要考虑因素。铅酸蓄电池是技术成熟、价格低、应用广泛的储能电池，一般每 3 年需要更换一次，如果对铅酸蓄电池组的充/放电深度和频度进行优化控制，则更换周期可延长到 5 年以上。大容量磷酸铁锂电池在国内的一些示范工程中获得了较好的应用，这种电池比铅酸蓄电池寿命长，但目前价格较高。钠硫电池、全钒液流电池等也都有各自的优缺点，尚需要在应用中不断完善。总之，这种组网方案的经济性很大程度上决定于储能系统的应用策略，对储能系统的控制和能量管理提出了更高的要求。

4.3.3　可控分布式电源与储能系统交替组网

交替组网方案是前述两种组网方案的结合，目的是充分利用两种方案的优点。例如，当微电网由小型水力发电机组、光伏、风电、电池储能系统构成时，在丰水期，可以采用水电机组组网方案，此时储能系统主要用于配合主电源，平抑光伏或风电的波动，尽可能降低对储能系统寿命的不利影响；在枯水期，当水电机组无水可用时，可以采用储能系统组网方案，继续保持对负荷的持续供电。在实际微电网中，交替组网方式较为常用，这样的组网方式有助于提高微电网的供电可靠性，有助于设备综合利用效率的提升。由于柴油发电机工作噪声较大，在一些应用场合，居民要求设备不得在夜间使用柴油发电机，这时也可以切换为储能系统组网方式。总之，交替组网方式使得微电网运行更加灵活，更能发挥设备的使用潜力。

从经济性上来看，交替组网方案的经济性取决于具体应用场景，交替组网方案和前两种组网方案相比，有时不需要增加一次设备投资，仅需在原来设备的基础上增加多样化的控制策略。当然，交替组网方案的控制可能会更加复杂。

4.4 微电网运行策略

微电网的组成方式多种多样，系统运行策略需针对微电网的具体情况加以制定。制定系统运行策略的目的是实现储能、分布式电源和负荷的有效控制和管理，确保微电网内发电与负荷需求的实时功率平衡，在防止电池过充与过放等约束条件下，实现对分布式电源的优化调度，保证微电网处于长期稳定的经济运行状态。为使读者对独立型微电网的控制策略有较为具体的了解，本节针对图 4.4 所示微电网介绍相关的运行策略。该微电网由光伏系统、风力发电机、蓄电池、柴油发电机和负荷构成。

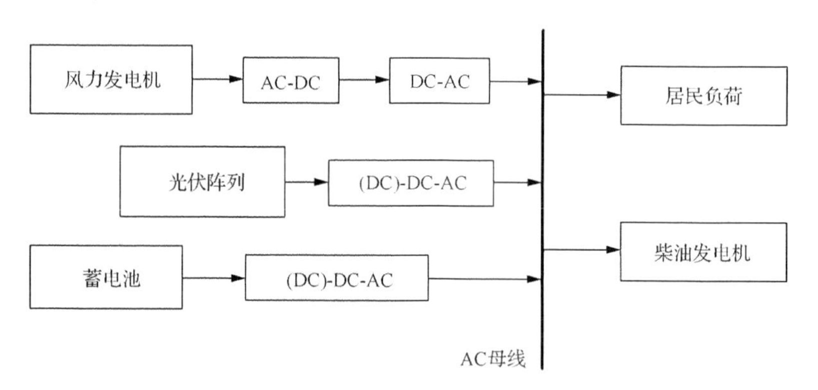

图 4.4 独立型微电网系统图

在风/光/柴/蓄独立型微电网中，风机和光伏发电功率严重依赖于风/光资源条件。由于自然资源的随机性和间歇性，风机和光伏无法完全按照预期功率值进行发电。虽然通过功率控制或切机等方法可在某种程度上限制其输出功率，但是其输出能力仍然受自然资源条件限制。因此，风机和光伏是相对不可控电源。另一方面，柴油发电机和蓄电池储能系统是相对可控电源。虽然两者运行时需满足一定的约束条件，但在约束允许范围内可对其输出功率进行管理控制，从而按照预期工况进行工作。因此，对柴油发电机和蓄电池储能系统的管理控制决定了风/

光/柴/蓄独立型微电网的运行策略，柴油发电机和蓄电池储能系统不同控制方法的组合便构成了风/光/柴/蓄独立型微电网的不同运行策略。

在风/光/柴/蓄独立型微电网中，柴油发电机可作为主电源长期运行，以提供微电网内参考电压和频率，蓄电池储能系统也可充当主电源，由于蓄电池储能系统供电能力有限，通常可采用柴油发电机和蓄电池储能系统轮流作为主电源的组合工作模式。风/光/柴/蓄独立型微电网的具体运行策略很多，具体策略的适应性与当地的可再生能源资源情况有关，也与微电网运行时的关注点有关。微电网的运行策略可以分为启发式策略和优化策略，由于优化策略一般以对风力发电、光伏系统的准确功率预测为前提，在实际系统运行中常常会达不到预期的效果。目前更为常用的运行策略还是启发式策略。

本节对风/光/柴/蓄独立型微电网最为常用的一些启发式运行策略进行归类说明[7,12]，以期使读者对这类微电网的主要启发式运行策略有比较系统的了解。柴油发电机的控制准则主要由启动准则、关停准则和运行功率准则三个方面构成；蓄电池储能系统的控制准则主要由放电准则、充电准则、放电功率准则和充电功率准则四个方面构成。本节将按照这些准则进行分类介绍。

4.4.1　柴油发电机控制准则

1. *启动准则*

在风/光/柴/蓄独立型微电网中，当风/光/蓄发电功率无法满足负荷需求时，为避免发生停电，柴油发电机需启动提供电力供应，保证供电可靠性和微电网的安全稳定运行。导致风/光/蓄发电功率不足可分为两种情况，第一种是在蓄电池储能系统 SOC 未达到下限值 S_{min}，由风/光/蓄的最大发电能力导致的发电功率不足；第二种是由于蓄电池储能系统 SOC 达到下限值 S_{min}，无法继续放电而导致的风/光/蓄的发电功率不足。两者所导致的结果是相同的。柴油机的启动准则如图 4.5 所示。

在图 4.5 中，ΔP_{load} 为微电网内净负荷，S_{es} 为蓄电池 SOC 值，S_{min} 为蓄电池 SOC 下限值，$P_{discharge\text{-}max}$ 为设定的蓄电池最大放电功率。当蓄电池 SOC 低于 S_{min}，蓄电池将不再进行放电。其中，ΔP_{load} 可表示为

$$\Delta P_{load} = P_{load} - P_{wt} - P_{pv} \tag{4.15}$$

式中，P_{load} 为负荷；P_{wt} 为风机功率；P_{pv} 为光伏功率。当 ΔP_{load} 为正时，风/光发电功率小于负荷需求；当 ΔP_{load} 为负时，风/光发电功率大于负荷需求。

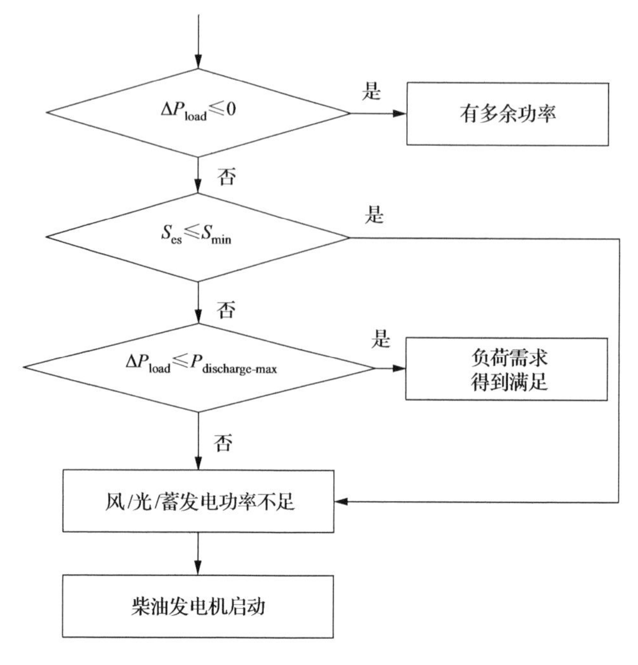

图 4.5 柴油发电机启动准则示意图

2. 关停准则

风/光/柴/蓄独立型微电网可能有不同运行需求，可根据可再生能源发电功率或蓄电池储能系统 SOC 状态，设置不同的柴油发电机关停准则：

(1) 当风/光发电功率能够满足负荷需求时；

(2) 当风/光/蓄发电功率能够满足负荷需求时；

(3) 当风/光发电功率能够满足负荷需求或蓄电池储能系统 SOC 达到充电限值 S_{stp} 时；

(4) 当蓄电池储能系统 SOC 达到充电限值 S_{stp} 时。

第一种是当风/光发电功率充足时，即关停柴油发电机，以充分利用可再生能源，减少柴油发电机的运行。第二种是当风/光/蓄发电功率满足负荷时，即关停柴油发电机，蓄电池储能系统作为主电源，提供微电网内参考电压和频率，最小化柴油发电机的运行。第三种是当风/光发电功率充足或者蓄电池储能系统 SOC 达到设定值 S_{stp} 时，关停柴油发电机。此种情况考虑了可再生能源发电功率充足与蓄电池储能系统能量储备较大两种情形，以保证柴油发电机关停后可利用发电功率的充足性。第四种是当蓄电池储能系统 SOC 达到设定值 S_{stp} 时，关停柴油发电机，由于蓄电池储能系统充电过程对于保障蓄电池使用寿命十分重要，此关停准则可有效保护蓄电池储能系统。典型的关停准则如图 4.6 所示。

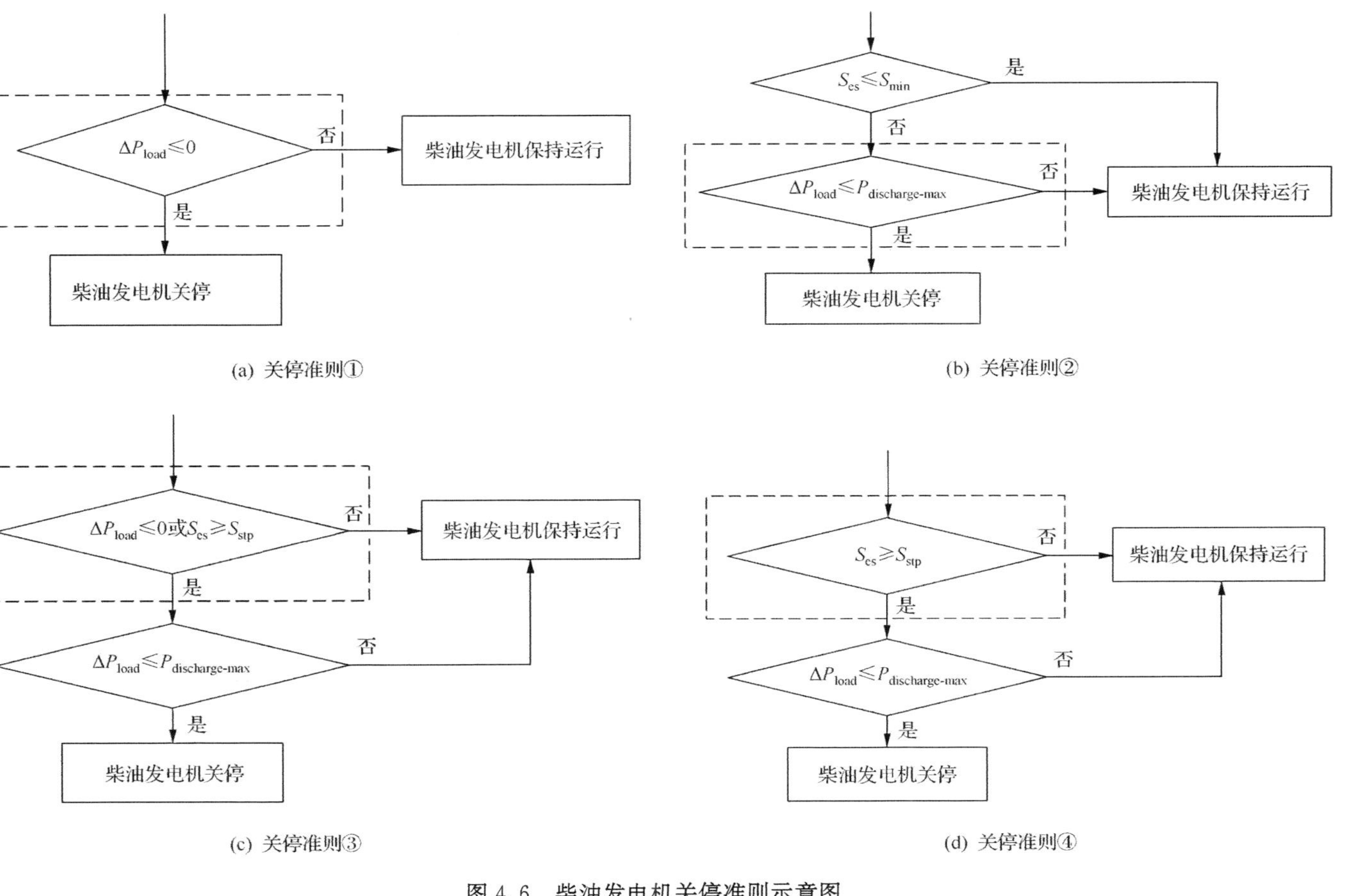

图 4.6　柴油发电机关停准则示意图

图中，S_{stp}小于 SOC 上限值 S_{max}。当存在多台柴油发电机时，可遵循一定的原则对柴油发电机功率进行分配，并允许关闭一台或多台柴油发电机，以减少柴油发电机的运行。

3. 运行功率准则

柴油发电机运行功率准则如图 4.7 所示。图中，P_{de}为柴油发电机输出功率，$P_{de\text{-}min}$为柴油发电机最小功率，$P_{de\text{-}rate}$为柴油发电机额定功率，P_{unmet}为未满足负荷功率，$P_{charge\text{-}set}$为柴油发电机最大输出模式下设定的蓄电池储能系统充电功率限值。具体说明如下：

(1) 负荷跟随模式。在此模式下，柴油发电机只需保证负荷需求能够得到满足，仅当其功率需求低于 $P_{de\text{-}min}$时，为保证柴油发电机满足运行功率约束，可以选择向蓄电池储能系统充电或者丢弃多余功率，遵循优先使用可再生能源对蓄电池储能系统进行充电的原则；当柴油发电机发电功率不能满足负荷需求时，可利用蓄电池储能系统放电进行补充。当蓄电池 SOC 低于 S_{min}时，最大放电功率 $P_{discharge\text{-}max}$将置为 0。

(2) 最大输出模式。在此模式下，柴油发电机应尽量保证蓄电池储能系统一定的充电功率。在保证负荷需求得到满足的基础上，柴油发电机应尽量保证蓄电池储能系统能够以大于 $P_{charge\text{-}set}$的充电功率水平进行补充，其中，$P_{charge\text{-}set}$取值小于蓄电池储能系统的最大允许充电功率。在最大输出模式下，在柴油发电机功率允许范围内，尽量保证蓄电池储能系统得到充分充电。

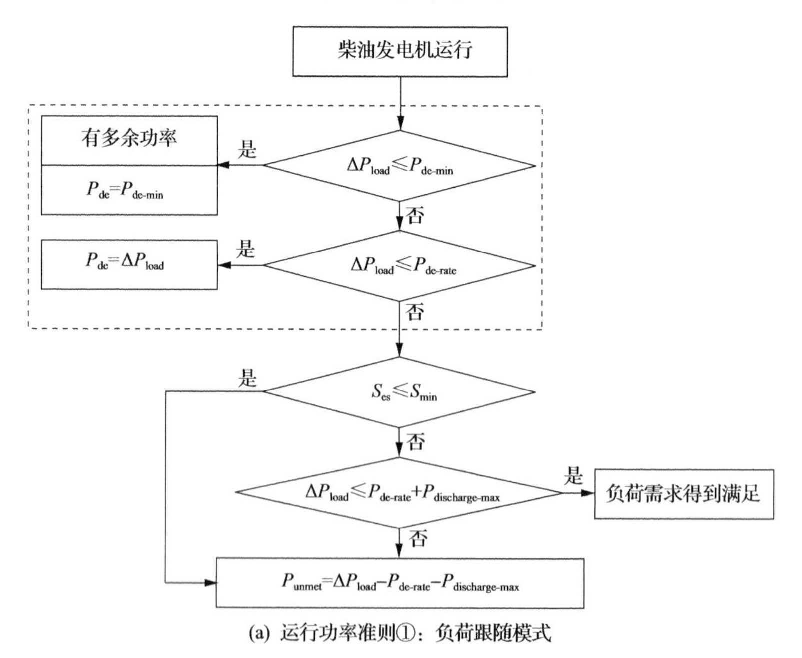

(a) 运行功率准则①：负荷跟随模式

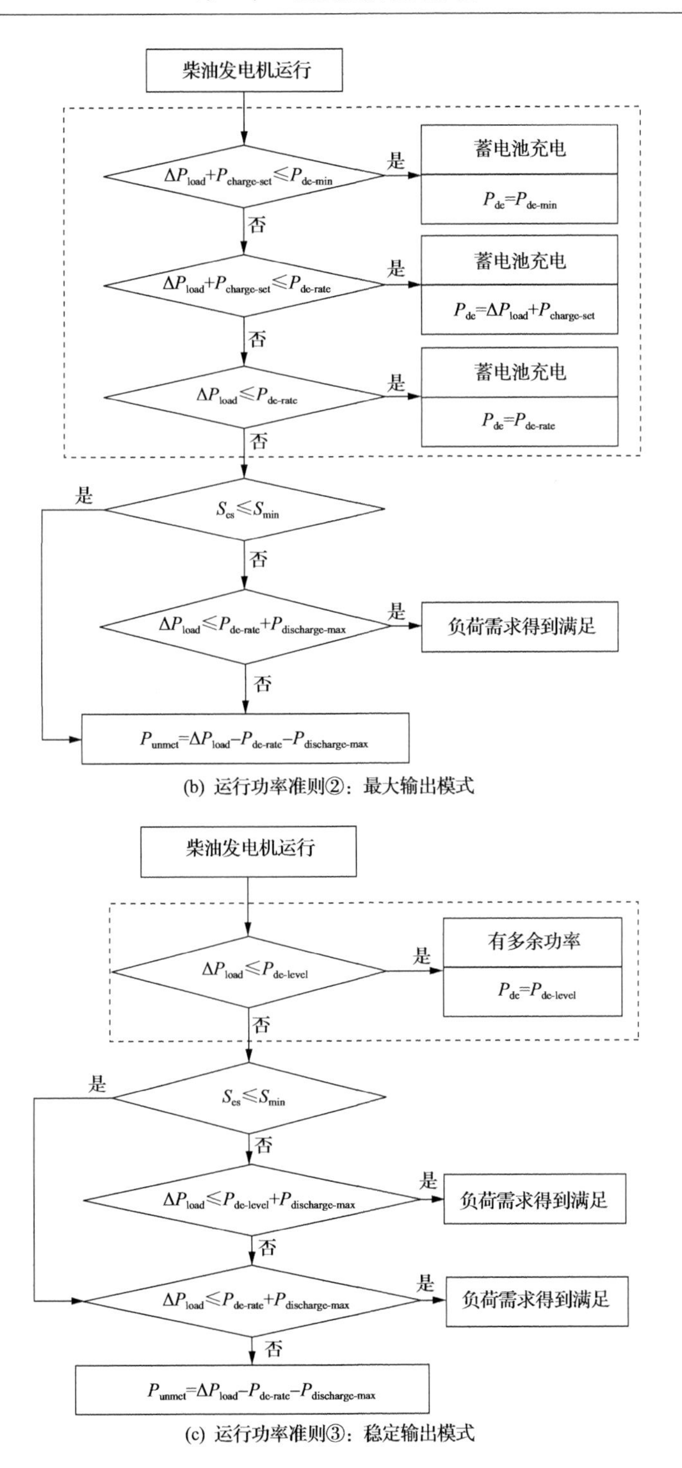

(b) 运行功率准则②：最大输出模式

(c) 运行功率准则③：稳定输出模式

图 4.7 柴油发电机运行功率准则示意图

(3) 稳定输出模式。在此模式下，柴油发电机工作在相对稳定的功率水平$P_{de\text{-}level}$，当负荷需求无法满足时，可利用蓄电池储能系统放电进行补充，当发电功率有富余时，可以选择向蓄电池储能系统充电或者丢弃多余功率。其中，$P_{de\text{-}level}$介于$P_{de\text{-}min}$与$P_{de\text{-}rate}$之间。在稳定输出模式下，尽量避免外界负荷和蓄电池储能系统充放电需求变化造成的功率波动，柴油发电机运行在相对稳定的功率状态。

4.4.2 蓄电池储能系统控制准则

1. 放电准则

由图 4.5～图 4.7 可知，当风/光或风/光/柴发电功率无法满足负荷需求时，蓄电池储能系统需放电以确保功率平衡。在柴油发电机处于关停状态时，蓄电池储能系统作为主电源，当风/光发电功率无法满足负荷时，蓄电池储能系统需放电以满足负荷；在柴油发电机处于运行状态时，柴油发电机作为主电源，当风/光/柴无法满足负荷时，可利用蓄电池储能系统放电以供应未满足负荷。

2. 充电准则

蓄电池储能系统充电准则如图 4.8 所示，S_{max}为蓄电池储能系统 SOC 上限值，P_{charge}为蓄电池储能系统充电功率，P_{excess}为设定的蓄电池储能系统允许充电的充电功率限值，$P_{charge\text{-}max}$为设定的蓄电池最大充电功率。

(1) 当风/光或风/光/柴发电功率大于负荷需求时，多余的电能充入蓄电池储能系统；

(2) 当风/光或风/光/柴发电功率大于负荷需求，多余的电能大于一定限值P_{excess}时，才会充入蓄电池储能系统。设置一定的充电限值主要是考虑合理的弃风弃光会在一定程度上减少蓄电池储能系统充放电状态的频繁转换，这将有利于延长其使用寿命。

3. 放电功率准则

蓄电池储能系统放电功率准则如图 4.9 所示，$P_{discharge}$为蓄电池储能系统放电功率。蓄电池储能系统的放电功率情况取决于其放电准则，即柴油发电机处于关停状态时，蓄电池储能系统在能力范围内放电以供应负荷；当柴油发电机运行，其发电功率不足时，蓄电池储能系统在能力范围内放电以供应风/光/柴发电功率无法满足的负荷需求，两种情况下蓄电池储能系统的放电功率均为系统中功率缺额。

4. 充电功率准则

由图 4.8 可知，蓄电池储能系统的充电功率情况取决于柴油发电机运行功率

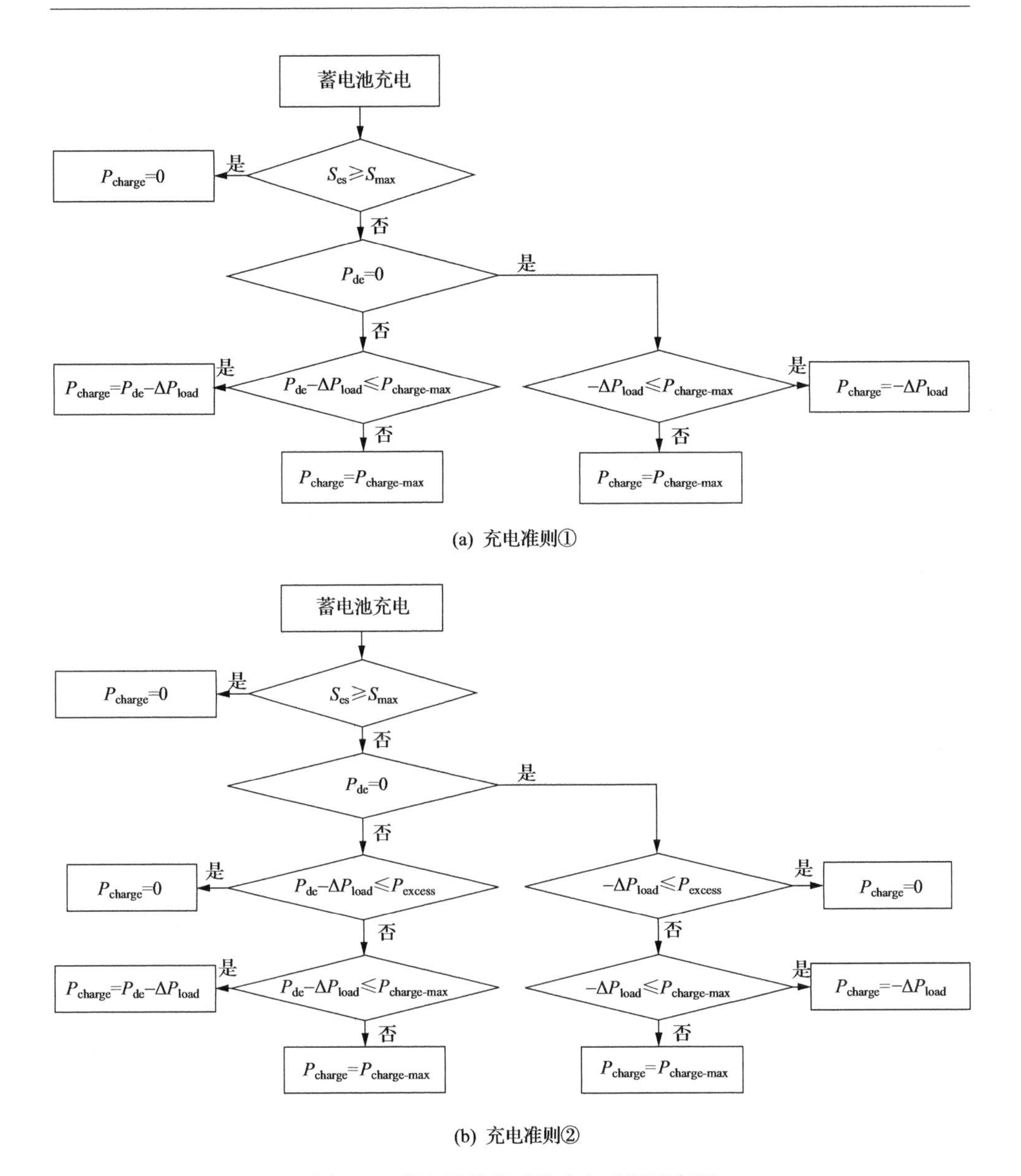

图 4.8　蓄电池储能系统充电准则示意图

水平准则和蓄电池储能系统充电准则。

综上所述，在柴油发电机和蓄电池储能系统轮流作为主电源的情况下，若遵循优先使用风/光可再生能源的原则，则风/光/柴/蓄独立型微电网一种典型运行策略流程如图 4.10 所示。

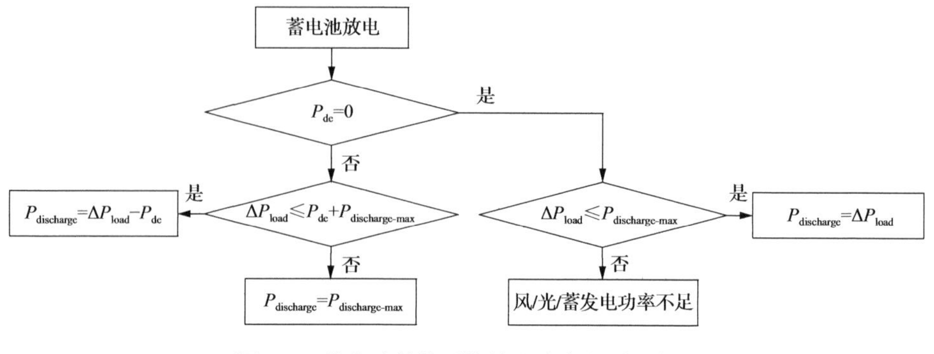

图 4.9　蓄电池储能系统放电功率准则示意图

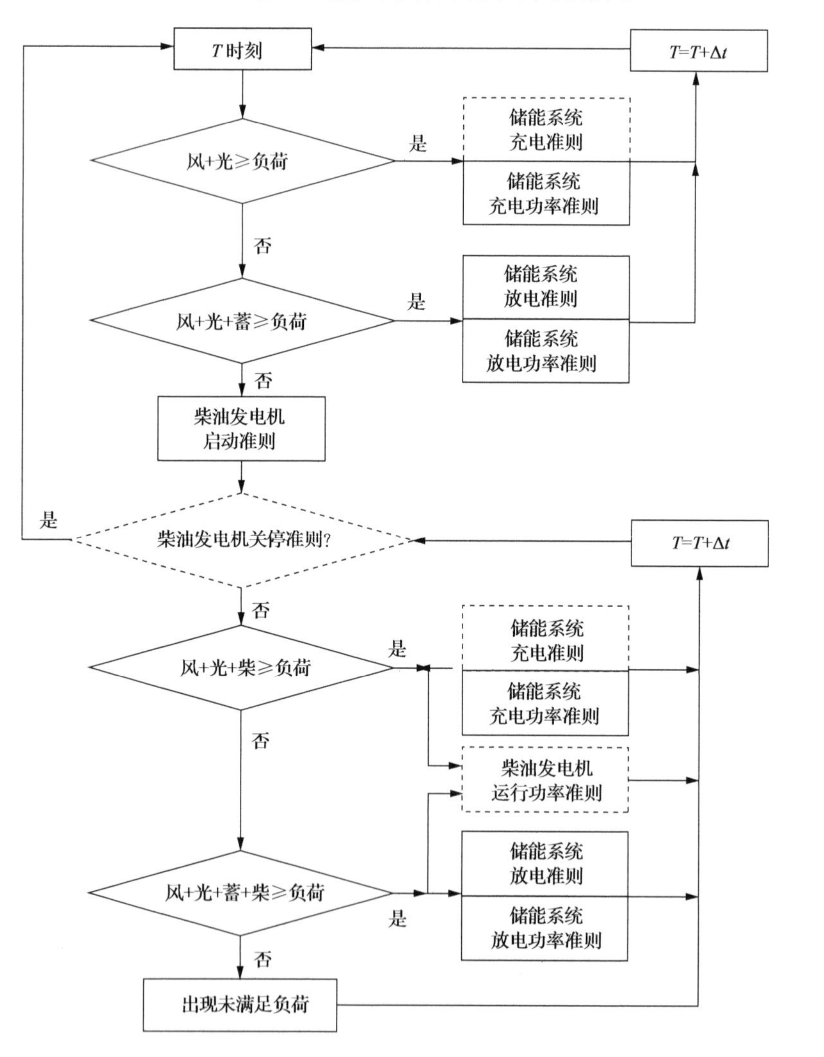

图 4.10　风/光/柴/蓄独立型微电网运行策略流程

4.4.3 分析说明

在前面介绍的控制准则中，柴油发电机关停准则、运行功率准则和蓄电池储能系统充电准则有多种选择。因此，风/光/柴/蓄独立型微电网运行策略类型主要取决于以上三个准则。通过对上述三个准则的不同组合，便可以构成不同的运行策略，详见表 4.1。放电准则和放电功率准则只有一种情况，故表 4.1 中未予列出。

表 4.1　运行策略列表

序号	柴油发电机准则		蓄电池储能系统准则	序号	柴油发电机准则		蓄电池储能系统准则
	关停	运行功率	充电		关停	运行功率	充电
1	①	①	①	13	③	①	①
2	①	①	②	14	③	①	②
3	①	②	①	15	③	②	①
4	①	②	②	16	③	②	②
5	①	③	①	17	③	③	①
6	①	③	②	18	③	③	②
7	②	①	①	19	④	①	①
8	②	①	②	20	④	①	②
9	②	②	①	21	④	②	①
10	②	②	②	22	④	②	②
11	②	③	①	23	④	③	①
12	②	③	②	24	④	③	②

需要注意的是，基于上述柴油发电机和蓄电池储能系统控制准则分类方法，表 4.1 中列出了多种风/光/柴/蓄独立型微电网运行策略，其他未涵盖的运行策略可以基于表 4.1 中典型运行策略演变得出。

不同运行策略的适用场景和运行工况有所差异，现对表 4.1 中风/光/柴/蓄独立型微电网运行策略进行分析和说明。

首先以运行策略 1 为例说明表 4.1 中运行策略的含义，具体流程如图 4.11 所示。在运行策略 1 下，首先使用风/光/蓄供应负荷，当风/光发电功率大于负荷，有多余电能时，蓄电池储能系统即充电（对应蓄电池储能系统充电准则①和充电功率准则），当风/光发电功率小于负荷时，蓄电池储能系统放电（对应蓄电池储能系统放电准则和放电功率准则）。当风/光/蓄发电功率无法满足负荷时，柴油发电机启动（对应柴油发电机启动准则），并工作在负荷跟随模式（对应柴油发电机运行功率准则①），柴油发电机有最低运行功率限制，仅当柴油发电机运行在最低功率且风/光/柴发电功率仍大于负荷时，蓄电池储能系统充电（对应蓄电池储能系统充电准则①和充电功率准则)，当风/光/柴发电功率无法满足负荷时，蓄电池储能系统放电(对应蓄电池储能系统放电准则和放电功率准则)。当风/光发电功率可以满足负荷时，柴油发电机关停(对应柴油发电机关停准则①)，重新进入风/光/蓄运行方式。运行策略 2 与运行策略 1 仅在蓄电池储能系统充电准则上有所差异，在运行策略 2 中仅当多余电能超过一定阈值 P_{excess} 时，才对蓄电池储能系统进行充电。与此类似，其他运行策略可结合相应的控制准则加以解释。

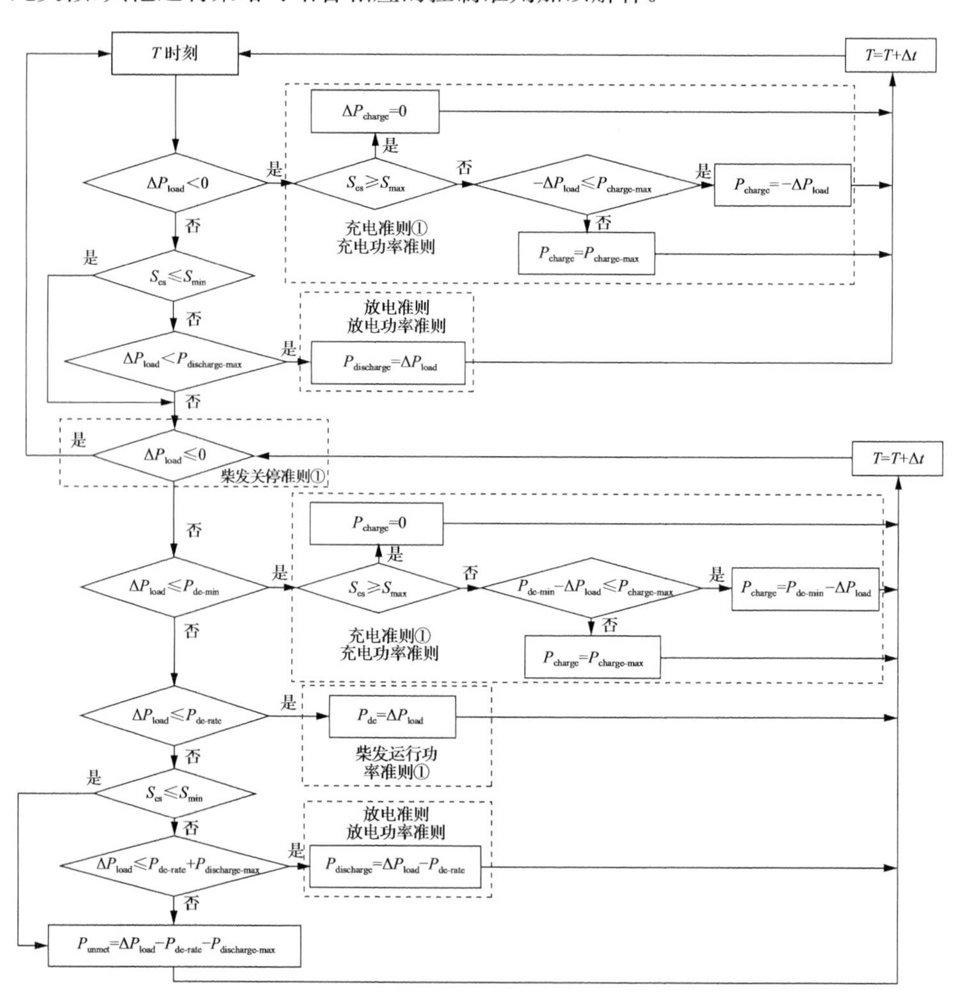

图 4.11　运行策略 1 流程

在表 4.1 运行策略中，运行策略 21 和运行策略 22 在风/光/柴/蓄独立型微电网实际工程中得到了一定的应用，通常称之为“循环充电”或“硬充电”运行策略。以运行策略 22 为例进行说明，具体流程如图 4.12 所示。在运行策略 22 下，首先使用风/光/蓄供应负荷，当风/光发电功率大于负荷，有多余电能且大于一定限值

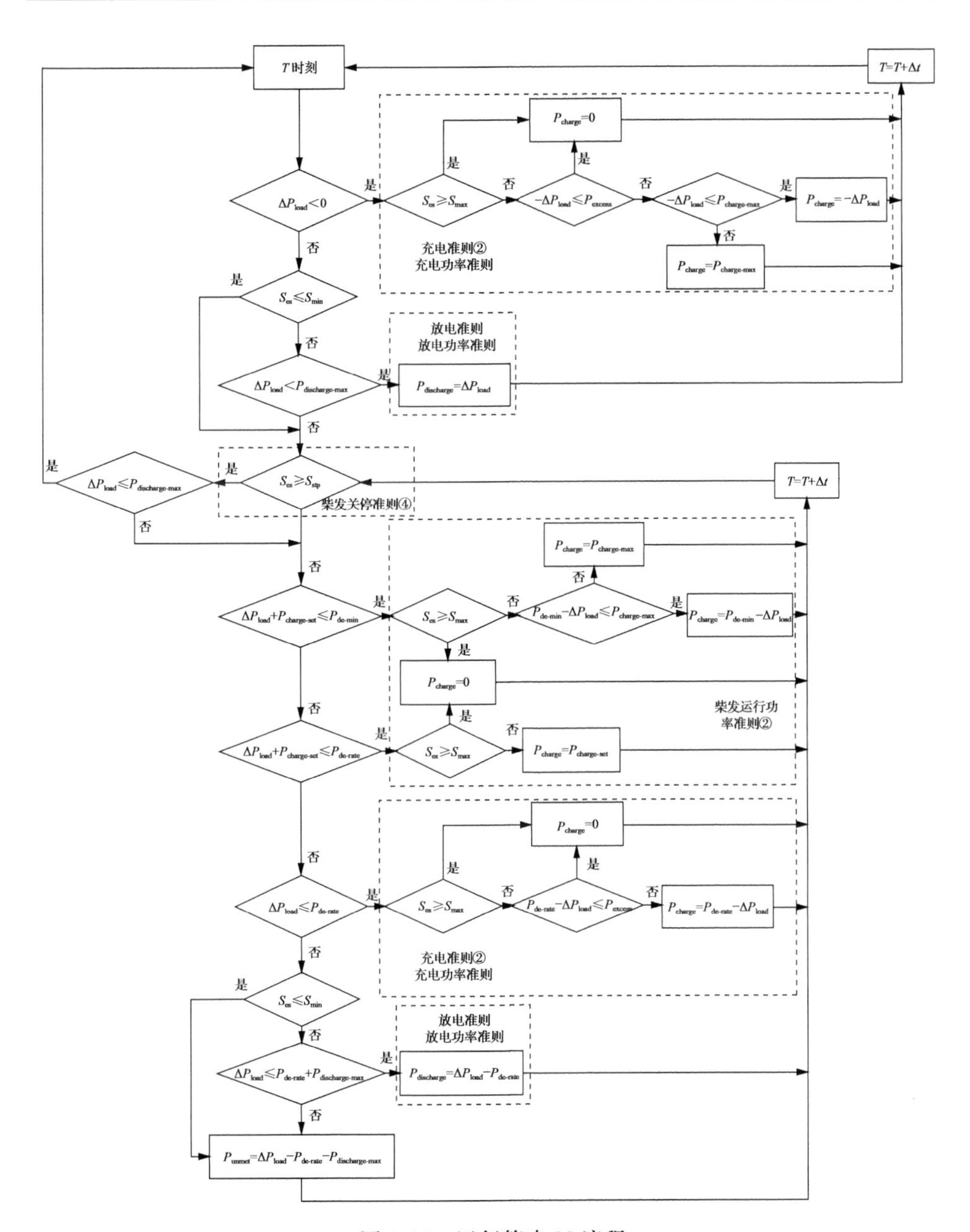

图 4.12　运行策略 22 流程

P_{excess}时，蓄电池储能系统才进行充电（对应蓄电池储能系统充电准则②和充电功率准则），当风/光发电功率小于负荷时，蓄电池储能系统放电（对应蓄电池储能系统放电准则和放电功率准则）。当风/光/蓄发电功率无法满足负荷时，柴油发电机启动（对应柴油发电机启动准则），并工作在最大输出模式（对应柴油发电机运行功率准则②)，柴油发电机在其能力范围内，尽量保证蓄电池储能系统以不低于设定充电功率值($P_{charge\text{-}set}$)进行充电，若出现风/光/柴发电功率无法满足负荷，蓄电池储能系统需放电(对应蓄电池储能系统放电准则和放电功率准则)。当蓄电池储能系统充电至一定SOC限值时(S_{stp})，柴油发电机关停(对应柴油发电机关停准则④)，重新进入风/光/蓄运行方式。由于蓄电池储能系统充电过程对于其使用寿命影响较大，循环充电运行策略可有效保护蓄电池储能系统，延长其预期使用寿命。运行策略21与运行策略22仅在蓄电池储能系统充电准则上有所差异，具体流程如图4.13所示。

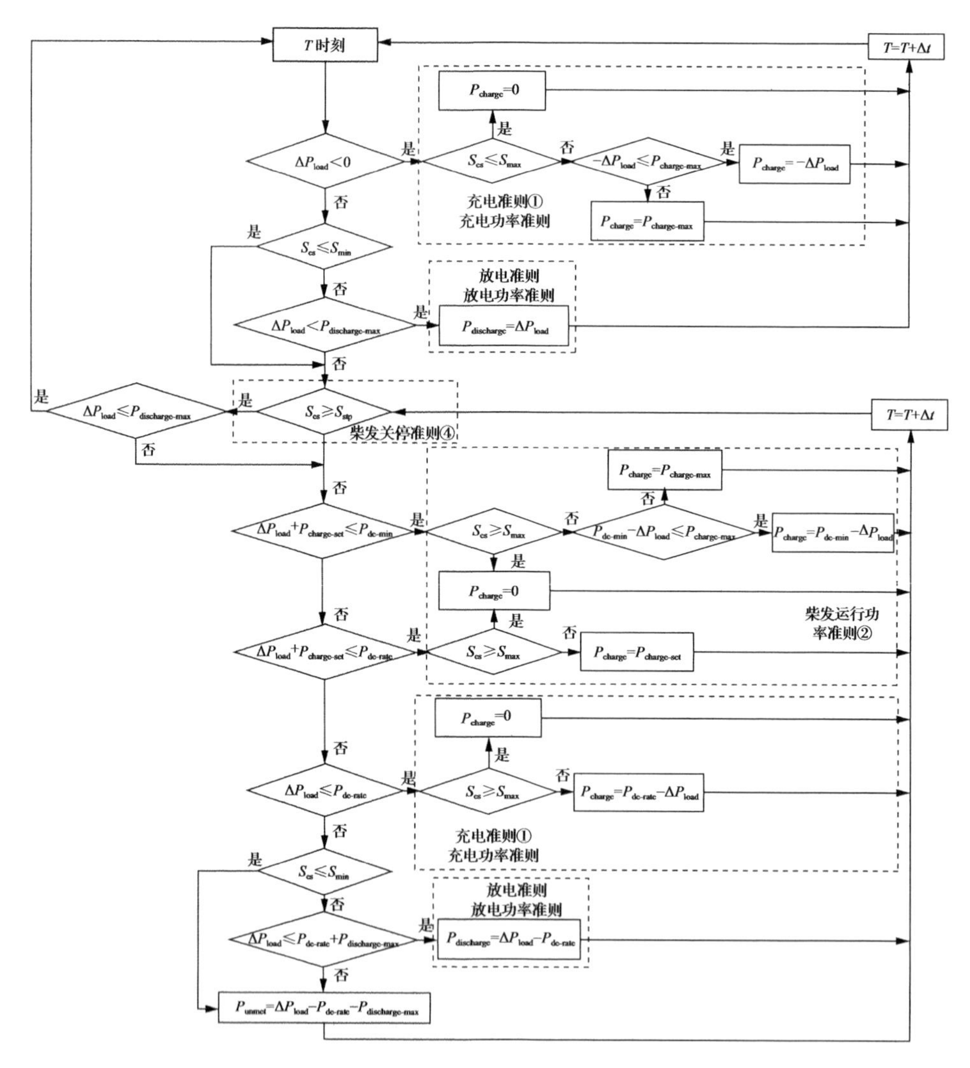

图4.13 运行策略21流程

在上述不同控制准则中，柴油发电机关停准则依据是否风/光发电功率能够满足负荷需求的运行策略，较适用于风/光资源丰富、风/光装机容量比例较大的系统，可充分利用风/光可再生能源发电，减少柴油发电机的运行时间。若风/光装机容量不足，则易造成柴油发电机长期运行的问题。

柴油发电机关停准则依据是否风/光/蓄发电功率能够满足负荷需求的运行策略，较适用于配备有一定容量蓄电池的储能系统，风/光装机容量比例较大的系统，当柴油发电机关停时，风/光/蓄能够满足一定时段内的电力供应。

柴油发电机关停准则依据是否风/光发电功率能够满足负荷需求或蓄电池储能系统 SOC 达到充电限值的运行策略，同时考虑了风/光发电功率较大与蓄电池储能系统能量储备较大两种情形，可以满足风/光/蓄容量比例较大、尽量减少柴油发电机运行时间的应用场景。

柴油发电机关停准则依据是否蓄电池储能系统 SOC 达到充电限值的运行策略，较适用于配备有一定容量蓄电池的储能系统，且对蓄电池储能系统使用寿命要求较高的应用场景。若风/光/蓄装机容量比例均较小，则易造成由于风/光/蓄发电能力不足，柴油发电机仍需继续保持运行的问题。

柴油发电机运行功率准则依据是否负荷跟随模式的运行策略，较适用于尽量减小柴油发电机发电功率的应用场景；柴油发电机运行功率准则采用最大输出模式的运行策略，较适用于对蓄电池储能系统充电要求较高的应用场景；柴油发电机运行功率准则采用稳定输出模式的运行策略，较适用于减小柴油发电机功率波动，避免柴油发电机频繁操作的应用场景；

蓄电池储能系统充电准则的选择可结合风/光发电功率的波动特性进行分析，对于风/光发电功率波动较大的应用场景，可设置一定的充电阈值，有效减小蓄电池储能系统的频繁充放电。

需要注意的是，表 4.1 中运行策略并不完全是运行效果优良的策略组合类型，其运行效果的优劣可通过仿真分析加以验证。在实际仿真分析时，结合具体要求选择表 4.1 中适用的若干运行策略作为备选运行策略进行分析即可，无需仿真分析所有运行策略类型。

此外，上述控制准则中，参数 S_{min}、S_{stp}、$P_{de\text{-}min}$、$P_{charge\text{-}set}$、$P_{de\text{-}level}$和 P_{excess}取值的不同也会造成运行策略运行效果的不同。因此，需同时考虑运行策略类型及其参数对微电网运行工况的影响。

参 考 文 献

[1] 许洪华，王成山，王斯成，等. 分布式能源智能微网关键技术与发展[R]. 北京：国家能源局微电网工作组，2012.

[2] 都志杰. 可再生能源离网独立发电技术与应用[M]. 北京：化学工业出版社，2009.

[3] 刘梦璇. 微电网能量管理与优化设计研究[D]. 天津:天津大学,2012.
[4] 段江曼. 微电网的调度策略及经济优化运行[D]. 北京:北京航空航天大学,2012.
[5] 赵胜武. 风光柴蓄独立微电网的设计与实现[D]. 湖南:湖南大学,2011.
[6] 孙树娟. 多能源微电网优化配置和经济运行模型研究[D]. 安徽:合肥工业大学,2012.
[7] Manwell J F, Rogers A, Hayman G, et al. Hybrid2—a hybrid system simulation model: Theory manual [R]. USA, National Renewable Energy Laboratory, 1998.
[8] Østergaard J, Nielsen J E. The bornholm power system: an overview[Z]. Lyngby, Denmark, 2010.
[9] Wang Y B, Xu H H. Research and practice of designing hydro/photovoltaic hybrid power system in microgrid[C]. 2013 IEEE 39th Photovoltaic Specialists Conference (PVSC), Tampa, Florida, USA, 2013: 1509-1514.
[10] Hatziargyriou N, Asano H, Iravani R, et al. Microgrids[J]. Power and Energy Magazine, IEEE, 2007, 5(4): 78-94.
[11] 宋华振. 汇川 IES100 系列微网产品在世界最大离网型光伏电站上的应用[J]. 伺服控制, 2014(7): 18-19.
[12] 陈健. 风/光/蓄(/柴)微电网优化配置研究[D]. 天津:天津大学,2014.

第5章　联网型微电网

5.1 引　　言

联网型微电网在大部分时间里都是和大电网联网运行，从大电网的角度来看，联网型微电网是一个可控、可调的单元，可用于降低高渗透率分布式可再生能源并网的不利影响，提高能源的综合利用效率，满足重要用户对电能质量和供电可靠性的特殊需求，为灾害高发地区提供电力备用。

联网型微电网能运行在两种模式，即联网模式和孤岛模式。正常状态下并网运行，当检测到大电网故障或电能质量不满足要求时，才与大电网断开转入孤岛运行模式，并保证微电网内全部或重要负荷的不间断电力供应[1]。在联网模式下，负荷既可以从电网获得电能也可以从微电网获得电能，同时微电网既可以从电网获得电能也可以向电网输送电能。在孤岛模式下，微电网必须能满足自身供需能量平衡；当电网恢复之后，微电网能自动恢复为并网模式。微电网需要根据实际运行条件的变化实现两种模式之间的自动平滑切换，切换过程尽可能不需要人为干预，也不导致对用户的供电中断。

在联网模式下，微电网并网点功率应可控。运行于联网模式时，微电网一般被要求控制为一个电力系统中的“好公民”或者“模范公民”，即要求微电网对大电网表现为一个单一可控单元，可自适应或接受电网调度机构指令，具备有功功率和无功功率四象限运行的能力，从而减小分布式电源并网对电网的影响。这主要依赖于微电网先进的控制技术及内部的可控发电单元或储能装置。

在孤岛模式下，微电网应能够持续稳定运行。孤岛模式下微电网内分布式电源能够支撑全部或重要负荷的持续运行，同时微电网监控系统需要从整体上负责系统运行的控制和协调，包括自动频率控制和自动电压控制，以及必要时的安全稳定控制与黑启动等。

5.2　微电网的配置

联网型微电网需整体进行合理的规划设计，确定系统结构、电源组成和容量配比，以便在保证微电网内负荷供电可靠性和供电质量的同时，充分、合理地利用各种能源资源，提高微电网内分布式能源的利用效率，提高微电网及外部电网运行的安全性、可靠性和经济性。

联网型微电网的电源组成主要包括光伏发电、风力发电等可再生能源发电，天然气发电、小水电等传统电源，以及蓄电池、超级电容器等储能装置。例如，由风电、光伏等可再生能源和储能装置组成的以可再生能源为主的微电网；由燃气轮机冷热电联产为主，辅以可再生能源及储能等组成的多能互补微电网。

微电网的系统组成方式与各种电源容量的优化配置，需因地制宜地结合当地的资源和负荷情况，实现当地可再生能源的充分利用并保障当地负荷的可靠供电。一般来说，联网型微电网内分布式电源的优化配置，需满足以下几个基本原则：

(1) 结合当地的资源条件和负荷特性，合理选择微电网内分布式电源的类型。例如，在太阳能资源较好的地区，可选择安装光伏发电；在风光资源具备互补性的地区，按一定比例安装光伏和风力发电，实现两者特性互补和经济上的优化；在热/冷负荷需求量较稳定的地区，可配置具备热电联产功能的微型燃气轮机等。

(2) 在明确微电网联网运行方式(如恒定交换功率、可控交换功率等)的前提下，对微电网内的分布式电源容量进行优化配置。对于以分布式可再生能源发电为主的微电网，需要充分考虑可再生能源输出功率和负荷急剧波动的影响，并选取合适的储能类型及储能装置的功率和容量。由于联网运行是联网型微电网的主要工作模式，在对微电网内各种分布式电源的容量进行规划时，还需要充分考虑微电网接入对大电网的影响。

(3) 微电网内各种分布式电源的优化配置需满足微电网双模式运行的需要。在确定微电网内各种分布式电源的容量时，需要兼顾微电网在联网和孤岛模式下运行的稳定性、经济性和可靠性，以及两种模式的相互平滑切换。此外，还需要考虑极端情况下，微电网孤岛运行时要保障的重要负荷容量以及持续供电的最长时间，以确定微电网内各类分布式电源和储能装置的功率和容量。

(4) 在有条件建设冷热电联供的地区，需同时考虑热/冷负荷的需求。对包含冷热电联供的微电网进行规划设计时，要注意实现冷热电负荷之间的灵活匹配，提高系统整体的经济效益和社会效益。

5.3　微电网成本及费用分析

本节从用户侧角度考虑，对微电网在购电、分布式电源、燃料、环保、停电损失、网损、用户配变容量和可再生能源发电补贴等方面进行成本费用分析，相关结论可为微电网的优化配置和优化运行提供经济方面的参考。考虑到微电网的构成多种多样，为尽可能体现问题的全面性，本节选择一个可实现冷/热/电联供的综合能源微电网为例进行分析[2]。

对于一个由多种分布式电源构成，需要满足用户冷、热、电负荷需求的复杂微电网而言，其能量流动关系也比较复杂。本节所考虑的微电网，通过配电变压器连接到电网，微电网内分布式电源由光伏（PV）、风机（WT）、两台微型燃气轮机（MT＃1、MT＃2）构成，相应的配置有热交换器（HX＃1、HX＃2）、吸收式制冷机（AC）、电储能系统（ES）、热储能系统（TS）和燃气锅炉（GB）。微电网内有冷负荷L_{C0}（包含电制冷负荷L_C及由吸收式制冷机制冷的冷负荷L_{Ct}）、热负荷L_T（包括供暖与热水供应所需的热负荷L_{T0}及吸收式制冷机制冷所需吸收的热功率$Q_{T,AC}$）、电负荷L_E（包括重要纯电负荷L_{Eop}、一般纯电负荷L_{Eot}和电制冷负荷耗电L_{PC}）。微电网中的微型燃气轮机、热交换器和吸收式制冷机构成了冷热电联供系统（简记为CCHP系统）。针对上述这样一个综合微电网，其能量流动关系如图5.1所示。

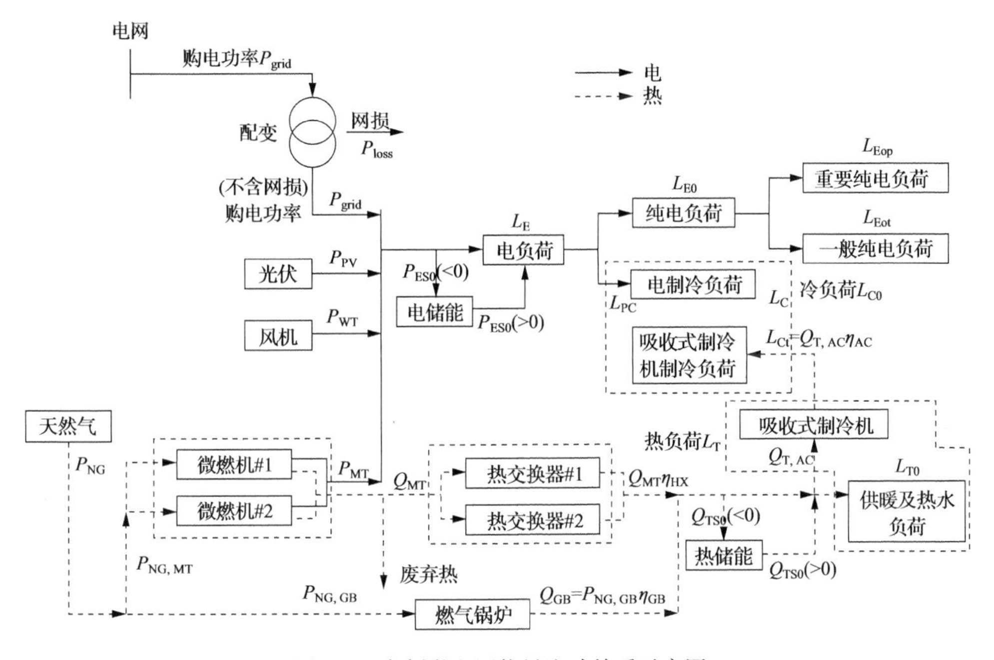

图5.1　案例微电网能量流动关系示意图

图5.1中，实线箭头、虚线箭头分别代表电能、热能流动方向；经过热交换器回收的微燃机余热、燃气锅炉及热储能系统输出的热功率$Q_{MT}\eta_{HX}$（η_{HX}为换热器效率）、Q_{GB}及Q_{TS0}一起满足微电网内所有热功率L_T需求；微电网内分布式电源，即PV、WT、MT、ES输出的电功率P_{PV}、P_{WT}、P_{MT}、P_{ES0}以及从电网购入的功率P_{grid}一起满足微电网内所有电功率需求（包括电负荷功率L_E及网络损耗功率P_{loss}），冷负荷供给来源由电制冷负荷（L_C）和吸收式制冷机制冷负荷（L_{Ct}）构成。

同样针对这样一个案例系统，整个微电网的费用构成如图5.2所示。从用户侧角度考虑，包括分布式电源投资及运行费用、购电费用、供热费用、环境治理费用、停电损失费用、网损费用、用户配电变压器投资和可再生能源发电补贴等，本节将对这些费用进行略为具体的分析。

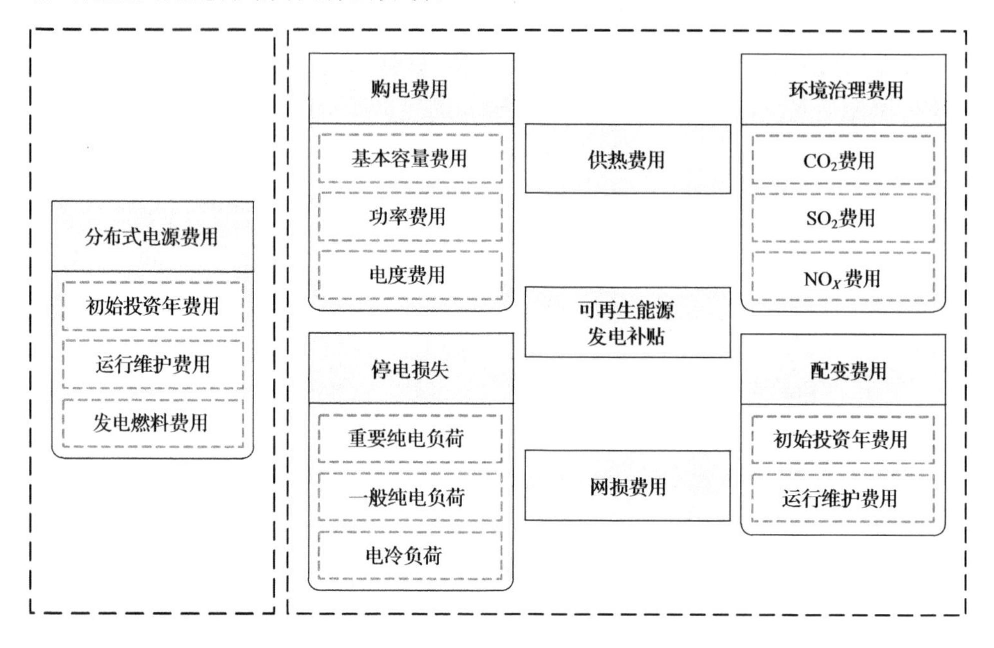

图 5.2　案例微电网费用及收益构成

5.3.1　用户购电费用

用户购电费用构成同所在区域的电价机制相关，一般可归纳为基本容量、功率、电度(电量)这三大类费用：

$$C_{te} = C_{fc} + C_{dc} + C_{ec} \tag{5.1}$$

式中，C_{te}、C_{fc}、C_{dc}、C_{ec}分别为年总购电费用(total electricity charge)、基本容量费用(fixed charge)、功率费用(demand charge)和电度费用(energy charge)，单位均为万元/年。表 5.1 给出了某地采用分时电价时[3]用户购电费用构成。

表 5.1　某地分时电价信息[3]

(a)夏季分时电价

时段	电度电价/(元/(kW·h))	功率电价/(元/kW/月)	基本容量电价/(元/(kV·A)/月)	时间
峰	1.232	40.5	27	8:00～11:00、13:00～15:00、18:00～21:00
平	0.779	40.5	27	6:00～8:00、11:00～13:00、15:00～18:00、21:00～22:00
谷	0.291	40.5	27	22:00～6:00

(b) 非夏季分时电价

时段	电度电价/(元/(kW·h))	功率电价/(元/kW/月)	基本容量电价/(元/(kV·A)/月)	时间
峰	1.197	40.5	27	8:00～11:00、18:00～21:00
平	0.744	40.5	27	6:00～8:00、11:00～18:00、21:00～22:00
谷	0.356	40.5	27	22:00～6:00

注：实行夏季电价的月份为7、8、9月，其余月份实行非夏季电价。

基本容量费用在用户申请专用配电变压器时就已确定，不论用电与否都需按申请的变压器容量按月交纳基本费用。基本容量费用与用户配变容量成正比：

$$C_{\mathrm{fc}} = 10^{-4}\sum_{m\in M} c_{\mathrm{fc}} S_{\mathrm{n,DT}} \tag{5.2}$$

式中，$M=\{1,2,\cdots,12\}$代表一年12个月份的集合，m代表一年中第m月份；c_{fc}为变压器单位容量基本电费(元/(kV·A)/月)；$S_{\mathrm{n,DT}}$代表用户变压器的视在容量(kV·A)。

功率费用与用户每月从电网购电的最大功率成正比[4]：

$$C_{\mathrm{dc}} = 10^{-4}\sum_{m\in M} c_{\mathrm{dc},m} P_{\mathrm{grid},m}^{\max} \tag{5.3}$$

式中，$c_{\mathrm{dc},m}$为第m月份单位功率电价(元/kW/月)，不同月份所处的电价季节不同，其单位功率电价可以相同，也可取不同[4]；$P_{\mathrm{grid},m}^{\max}$代表第$m$月份用户由电网供应的最大功率(kW)。

电度费用与用户不同时段消耗的电量直接相关，可表示为：

$$C_{\mathrm{ec}} = 10^{-4}\sum_{h=1}^{N_{\mathrm{h}}}\left(c_{\mathrm{ec},h} P_{\mathrm{grid},h}\frac{\Delta h}{60}\right) \tag{5.4}$$

式中，N_h代表将一年划分为N_h个相等的时段，$\Delta h=8760\times 60/N_h$代表每个时段的时间间隔(min)；$c_{\mathrm{ec},h}$为一年中第$h$时段单位电度电价(元/(kW·h))；$P_{\mathrm{grid},h}$代表一年中第$h$时段用户由电网供应的功率(kW)。$P_{\mathrm{grid},h}$取值为负时，代表用户向电网倒送功率，此时的电度费用则取负值，代表微电网向电网售电的收入。

5.3.2　分布式电源费用

分布式电源总费用可折算为等年值，包括初始投资等年值费用、年运行维护费用以及年发电所需燃料费用，可表示为[4]：

$$C_{\mathrm{DER}} = C_{\mathrm{IGA}} + C_{\mathrm{OMG}} + C_{\mathrm{FE}} \tag{5.5}$$

式中，C_{DER}为分布式电源总费用等年值(万元/年)；C_{IGA}、C_{OMG}、C_{FE}分别代表分布式电源初始投资等年值费用、年运行维护费用以及年发电消耗燃料费用，单位均为万元/年。

分布式电源初始投资等年值费用与分布式电源容量直接相关，其数学表达式为：

$$C_{\mathrm{IGA}}=\sum_{i}C_{\mathrm{I},i}r_{\sigma,i}=\sum_{i}C_{\mathrm{I},i}\frac{r(1+r)^{l_i}}{(1+r)^{l_i}-1} \tag{5.6}$$

式中，$C_{\mathrm{I},i}$为第i类分布式电源初始投资费用(万元)，与分布式电源额定容量相关；$r_{\sigma,i}=\dfrac{r(1+r)^{l_i}}{(1+r)^{l_i}-1}$代表资金收回系数[5]；$r$为贴现率；$l_i$为第$i$类分布式电源运行寿命期望值(年)。

1. 分布式电源的初始投资费用

分布式电源的初始投资费用依据情况不同，可以表达为不同的形式。

(1) 投资费用仅和额定功率相关(如微型燃气轮机、燃料电池等非可再生分布式电源)：

$$C_{\mathrm{I},i}=c_{\mathrm{Ivp},i}P_{n,i} \tag{5.7}$$

式中，$c_{\mathrm{Ivp},i}$为分布式电源i单位功率的可变投资费用(万元/kW)；$P_{n,i}$为分布式电源i的额定功率(kW)。

(2) 投资费用总额可分解为固定投资和可变投资两部分，其中可变投资与额定功率相关(如光伏、吸收式制冷机)：

$$C_{\mathrm{I},i}=C_{\mathrm{If},i}+c_{\mathrm{Ivp},i}P_{n,i} \tag{5.8}$$

式中，$C_{\mathrm{If},i}$为分布式电源i的固定初始投资费用(万元)。

(3) 投资费用总额可分解为固定投资和可变投资两部分，其中可变投资与额定能量容量相关(如锂电池储能系统)[4]：

$$C_{\mathrm{I},i}=C_{\mathrm{If},i}+c_{\mathrm{Ive},i}E_{n,i} \tag{5.9}$$

式中，$c_{\mathrm{Ive},i}$为分布式电源i单位能量容量的可变投资费用(万元/(kW·h))；$E_{n,i}$为分布式电源i的额定容量(kW·h)。

(4) 投资费用总额可分解为固定投资和可变投资两部分，其中可变投资费用与功率、能量容量都相关(如功率和能量容量互相解耦的液流电池)[6]：

$$C_{\mathrm{I},i}=C_{\mathrm{If},i}+c_{\mathrm{Ivp},i}P_{n,i}+c_{\mathrm{Ive},i}E_{n,i} \tag{5.10}$$

2. 分布式电源年运行维护费用

分布式电源年运行维护费用可表示为:

$$C_{\mathrm{OMG}} = 10^{-4} \sum_{i} C_{\mathrm{OM},i} \tag{5.11}$$

式中，C_{OMG}为分布式电源年运行维护费用(万元/年)；$C_{\mathrm{OM},i}$为第 i 类分布式电源的年运行维护费用(元/年)。分布式电源的运行维护费用依据情况的不同，可以表达为不同的形式：

(1) 运行维护费用可分解为固定运行维护费用和可变运行维护费用两部分，其中固定运行维护费用仅与分布式电源的额定功率相关，与分布式电源的年发电量无关；可变运行维护费用与分布式电源的年发电量相关，而与其额定功率无关(如微型燃气轮机、燃料电池等非可再生分布式电源)：

$$\begin{gathered} C_{\mathrm{OM},i} = c_{\mathrm{OMfp},i} P_{n,i} + c_{\mathrm{OMv},i} E_{\mathrm{a},i} \\ E_{\mathrm{a},i} = \sum_{h=1}^{N_h} \left(P_{i,h} \frac{\Delta h}{60} \right) \end{gathered} \tag{5.12}$$

式中，$c_{\mathrm{OMfp},i}$ 为分布式电源 i 的单位额定功率固定运行维护费用(元/kW/年)；$c_{\mathrm{OMv},i}$ 为分布式电源i 的单位发电量可变运行维护费用(元/(kW·h))；$E_{\mathrm{a},i}$ 为分布式电源 i 的年发电量((kW·h)/年)；$P_{i,h}$ 为分布式电源 i 在第 h 时段的输出功率(kW)。

(2) 运行维护费用可用单位额定功率固定运行维护费用表示(如光伏、吸收式制冷机)：

$$C_{\mathrm{OM},i} = c_{\mathrm{OMfp},i} P_{n,i} \tag{5.13}$$

(3) 运行维护费用可用单位额定容量固定运行维护费用表示(如锂电池储能系统)：

$$C_{\mathrm{OM},i} = c_{\mathrm{OMfe},i} E_{n,i} \tag{5.14}$$

式中，$c_{\mathrm{OMfe},i}$ 为分布式电源 i 的单位额定容量固定运行维护费用(元/(kW·h)/年)。

(4) 运行维护费用可用固定运行维护费用表示，而固定运行维护费用与功率、能量容量都相关(如功率、能量容量互相解耦的液流电池)：

$$C_{\mathrm{OM},i} = c_{\mathrm{OMfp},i} P_{n,i} + c_{\mathrm{OMfe},i} E_{n,i} \tag{5.15}$$

3. 分布式电源年发电消耗燃料费用

分布式电源年发电消耗燃料费用与分布式电源年发电量成正比，其数学表达式如下：

$$C_{FE} = \sum_i C_{F,i}$$
$$C_{F,i} = 10^{-4} c_{f,i} E_{a,f,i} = 10^{-4} c_{f,i} \frac{E_{a,i}}{\eta_i} \tag{5.16}$$

式中，$C_{F,i}$ 为分布式电源 i 的年发电消耗燃料费用（万元／年）；$c_{f,i}$ 代表第 i 类分布式电源发电所需燃料的单位热值费用（元/（kW · h））；$E_{a,f,i}$ 代表分布式电源 i 年发电消耗的燃料（（kW · h）/年），其大小等于分布式电源 i 年发电量 $E_{a,i}$ 与其发电效率 η_i 的比值。

可再生能源不消耗化石燃料，储能系统（包括储电系统 ES 和储热系统 TS）运行时不直接消耗化石燃料，故其燃料消耗费用为 0。

5.3.3 供热费用

微电网实际运行时热负荷所需功率可由 CHP 系统余热、锅炉或热储能提供。由于仅锅炉供热需要直接消耗燃料，供热燃料费用即为锅炉年燃料消耗费用，可表示为[4]：

$$C_{FT} = 10^{-4} c_{NG} \frac{E_{a,GB}}{\eta_{GB}}$$
$$E_{a,GB} = \sum_{h=1}^{N_h} \left(Q_{GB,h} \frac{\Delta h}{60} \right) \tag{5.17}$$

式中，C_{FT} 为锅炉年供热燃料费用（万元/年）；c_{NG} 为燃料单位热值价格（元/（kW · h））；$E_{a,GB}$ 代表锅炉年供热量（（kW · h）/年）；$Q_{GB,h}$ 为锅炉在第 h 时段输出的热功率（kW）；η_{GB} 为锅炉效率。

5.3.4 环境治理费用

电网及不同形式分布式电源供能会产生 CO_2、SO_2、NO_x 等温室气体与有害气体。根据不同供能形式的污染物排放系数及单位污染物排放的治理费用，可有环境治理费用[7]：

$$C_{EPA} = 10^{-4} \sum_x \beta_x V_x$$
$$V_x = 10^{-3} \Big(\sum_{i \in G_{ED}} \alpha_{i,x} E_{a,i} + \alpha_{GB,x} E_{a,GB} + \alpha_{grid,x} E_{a,grid} \Big) \tag{5.18}$$

式中，C_{EPA} 为微电网年环境治理费用（万元/年）；x 代表污染物种类，如 CO_2、SO_2、

NO_x 等；β_x 为污染物 x 的单位治理费用(元/kg)；V_x 为污染物 x 的年排放量(kg/年)；$\alpha_{i,x}$、$\alpha_{GB,x}$、$\alpha_{grid,x}$ 分别为分布式电源 i、燃气锅炉和外部电网污染物 x 的排放系数(g/(kW·h))；$E_{a,i}$、$E_{a,GB}$、$E_{a,grid}$ 分别代表分布式电源 i 年发电量、燃气锅炉年供热量和微电网从电网的年等效购电量(其值等于微电网每年从电网的购电量减去向电网的售电量)。

5.3.5 停电损失费用

本节假设热负荷由容量足够大的燃气锅炉燃烧天然气作为保障，且天然气供应充足，即认为热负荷的供热可靠性为100%，不考虑热负荷供应不足带来的损失。负荷损失主要考虑因停电给用户纯电负荷和冷负荷带来的损失，即用户停电损失。

用户停电损失包括直接损失和间接损失两类。①直接损失是指由于停电而直接对用户造成的损失，一般直接反映在用户生产的产品成本、产品性能、设备损害等方面，如产品产量的减少、质量的下降、原材料的浪费、电气化交通系统的中断等。②间接损失是指由于停电的间接影响而造成的损失，如供水系统的中断、治安秩序的破坏、冷藏食品变质等[8]。此外，用户停电损失与停电发生时间、停电提前通知时间、停电量、停电持续时间、停电频率及用户类型等多种因素有关。在实际应用中，停电成本函数很难精确构造，某些因素的影响程度也难以准确表达和计算，量化用户停电损失成本是一项复杂的工作。目前国内外比较典型的停电损失估算方法主要有以下几种：

(1) 产电比法[8,9]。产电比指某一时期、某一地区内国内生产总值(GDP)与消耗电能量之比(元/(kW·h))，该指标描述单位电能创造的经济效益。产电比法按每缺1kW·h电量而减少的国民生产总值计算平均停电成本。该方法是对电能货币价值的一种社会度量，反映了停电对整体经济的平均影响，可从宏观角度近似估计大面积的停电损失。产电比法适用于电网规划，但不适用于微电网规划。

(2) 平均电价折算倍数法[8,9]。该方法根据对各类用户进行停电损失的调查和分析，用平均电价的倍数来估算停电成本，如英国对工业、商业、居民负荷的停电成本分别按平均电价的60、70、70倍计算；对综合负荷的停电成本按照平均电价的50倍进行计算。而按照我国1996年颁布施行的《供电营业规则》规定，由于供电企业电力运行事故造成用户停电的，供电企业应按照用户在停电时间内可能用电量的电量电费的5倍(单一制电价为4倍)给予赔偿。可见不同国家对电价倍数的选取差别很大，在实际应用中电价倍数的合理选取比较困难。此外，该方法虽然反映了停电损失影响，但并没有考虑停电持续时间等因素的影响。以上不足都限制了平均电价折算倍数法的应用。

(3) 停电损失函数法[10,11]。该方法通过构造停电损失评价率(interrupted

energy assessment rate,IEAR),把用户单位停电量的平均停电成本作为停电时间函数,而停电持续时间等其他一些影响因素在 IEAR 的构造中得以反映。IEAR 为由于供电系统供电中断造成用户因得不到单位电量而引起的经济损失。可通过向用户进行问卷调查及系统可靠性计算结果来构造 IEAR。该方法能够方便而又不失一般性的反映停电对用户的影响,适合微电网优化规划,故可采用停电损失函数法计算用户内不同类电负荷的停电损失。用户停电损失计算公式如下[12]:

$$C_O = 10^{-4} \sum_j R_{IEA,j} E_{ENS,j} \tag{5.19}$$

式中,C_O 代表微电网年停电损失(万元/年);$j=1,2,3$ 分别代表重要纯电负荷、一般纯电负荷、冷负荷三类负荷;$R_{IEA,j}$ 为 j 类负荷单位电量损失费用,又称停电损失评价率 IEAR,单位为元/(kW · h);$E_{ENS,j}$ 为 j 类负荷年停电量期望值(expected energy not supplied,EENS),单位为(kW · h)/年,可以通过对微电网运行可靠性评估得到[13]。

5.3.6 可再生能源发电补贴

可再生能源发电可有效减少温室气体的排放,为鼓励可再生能源发电的发展,许多国家政府都对风机、光伏等发电形式施行了一定的补贴政策,按照补贴的形式可分为如下几种情况[14]。

(1) 可再生能源发电补贴为一次性补贴,仅与其额定功率相关,可表示为

$$C_{subp} = \sum_i c_{subp,i} P_{n,i} \tag{5.20}$$

式中,C_{subp} 为可再生能源发电系统补贴(万元);$c_{subp,i}$ 为第 i 类可再生能源的单位安装容量补贴(万元/kW);$P_{n,i}$ 为可再生能源 i 的额定容量(kW)。

(2) 可再生能源发电补贴仅与其发电量相关,可表示为:

$$C_{sube} = \sum_i c_{sube,i} E_{a,i} \tag{5.21}$$

式中,C_{sube} 为可再生能源发电系统补贴(万元/年);$c_{sube,i}$ 为可再生能源 i 的单位发电量补贴(万元/(kW · h));$E_{a,i}$ 为可再生能源 i 的年发电量(kW · h)。

(3) 可再生能源发电同时享受上面两部分的补贴。

5.3.7 网损费用

微电网内部分布式电源在负荷附近,其网损可认为近似等于 0,电能损耗主要由用户配变损耗构成,其网损费用表达式如下:

$$C_{\text{loss}} = \sum_{h=1}^{N_h} \left(c_{\text{ec},h} P_{\text{loss},h} \frac{\Delta h}{60} \right) \tag{5.22}$$

式中，C_{loss}代表微电网网损年费用(万元/年)；$P_{\text{loss},h}$为h时段配变损耗(kW)，其数学表达式为[15]

$$P_{\text{loss},h} = \left(\frac{P_{\text{grid},h}}{S_{n,\text{DT}} \cos\theta} \right)^2 \Delta P_S + \Delta P_0 \tag{5.23}$$

式中，$P_{\text{grid},h}$为不考虑配变网损情况下微电网在h时段的购电功率(kW)；$S_{n,\text{DT}}$、$\cos\theta$分别为用户配变视在容量(kV·A)及功率因数，功率因数一般取0.9或0.95；ΔP_S、ΔP_0分别为配变短路损耗和空载损耗(kW)；则$\left(\frac{P_{\text{grid},h}}{S_{n,\text{DT}} \cos\theta} \right)^2 \Delta P_S$代表在$h$时段用户配变的铜耗[15](kW)；假设配变电压运行在额定电压，其空载损耗保持ΔP_0不变。

5.3.8　配电变压器费用

微电网大多通过配电变压器升压后与配电网相连，变压器费用包括初始投资费用和运行维护费用，换算为等年值后可表示为

$$C_{\text{DT}} = c_{\text{IDT}} S_{n,\text{DT}} r_{\text{cr},\text{DT}} + c_{\text{OMDT}} S_{n,\text{DT}} \tag{5.24}$$

式中，c_{IDT}代表变压器单位容量投资费用(万元/(kV·A))；c_{OMDT}代表变压器单位容量运行维护费用(万元/(kV·A)/年)；$S_{n,\text{DT}}$为用户配变视在容量(kV·A)；$r_{\text{cr},\text{DT}}$为变压器资金收回系数[5]，其计算公式如下：

$$r_{\text{cr},\text{DT}} = \frac{r(1+r)^{l_{\text{DT}}}}{(1+r)^{l_{\text{DT}}} - 1} \tag{5.25}$$

式中，r为贴现率；l_{DT}为配电变压器运行寿命期望值(年)。

5.4　接入系统设计与运行

5.4.1　主要关注因素

微电网接入系统设计分为一次部分设计和二次部分设计，一次部分设计主要是确定接入电压等级，制定接入电网方案，提出电气参数要求等；二次部分设计包括继电保护、自动控制装置、电能量计量和通信等内容。

(1) 微电网接入系统电压等级，应根据其与大电网之间的最大交换功率确定，经过技术经济比较，采用低一电压等级接入优于高一电压等级接入时，可优先采用低一电压等级接入，但不应低于微电网内最高电压等级。

(2) 微电网接入电网方案,应根据微电网规模、在配电网中的地位和作用、接入条件等因素确定。如果有多个可行的接入电网方案,可进行电气计算和技术经济比较,以确定最终方案,包括接入电压等级、出线方向、出线回路数、导线截面等。

(3) 微电网接入系统设计时需要确定的电气参数主要包括:微电网内升压站或输出汇总点的电气主接线方式、主变压器容量等相关参数、无功补偿及电能质量补偿装置要求等。

(4) 接入系统设计应明确微电网与大电网的公共连接点,一般来说微电网与大电网只能有一个公共连接点,在公共连接点需要配置同期装置或者微电网的组网主电源应具备同期功能。

(5) 接入系统二次方面,需要关注微电网继电保护与配电网原有保护方案的相互配合与协调,必要时应对微电网送出线路的相邻线路现有保护进行校验,当不满足要求时,应重新配置保护;应根据微电网规模与接入电网电压等级确定合适的通信方案与信息传输方式,一般来说通过 380V 电压等级接入的微电网,需要上传给电网调度机构的信息量和实时性要求会比较低,而通过 10kV 及以上电压等级接入的微电网,电网公司往往会要求微电网上传的信息量比较大且会有实时性的要求。

(6) 当微电网的范围和容量较大、分布式电源类型多样时,可能在设计阶段还需要开展潮流和稳定性问题研究,以分析微电网接入对电网的影响、无缝切换的可靠性和独立运行时的稳定性。

5.4.2 接入系统方式

微电网接入电力系统方式有很多种,这里列举了 5 种微电网接入系统典型方式,除此之外,可能还存在其他的接入系统方式。图 5.3 中列出了微电网通过10～35kV 接入系统的三种主要方式:专线接入变电站、T 接入公共电网,以及接入开

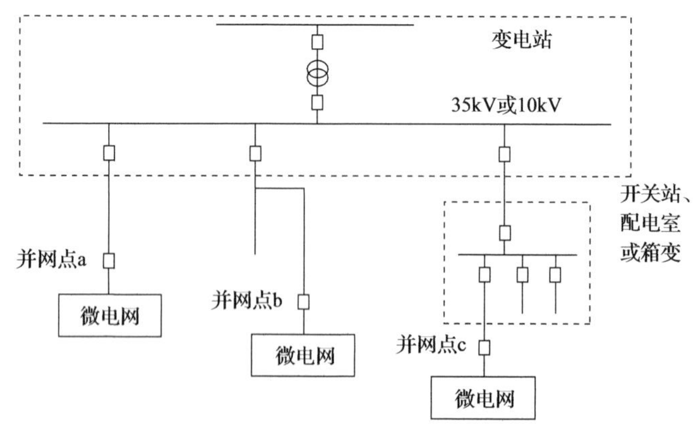

图 5.3　微电网通过 10～35kV 接入系统的主要方式

关站、配电室或箱变,分别对应图中通过并网点a、并网点b和并网点c接入系统的微电网。图5.4列出了微电网通过380V/220V接入系统的两种主要方式:专线接入配电变压器低压侧、接入配电室或配电箱,分别对应图中通过并网点d和并网点e接入系统的微电网。

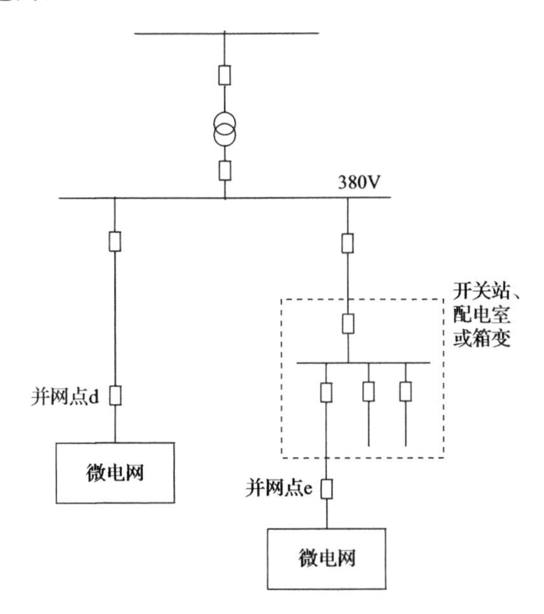

图5.4 微电网通过380V/220V接入系统的主要方式

微电网与配电网连接往往只有一个公共连接点,如图5.5所示,微电网通过K1与配电网相连。当配电网出现故障时,开关K1断开,微电网将孤岛运行,由微电网内的发电单元持续供电给内部的用电负荷。此外,在配电网出现故障,微电网由并网运行模式向孤岛模式转换时,并网点开关K1需要在分布式电源并网开关K2断开前断开,进而实现发电单元持续供电给内部的用电设备,这就需要微电网并网点开关K1具备更好的故障识别能力和更快的动作速度。

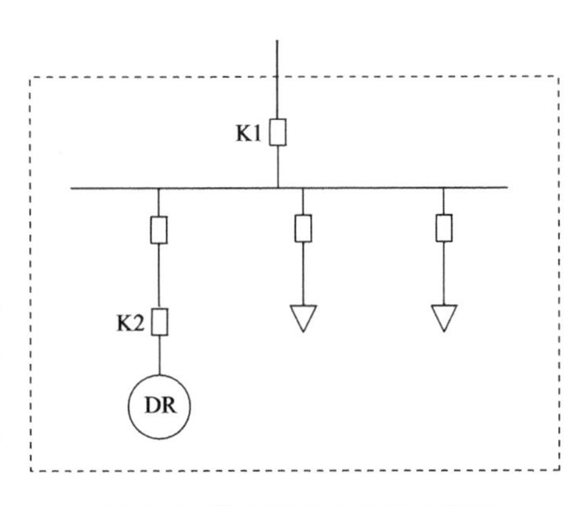

图5.5 微电网接入系统示意图

5.4.3 运行模式

在大多数情况下,联网型微电网运行于并网运行模式,在较少的时间里运行于孤岛运行模式。微电网总是实时监控大电网的电压和频率等电气量，在电网出现故障或电能质量超标等异常情况时，微电网将从正常的并网运行模式过渡到孤岛运行模式；当大电网恢复正常后，将自动或根据电网调度部门指令，从孤岛运行模式切换回并网运行模式。

1. 并网运行模式

按照 IEEE 1547.3 的要求[16]，在微电网与配电网并网运行中，微电网内的所有分布式电源需要按照 IEEE 1547-2003[17]的要求运行，除非地方配电网运行人员有特殊要求。

但是，为保证微电网能够从并网模式不停电的无缝切换到孤岛模式，微电网中必然有一个或多个分布式电源，在低电压穿越和电网适应性等方面可能会超出常规的分布式电源并网技术要求。现有分布式电源并网技术规定往往不要求分布式电源具备低电压穿越能力，也不要求具备频率和电压方面的电网适应性。而微电网中的分布式电源，为了实现无缝切换，作为组网主电源的分布式电源，就必须具备低电压穿越能力和较强的频率和电压波动耐受能力，其他的分布式电源，为了避免在双模式切换时退出运行导致对微电网带来较大冲击，也应尽可能的具备低电压穿越和电网适应能力。

2. 并网转孤岛模式切换

微电网由并网转孤岛运行，可能是计划性的事件或由突发性事件引起的结果。计划性的切换，是指微电网模式切换的开始时刻是预知的，且按照预先设定的过程进行；非计划性的切换，大多是由于大电网故障引起，此时微电网可能通过保护装置自动从并网模式切换到孤岛模式运行。

计划性切换时，由于预先知道切换时间，在微电网内有多个或多类分布式电源，或者与大电网有较大交换功率时，可提前进行一定的控制和调整，减小切换时的冲击，有利于微电网的平稳过渡。

非计划性切换，大都是由于大电网故障等原因引起，因此往往还伴随着大电网剧烈扰动引起的微电网内运行状态的大幅变化，为维持微电网切换过程中和切换后的电压和频率稳定，需要微电网内有足够的、具备较强频率和电压扰动耐受能力的分布式电源，以稳定微电网内的电压和频率，并迅速抑制切换过程中的暂态过程，保障微电网的成功切换。

微电网切换成功概率往往达不到 100％，这时就需要微电网具备黑启动能力，也就是微电网内部需要有具备黑启动功能的分布式电源，在故障或模式切换不成功等原因导致微电网全停后，能够实现微电网的黑启动。

3. 孤岛运行模式

在孤岛运行模式下，微电网内负荷和一些分布式电源出力的波动都会引起网内电压和频率的变化，需要微电网具备控制微电网内电压和频率在规定范围内的能力。

同时，微电网也要考虑对负荷备用保证足够的裕度，该裕度主要取决于微电网内负荷的大小和类型、负荷对可靠性的要求、可利用的分布式电源容量等因素。为了保持微电网孤岛运行模式时内部负荷与电源的平衡，需要采取很多技术(包括负荷预测技术、负荷管理技术、切负荷技术)。微电网孤岛运行模式与联网运行模式有所不同，需要分布式电源具备足够的有功和无功调节容量，有快速的动态响应能力，例如，在电机启动过程中会吸收大量的无功功率，为了保证启动过程中电压和频率的稳定，微电网需要足够的无功容量或者安装限制启动电流的装置。

在微电网孤岛运行模式时，在负荷波动、分布式电源脱网、微电网内部故障等情况下，需要保障微电网稳定运行。为了维持微电网的正常运行并掌握其运行状态，微电网需要配置先进的监控系统。如果微电网内存在多个分布式电源，需要有效的协调各分布式电源的出力，进而保证微电网的稳定运行。

4. 孤岛转并网切换模式

为实现微电网从孤岛模式向并网模式过渡，微电网配置的监控系统应能够获取并网点电网侧的电压和频率信息，在配电网电压和频率满足国标相关要求的范围时，微电网将调整自身电压和相位，使其满足同期条件后，将微电网从孤岛模式恢复至并网模式运行。

实现微电网从孤岛模式切换到并网模式的方法有以下几种[18]：

(1) 主动同期法。需要一个控制系统，该控制系统实时检测配电网和微电网的运行信息，通过调整微电网的电压和相位，实现并网点两端电压、频率及相角的相互匹配，进而实现微电网从孤岛模式切换到并网模式运行。

(2) 被动同期法。借助于微电网的一个并网装置，通过该装置校验微电网与配电网满足同期条件后，启动微电网恢复并网，为尽量减小过渡过程中的暂态振荡，要求电压、频率及相角偏差满足一定范围。这种方法同样要检测微电网和配电网的信息，这种同期技术可能要比主动同期法调节时间长。

(3) 停电后重新并网法。将微电网停电后再并入大电网，该方法会导致微电网内的负荷出现短时停电。

5.4.4　运行控制

1. 微电网运行管理

根据外部电网对微电网的接入要求，按照联网运行模式下微电网与大电网的交换功率特征，联网模式下微电网运行控制方式主要有不控方式、恒定交换功率方式、可控交换功率方式和经济运行方式等几类。

1）不控方式

在不控方式下，微电网与常规电网并网运行时向电网提供多余的电能或由电网补充自身发电量的不足，在电网没有特殊规定时，微电网内储能装置可不动作，并网点功率会随着微电网内负荷及电源出力的波动出现随机性变化。这种运行方式对电网的影响相对较大，但对微电网而言可能是最经济的运行方式之一。

2）恒定交换功率方式

在恒定交换功率方式下，控制微电网与大电网联络线上的交换功率恒定或在一个给定的范围内，微电网对大电网来说，表现为一个功率恒定的电源或者负荷。零交换功率方式是恒定交换功率方式的一个特例，即微电网维持内部电力平衡，实现与大电网的交换功率为零，大电网只起到事故备用的作用。

3）可控交换功率方式

在可控交换功率方式下，微电网根据电网调度的指令，通过自身内部的协调控制，调整微电网和大电网的功率交换，对大电网而言表现为一个可调的负荷或电源。

4）经济运行方式

在经济运行方式下，微电网根据损耗和经济性等控制目标，通过优化算法，实现微电网的最优经济性运行。

当微电网工作在不控方式下，同分布式电源直接接入类似，会对大电网的运行和规划造成复杂的影响。其他几种运行方式，能很好的减轻分布式电源并网对电网的冲击，在技术上完全可以实现，但是控制较为复杂，对控制器的设计和储能装置的容量要求较高。

在制定一个微电网的运行控制策略时，需要根据其实际情况，制定各自独特的运行控制策略，一般来说需要考虑以下几个重要问题。

(1) 微电网在联网运行时，其对大电网而言，表现为一个可控单元，可将其作为一个整体对待，制定接入电力系统的技术要求，目前相关的国家标准正在制定中。

(2) 微电网在孤岛运行时，需要监视和控制发电单元的出力，实现功率的实时平衡，维持微电网频率和电压稳定。在某些情况下，为实现微电网的稳定可能需要采取切负荷或限制分布式电源出力等控制措施。

(3) 微电网在孤岛运行时，向内部负荷提供电能的质量，要尽量满足电能质量系列国家标准的相关要求。国内的电能质量标准主要包括：

GB/T 12325 电能质量供电电压偏差

GB/T 12326 电能质量电压波动和闪变

GB/T 14549 电能质量公用电网谐波

GB/T 15543 电能质量三相电压不平衡

GB/T 15945 电能质量电力系统频率偏差

GB/T 19862 电能质量监测设备通用要求

GB/T 24337 电能质量公用电网间谐波

(4) 除了传统的电能质量问题外，还存在由于微电网与大电网的特殊联系而产生的电能质量问题，例如，微电网作为一个整体，在公共连接点对于大电网而言，需要满足电能质量要求；微电网在转入独立运行后，由于短路容量相比于并网时大幅降低，电能质量问题较为突出，容易出现电能质量越限问题；在并网和独立两种运行模式切换时，容易出现较大的电压和频率波动问题，出现电能质量不合格。

(5) 在微电网内一般既有可控型电源，也有不可控型电源，不同类型的分布式电源需要满足不一样的技术要求，在微电网并网或孤岛运行中，技术要求也可能不一样。

(6) 微电网内分布式电源的电网适应性，需要根据微电网内分布式电源特性和负荷对电能质量的要求，进行区别考虑，有时需要提出更为严格的技术要求，以满足切换时以及独立运行时的要求。

(7) 在微电网规划阶段就需要考虑其负荷的预期增长，并定期评估与校核微电网内负荷和发电装机容量的变化，使新增的发电装机容量与新增负荷容量相匹配。

2. 微电网模式切换

微电网切换到孤岛模式运行的原因，可大致分为三类：

1) 可靠性原因

(1) 由于天气原因导致的预防性孤岛运行。

(2) 由于配电网或联络线预报过负荷导致的预防性孤岛运行。

(3) 负荷高峰季节发生的切负荷。

(4) 大电网故障导致微电网失去支撑。

2) 电能质量原因

由于大电网电能质量恶化，微电网主动切换至孤岛运行。

3）经济性原因

需求管理或电力市场中的可中断负荷响应。

微电网运行模式手动切换是通过运行人员向并网装置发送操作信号而实现，自动切换则是通过系统检测到预先定义的切换条件后自动切换。

3. 安全、继电保护及自动化

由于微电网存在孤岛运行模式，与之相关的配电网或用电系统检修时，需要制定严格的操作规程，避免意外操作，保障运行和检修人员安全。

在微电网孤岛运行时，由于系统故障电流小，导致传统继电保护装置的动作清除时间延长，这将引起系统发生电弧现象。

微电网的重合闸需要进行评估，在操作过程中，系统中的重合闸开关状态需要进行确认。由于微电网内发生故障时的短路电流较小，因此重合闸的协调控制问题也需要加以考虑。

由于在并网与孤岛两种运行模式下，微电网内的短路电流差别很大，孤岛运行时微电网内的继电保护往往难以满足选择性的要求，在进行保护的选型及整定值的计算时，都要予以足够的重视。

4. 与电网调度机构间的通信

通过 380V 电压等级并网的微电网，应具备电量上传功能，在条件具备的情况下，可将并网点相关信息上传至调度机构。

通过 10(6)～35kV 电压等级并网的微电网，在正常运行情况下，微电网向电网调度机构提供的信号应包括：

(1) 微电网并网点电压、电流；

(2) 微电网与电网之间交换的有功功率、无功功率、电量等；

(3) 微电网并网开关状态。

5.4.5　相关技术标准

IEEE 1547.4TM-2011[18]较为全面地介绍了微电网（该标准中将其称为分布式电源孤岛供电系统）规划设计和运行控制方面的技术要求。IEC TS 62257 中第九部分“微电网系统”包含三个子标准，分别是“微电力系统（Micropower systems）”[19]、“微电网（Microgrids）”[20]、“并网系统-用户接口（Integrated system-User interface）”[21]。专门针对农村分布式小型微电网系统的电压等级、装机容量、电气结构、设备选型与安装、并网接口功能规范、工程检查与验收等提出了较为明确的技术要求与指导原则，但仅适用于交流电压 500V、直流电压 750V、容量 100kV · A 以下的可再生能源混合发电系统。目前国外尚缺乏将微电网作为一个整体接入电力系统需要满足的技术要求所对应的标准。

微电网标准体系应有效规范微电网的设计、建设、运行和检测等环节，指导和保障微电网健康发展。微电网关键技术标准体系框架可分为基础通用、勘察设计、施工验收质量评定、运行维修和并网检测5个方面。据不完全统计，目前国内已立项微电网国家及行业标准9项，如表5.2所示，目前都处于在编状态，部分标准即将发布。

表5.2　微电网相关国家及行业标准

序号	标准名称	标准类别
1	微电网接入电力系统技术要求	国家标准
2	微电网接入系统设计规范	国家标准
3	微电网工程设计规范	国家标准
4	微电网接入配电网系统调试与验收规范	国家标准
5	微电网接入配电网运行控制规范	国家标准
6	微电网接入配电网测试规范	国家标准
7	微电网监控系统技术规范	国家标准
8	微电网能量管理系统技术规范	国家标准
9	微电网接入电力系统试验规程	行业标准

5.5　微电网与配电网的相互影响

联网型微电网的优点是可解决分布式可再生能源大规模接入电网所带来的问题。分布式电源的接入改变了配电网原先单一、辐射状的网络结构，其大规模应用将对配电网规划、电能质量、继电保护和可靠性等造成较大影响。采用微电网技术有利于促进上述问题的解决。

5.5.1　配电网规划方面

传统的配电网规划是在分析和预测配电区域负荷增长情况的基础上，考虑一定的供电可靠性、网损因素，来确定变电站的增容、新增变电站的定容定址、网架扩展及无功补偿容量。

微电网接入会对配电网负荷预测、网损、无功平衡等方面带来影响，从而影响配电网规划。微电网接入后，原有的将配电网作为无源系统进行规划的方法需要进行调整。

(1) 微电网的存在会对负荷特性和负荷预测带来一定程度的影响。在负荷节点上建设微电网，其分布式电源功率输出会与新增或原有负荷直接抵消，这样会改变原有的负荷增长模式，为含微电网的配电网负荷预测带来困难。

(2) 传统的配电网是辐射型或环形的，潮流单方向流动。接入微电网会使潮流分布发生改变，从而影响配电网网损。微电网的接入位置、运行方式和渗透水平都会影响配电网网损。

(3) 微电网接入配电网会影响配电网无功潮流，从而影响系统稳态电压分布、配电网的无功补偿配置和相应规划，其影响同微电网的接入位置、接入容量和无功控制策略相关。无功补偿配置须考虑配电网母线节点的适度补偿和微电网接入地点的就地无功支撑。

(4) 微电网投资主体不同会直接影响配电网规划。若微电网由电网公司投资，则会根据配电网中电力负荷的增长情况，在配电网达到其传输容量限制时，对比配电网扩容或者建设微电网两者间的经济性，提出可以满足负荷增长需要的系统增容方案。若微电网是由专门的运营商或是用户投资，微电网规划会以电源规划为出发点，在不影响配电网安全可靠运行的前提下确定分布式电源的最大接入容量，从而使微电网的投资商获取最大的收益。

(5) 微电网满足新增负荷需求，同时改变原有配电网的潮流分布，配电网原有的供电设施会出现容量冗余的状况，故在配电网规划中应考虑网络设备的利用率和充裕度指标，提高供电设施的经济效益，避免累计沉淀成本。

配电系统规划是根据电力系统的负荷增长情况，在满足各约束条件的前提下，同时考虑经济成本最小化，由此提出可以满足负荷增长要求的系统最佳增容方案，即由电网升级、新建线路、变电所增容扩容以及在适当的位置安装适合容量的分布式电源所组成的最佳方案。

含微电网的配电网规划是多变量、多约束、混合非线性规划求解问题，求解这类问题当前有多种算法，可以借鉴目前含分布式电源的配电网常用的一些优化规划方法。

5.5.2 电能质量方面

电力系统中对供电质量敏感性的用户越来越多，对供电电能质量提出了新的要求，为此，电力公司需要不断提高供电质量。微电网的电能质量受到自身和大电网的双重影响，由于分布式间歇性可再生能源的大量使用，以及普遍存在的电力电子装置，微电网面临各种各样的电能质量问题，其中最突出的问题在于谐波电流的污染和电压的波动闪变。微电网中的分布式电源之所以会给大电网带来许多谐波，主要是由于分布式电源需要通过电力电子装置接入大电网。表 5.3 列出了微电网中常用的分布式电源接入电网形式。

(1) 频率和电压波动。微电网中分布式电源及大负荷启停、功率剧烈变化以及模式切换过程，都有可能造成频率和电压的大幅波动。传统电力系统中，由于旋

表 5.3　常用的分布式电源接入电网形式

分类			接入电网形式		
一次能源类型		能量/电能转换方式	逆变器	同步电机	感应电机
太阳能光伏发电		逆变器	√		
风电		直驱式	√		
		感应式			√
		双馈式	√		√
资源综合利用	煤层气	微燃机	√		
	转炉煤气	内燃机		√	
	高炉煤气	燃气轮机		√	
	工业余热	汽轮机		√	
	余压				
天然气		微燃机	√		
		内燃机		√	
		燃气轮机		√	
生物质	农林废弃物直燃发电	汽轮机		√	
	垃圾焚烧发电	汽轮机		√	
	农林废弃物直燃发电	微燃机	√		
	垃圾填埋气发电	内燃机		√	
	沼气发电	燃气轮机		√	
地热能发电		汽轮机		√	
海洋能发电		气压涡轮机		√	
		液压涡轮机		√	
		直线电机	√		
燃料电池		逆变器	√		

转发电设备存在较大的惯量，在功率波动时可通过旋转电机的有功-频率和无功-电压调节特性来维持系统的频率和电压稳定。联网型微电网在转入独立运行后，惯性很小甚至无惯性，功率波动会带来较大的频率和电压偏差，一般都需要配备储能装置来提高系统响应速度，减轻频率与电压波动。

(2) 谐波问题。谐波一直是电网电能质量问题中的重要内容，微电网中谐波的来源一般有分布式电源并网导致的谐波、非线性负荷产生的谐波以及大电网的背景谐波。谐波治理的本质在于降低或者滤除流经系统的谐波电流，从而将其控制在电力系统容许的范围内。因此，从谐波源处考虑谐波治理有两种方法，其一是在产生谐波的地方将谐波电流进行就地吸收处理，其二是在源头处抑制谐波电流的产生。微电网中出现的谐波问题一定程度上可以通过电力滤波装置来处理，抑制谐波的手段一般分为无源滤波器和有源滤波器以及二者的组合—混合滤波器。

利用微电网技术可整合多种形式的分布式电源，综合利用各类电能质量治理措施，解决分布式电源的引入给配电网的电能质量带来的问题。

微电网结构中的馈线多为放射状，微电网与主电网相连接的点为公共连接点，在公共连接点处有一个主接口，对于电能质量要求较高的微电网，主接口通常是由微电网并网专用控制开关—固态断路器或背靠背式的AC-DC-AC电力电子变流器构成。微电网中的某些馈线上连接有重要敏感负荷，这些馈线上必要时应配备电能质量调节装置，以更好地满足重要负荷对供电可靠性及电能质量的高要求。当主电网故障或者主电网的电能质量不能满足重要负荷需求时，微电网可以在小于1个工频周期的时间内与主电网快速分离，进而更好地保障重要电力用户的用电要求。

微电网可对配电网的电能质量有以下的改善作用：

(1) 电网高峰负荷或某些紧急情况时，微电网能迅速增加出力，对部分负荷起紧急支撑作用。

(2) 光伏发电系统、风力发电系统等分布式电源受自然气候影响，输出功率具有波动性、随机性、间歇性。对此，微电网可以通过对微燃机、储能装置等可控电源的综合控制，实现微电网中的功率平衡调节，降低间歇式分布式电源对电网的不利影响。

(3) 在微电网中，分布式电源与电能质量调节器可以实现优化配置和统一控制，甚至可以采用一体化复用技术，以提高设备利用效率。统一电能质量调节器、有源电力滤波器、动态电压恢复器、配电系统用静止无功补偿器、固态切换开关等电能质量调节器都建立在电力电子技术和通信控制技术的基础上，而大多分布式电源系统也是建立在电力电子技术、计算机、通信技术和控制技术的基础上，这为复用自身的电力电子变流器成为可能。通过利用电力电子换流设备吸收或释放有功、无功，不仅实现了电能的传输转换，而且可改善系统的电能质量，进而减少系统的额外投资。由于分布式电源逆变器与有源滤波器大都有相同的主电路结构，可以采用光伏或储能逆变器与有源滤波器复用结构[22]，逆变器既可以实现电能传输转换，也可以实现谐波拟制功能。

5.5.3 继电保护方面

微电网中所含分布式电源种类的不同使其在外部短路故障时，会表现出完全不同的故障特征。总体来说，分布式电源可以分为两类，一类是基于旋转发电机的分布式电源，另一类是基于逆变器接口的分布式电源。逆变器接口分布式电源可提供的最大短路电流，一般不超过其额定电流的1.5倍，而基于旋转发电机的分布式电源，提供的最大短路电流可达6～10倍。因此，在微电网公共连接点处未安装限流装置时，微电网对外可提供的短路电流，与其内部分布式电源的类型直接相关。仅由经逆变器接口分布式电源组成的微电网，在配电网发生短路故障时，对配电网故障线路的短路电流影响很小；当微电网含有旋转发电机时，并网运行的微电网将对配电线路的短路电流产生较大影响，影响程度与配电网运行方式、发电机容量及安装地点以及故障点位置有关。

微电网内部含有旋转发电机型分布式电源时，会对配电线路故障电流的大小和方向带来影响[23]，会对常用的三段式电流保护和重合闸带来较大影响，具体体现在以下几个方面：

（1）改变了原有配电网短路电流分布特性，可能引起保护拒动或误动。由于微电网提供的故障电流的分流作用，降低了流过保护的电流值，使其因达不到阈值而不能动作；或者由于分布式电源提供的故障电流的助增作用，使得流过保护的电流增大，从而破坏了与下级保护的配合关系而越级动作。

（2）改变了原有配电网短路电流单向流动特性，可能引起继电保护误动作。由于配电网原为单电源网络，保护装置通常不装设方向元件，微电网接入使得电流变成双向，从而在相邻线路发生故障时，保护误跳闸。

（3）影响自动重合闸。当电网发生故障并且相应的保护动作断路器断开后，由于微电网的存在，自动重合闸时间必须与微电网并网转孤岛的动作时间相配合，否则会造成故障线路重合闸不成功或者引起非同期合闸。

目前，我国中、低压配电网的运行结构一般是单侧电源的辐射型供电网络。配电网馈线保护一般配置传统的三段式电流保护，即电流速断保护、限时电流速断保护和定时限过电流保护。微电网接入后，配电网由单端供电系统变为双端供电系统，此时需要在微电网所接入馈线两端均安装保护装置，并且必须要酌情加装方向元件[24]。下面以微电网接在配电网馈线末端的情况为例来介绍微电网对配电网保护的影响。如图5.6所示，配电系统在没有微电网接入时，线路L-1上的保护只有保护1、2、3，一般仅采用三段式电流保护。微电网接入馈线末端母线D上之后，系统变为双侧电源供电系统。

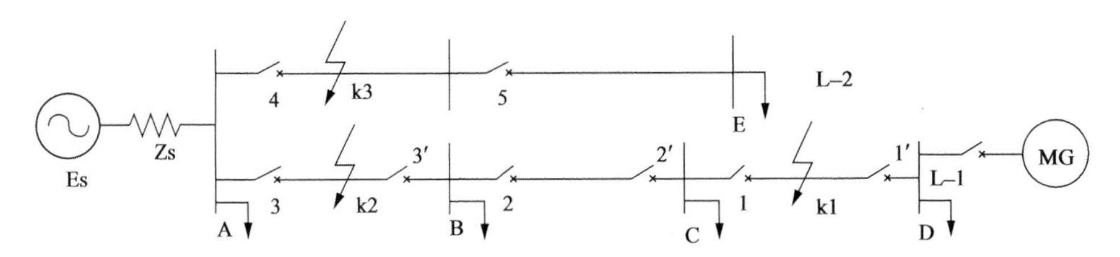

图5.6　配电网馈线末端接有微电网时故障分析图

在线路 L-1 末端接有微电网时，当 k3 处发生故障时，本应只有保护 4 动作切除故障，但保护 1、2、3 将会流过微电网供出的反向故障电流，可能会引起这三个保护的误动作，失去选择性。当 k2 处发生故障时，保护 1、2 都将流过由微电网供出的故障电流。在此种情况下，希望保护能够将故障线路 AB 段隔离，但由于 AB 段的 B 端并没有保护和断路器，所以只能通过 BC 段的保护 2 动作来切除故障。当 k1 处发生故障时，保护 1、2 同样流过系统供出的故障电流。由于负载电流远较故障电流要小，因此 k1 和 k2 故障时可以近似认为保护 1、2 流过的故障电流值相等，但对保护 1、2 的动作时限要求却不一样，因此现有的单端三段式电流保护无法保证保护的选择性，必须要在线路靠近微电网的一端加装保护装置，如图 5.6 所示的保护 1′、2′、3′。保护装置可以采用三段式电流保护，按照微电网的最大运行方式进行整定。

微电网的接入将导致配电网的故障电流发生变化，在配电网中安装的所有基于故障电流的自动装置相应的都会受到影响，其中最为明显的是重合闸装置，下面以微电网接在配电网馈线非末端某母线处的情况为例来加以说明。如图 5.7 所示，两条馈线都采用前加速自动重合闸装置，分别装设在保护 3、4 上，用 AR 表示。当馈线上无微电网接入时，若 k1 发生瞬时性故障，保护 3 将瞬时动作并重合，清除瞬时性故障。保护 3 立刻断开是希望故障点熄弧，待故障切除后再成功重合。当微电网接在母线 B 上且 k1 发生瞬时性故障时，保护 3 断开后虽然系统侧不再提供故障电流，但微电网会继续向故障点提供故障电流，使得电弧不能立即熄灭，以致保护 3 前加速装置重合不成功，有可能导致永久性故障，扩大停电范围。同样当 k2 处发生瞬时性故障时，前加速重合闸装置立即跳开，但由于微电网也会给故障点继续提供故障电流，从而导致重合闸不成功。所以当微电网所在馈线发生瞬时性故障时，由于微电网在前加速重合闸装置断开后依然供出故障电流，导致重合闸失败，从而变为永久性故障。为了避免前加速重合闸重合失败，解决方案为：当瞬时性故障发生时，微电网并网静态开关(STS)应立即打开，微电网退出电网运行，这样可以保证系统侧重合闸的成功，当重合闸成功后由微电网的静态开关延时一段时间进行检同期合闸。若发生的是永久性故障，则重合闸不成功，微电网的静态开关检无压不合闸。

另外，配电网运行状态对微电网内的继电保护也会产生影响[25]。当微电网并网运行时，如果微电网内发生故障，配电网和微电网内分布式电源将同时向故障点提供故障电流，故障电流数值可能会较大。而系统转入孤岛运行时，故障电流仅由分布式电源提供，如果微电网内分布式电源均为逆变器接口，其短路电流有限，故障电流将远小于并网运行状态的故障电流。因此，联网型微电网内的保护配置方案，必须充分考虑其两种不同运行状态时短路电流大小的巨大差别带来的影响，避免出现继电保护拒动或误动。

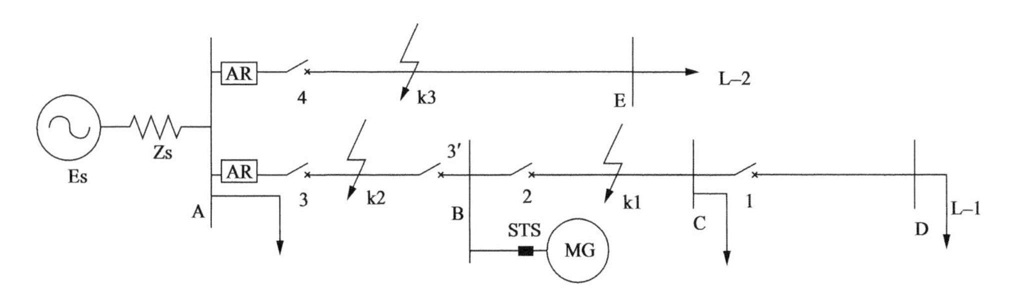

图5.7 微电网所在馈线发生故障时对重合闸影响的分析图

5.5.4 可靠性方面

配电网的供电可靠性指标一般可以分为负荷点可靠性指标和系统可靠性指标[26]，相关的指标较多，例如，系统平均停电频率指标、用户平均停电频率指标、系统平均停电持续时间指标、用户平均停电持续时间指标、平均供电可用率指标、平均供电不可用率指标、电量不足指标、平均电量不足指标等。

微电网的运行方式具有多样性和灵活性，可独立运行，也可联网运行，因此，微电网的出现使得配电网的可靠性评估更为复杂[27-29]。对含微电网的配电网的可靠性评估时，考虑到微电网有联网运行和独立运行两种状态，应把含微电网的配电网作为一个整体进行研究，将微电网和配电网的数据综合起来以求得总的系统指标。在一定的情况下，还可将微电网当作一个小系统进行可靠性评估以衡量微电网独立运行的可靠性。

传统低压配电网上的用户极易受馈线上故障的影响，且修复时间较长，对于突发故障缺乏必要的应对措施，难以满足用户对于可靠性越来越高的要求。微电网以其先进的监测控制技术，可以实时监测出上层馈线或者微电网内部线路以及元件的故障，或者是电能质量的问题。为了保证网内用户的供电不受影响或者微电网内故障不对上层馈线上的其他用户造成影响，必要时微电网控制系统将控制微电网与主网脱离，仅由内部分布式电源和储能设备供电，形成一个小型的供电网络，给网内各用户供电。微电网在主网供电与内部供电之间灵活切换与互补的功能极大地增强了供电的可靠性。

由于中压配电网故障不会导致微电网停电，因此用户年故障停运率和停运时间都有所降低。当然这是最理想的状况，实际操作中并非每次微电网都能够成功与主网脱离并顺利完成自治运行。此外，这是建立在微电网内部的分布式电源容量足够大的假设前提下，即在独立运行时，微电网内的所有用户都可以由分布式电源供电。如果在独立运行时，出现微电网内分布式电源及储能容量不足以带动所有负载的情况，会选择切除一些非重要负荷，以保证重要负荷得到持续的电能供应。此时,对于这部分需要切除的用户而言,可靠性指标将会与重要负荷的供电可靠性指标明显不同。

微电网由于可以减小中压线路负荷,还能对中压网络上的其他用户和整个配电网的可靠性提高起到帮助。这主要体现在以下两个方面:①帮助更多用户实现网络重构。由于考虑线路载流量限制,在故障发生时并非所有的用户都可以通过网络的重构获得重新供电,而无论是故障馈线上的微电网还是重构馈线上的微电网,都可以明显降低线路的负荷,也就是说,相当于将线路的容量限制因素降低,避免由于载流量限制导致出现的重构切负荷或重构失败,从而提高中压线路可靠性。②当微电网容量足够时可以给相邻负荷供电。当微电网的容量足够时,可以向主网输送多余的功率,弥补外部电网电力的不足;在故障情况,特别是自然灾害造成的全网停电情况下,微电网可以根据具体的情况,承担向微电网外重要负荷供电或黑启动功能。

5.6 适用性分析

联网型微电网和外部电网互联时能够通过内部自身的控制平滑其输出,当大电网发生故障时,也能够自动平滑过渡到孤岛运行状态,并能保证孤岛运行状态下系统的稳定运行,基于上述优势,联网型微电网主要适用于以下几种场合。

1) 分布式可再生能源渗透率较高的地区(例如,建筑光伏接入较多的工业园区和城市屋顶、配电网结构薄弱的边远地区)。

由于风电和光伏等分布式电源具有明显的随机性和间歇性,随着分布式电源接入量的增加,将会给电力系统的运行和控制带来不利影响。微电网通过将地域相近的一组分布式电源、储能装置与负荷进行整合,使其作为一个整体通过单点集中接入大电网,通过内部不同分布式电源的互补特性以及内部储能装置的控制,平滑分布式电源输出功率的波动,使微电网对配电网表现为输出功率平稳的可控发电单元或者负荷,从而减少了各类分布式电源直接并网对大电网的影响。

2) 热电联产等多能互补地区

将合适容量的热力用户与电力用户组成微电网,作为一个整体供能系统,在满足用户供电需要的同时,还能满足供热、制冷等多种需求,对于提高能源利用效率、优化能源结构具有重要意义。

3) 对电能质量和供电可靠性要求较高的电力用户

重要用户或敏感用户(如医院、军事基地等),对电能质量和供电可靠性的要求较高,不仅要提供满足其特定设备要求的电能质量,还要满足对重要负荷的不间断供电需求。微电网实时监测大电网的运行状态,在大电网故障或电能质量不满足要求时迅速从联网运行切换至孤岛运行状态,可保障微电网内主要负荷的供电可靠性和电能质量。

4) 灾害多发地区

在灾害多发地区的负荷中心建立微电网,可以提高供电备用,有利于故障后重要负荷的持续供电和系统黑启动。建设微电网是提高电网整体抗灾能力和灾后应急供电能力的一种新思路:在意外灾害导致大电网解裂后,微电网可作为备用电源为受端电网提供支撑;在意外灾害导致大电网全停后,能够为重要负荷供电。

5.7 运营与商业模式

联网型微电网是解决分布式可再生能源高比例接入配电网波动性问题的有效方案。从联网型微电网的运营模式来看,大体可以分为三类:①自建自用,相当于自备电厂,可称之为"自建自用型";②由开发商建设,为业主节能,以合同能源管理方式运行,可称之为"合同能源管理型";③开发商作为独立电力经营商,为特定区域的用户提供电力服务,可称之为"服务型"。

"自建自用型"联网微电网:业主利用自己的场地或屋顶自行建设微电网,微电网发出的电供自己使用,以减少从电网购电为盈利模式。总的原则是自用为主,余电上网,缺电时从电网购电。

"合同能源管理型"联网微电网:微电网开发商利用业主的场地或屋顶建设微电网,微电网发出的电直接被业主使用,减少了业主从电网购电,从而为业主节省电费。开发商同业主签订能源管理合同,业主将节省的电费作为节能费用与开发商分享利益。

"服务型"联网微电网:开发商投资建设微电网,为特定区域的用电户提供电力服务,微电网开发商实际上是独立电力经营商。微电网与大电网有单一连接点,在需要时也与大电网交换电量。微电网内及与大电网交换电量的电价由开发商通过招投标等方式确定。

联网型微电网的运营模式目前还处于探索阶段,其独特的运行特征为电力能源供应体制和机制的改革创造了条件,相信将来一定会有很好的发展前景。

参考文献

[1] Lasseter R, Akhil A, Marnay C, et al. The CERTS Microgrid Concept[R]. USA: Consortium for Electric Reliability Technology Solutions, 2002.

[2] 于波. 微网与储能系统容量优化规划[D]. 天津:天津大学,2012.

[3] 上海市发展和改革委员会. 关于调整上海市电网电价的通知[EB/OL]. http://www.shdrc.gov.cn/main?main_artid=19986&main_colid=319&top_id=312, 2011-11-30.

[4] Stadler M, Marnay C, Siddiqui A, et al. Effect of heat and electricity storage and reliability on microgrid viability: a study of commercial buildings in California and New York states[R]. CA, USA: Lawrence

Berkeley National Laboratory,2009.

[5] 程浩忠,张焰,严正,等. 电力系统规划[M]. 北京:中国电力出版社,2008.

[6] Barton J P,Infield D G. Energy storage and its use with intermittent renewable energy[J]. IEEE Transactions on Energy Conversion,2004,19(2):441-448.

[7] 丁明,张颖媛,茆美琴,等. 包含钠硫电池储能的微网系统经济运行优化[J]. 中国电机工程学报,2011,31(4):7-14.

[8] 李晶. 配电系统的停电损失及其评估方法[J]. 农业科技与装备,2008,5:38-40.

[9] 杨琦,张建华,刘自发,等. 风光互补混合供电系统多目标优化设计[J]. 电力系统自动化,2009,33(17):86-90.

[10] 杨明,韩学山,梁军,等. 计及用户停电损失的动态经济调度方法[J]. 中国电机工程学报,2009,29(31):103-108.

[11] 李蕊,李跃,苏剑,等. 配电网重要电力用户停电损失及应急策略[J]电网技术,2011,35(10):170-176.

[12] 谢莹华. 配电系统可靠性评估[D]. 天津:天津大学,2005.

[13] 谢林,谢开贵,何坚,等. 计及控制策略的并网型微电网可靠性评估[J]. 电力系统保护与控制,2013,41(15):102-109.

[14] 陈健. 风/光/蓄(/柴)微电网优化配置研究[D]. 天津:天津大学,2014.

[15] 何仰赞,温增银. 电力系统分析(上册)(第三版)[M]. 武汉:华中科技大学出版社,2002.

[16] IEEE. IEEE Std 1547. 3-2007,IEEE Guide for Monitoring Information Exchange,and Control of Distributed Resources Interconnected with Electric Power Systems[S],2007.

[17] IEEE. IEEE Std 1547-2003 (Reaff 2008),IEEE Standard for Interconnecting Distributed Resources with Electric Power Systems[S],2008.

[18] IEEE. IEEE Std 1547. 4-2011,IEEE Guide for Design, Operation, and Integration of Distributed Resource Island Systems with Electric Power Systems[S],2011.

[19] IEEE. IEC/TS 62257-9-1-2008,Recommendations for small renewable energy and hybrid systems for rural electrification- Part 9-1:Micropower systems[S],2008.

[20] IEEE. IEC/TS 62257-9-2-2006,Recommendations for small renewable energy and hybrid systems for rural electrification- Part 9-2:Microgrids[S],2006.

[21] IEEE. IEC/TS 62257-9-3-2006,Recommendations for small renewable energy and hybrid systems for rural electrification- Part 9-3:Integrated system - User interface[S],2006.

[22] 吕志鹏. 含分布式发电的配电网电能质量综合控制研究[D]. 湖南:湖南大学,2010.

[23] 韩奕. 微网及含分布式发电的配电网保护算法[D]. 北京:中国电力科学研究院,2011.

[24] 李盛伟. 微型电网故障分析及电能质量控制技术研究[D]. 天津:天津大学,2010.

[25] 郭永基. 电力系统可靠性分析[M]. 北京:清华大学出版社,2003.

[26] 葛兴凯. 含微电网的配电系统可靠性分析[D]. 上海:上海交通大学,2013.

[27] 万国成,任震,田翔. 配电网可靠性评估的网络等值法模型研究[J]. 中国电机工程学报,2003,23(5):48-52.

[28] 周念成,谢开贵,周家启,等. 基于最短路的复杂配电网可靠性评估分块算法[J]. 电力系统自动化,2005,29(22):39-45.

[29] 解翔,袁越,李振杰. 含微电网的新型配电网供电可靠性分析[J]. 电力系统自动化,2011,35(9):67-72.

第6章　独立型微电网案例分析

6.1　案例一简介

案例一为加拿大某地原住民社区的一个微电网方案，后面几节以这一微电网方案为例，比较详细地介绍独立型微电网在方案设计阶段的详细分析过程。该原住民社区位于加拿大魁北克北部地区，相当于中国的边远乡镇，其现有实际电网结构如图6.1所示，由于远离公共电网，目前整个社区的电力全部由3台1.1MW柴油发电机组供应，3台柴油发电机组并联至一条0.6kV的交流母线，然后通过0.6kV/4kV变压器升压至4kV进行本社区的电力配送，整个配电网络呈辐射状，分散在各支路上的本地居民用户再通过4kV/0.24kV降压变压器就地获取电力。

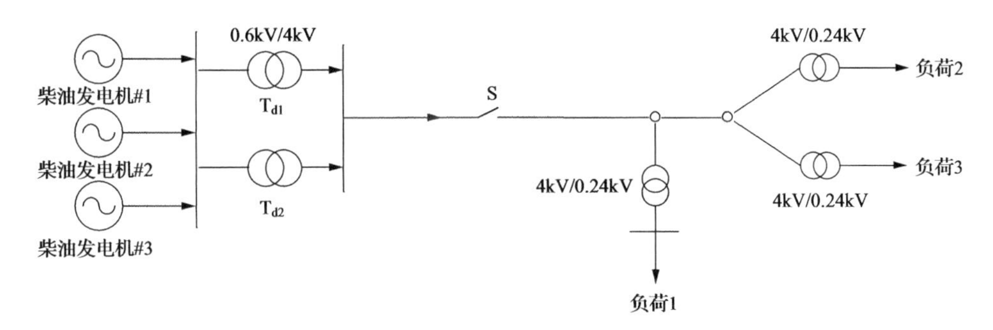

图6.1　现有柴油发电系统结构示意图

考虑到当地丰富的风能和生物质资源，以及即将更新的柴油发电系统，本方案采用交流微电网方式，将风力发电系统、柴油发电系统、电池储能系统和生物质发电系统有效组合起来，建设一个风/柴/储/生物质混合发电系统，如图6.2所示。其中，风力发电机组通过各自的升压变压器汇流至25kV交流母线，然后通过25kV交流输电线路传输至本地变电所，再通过降压变压器汇流至4kV交流母线；柴油发电机组通过升压变压器汇流至4kV交流母线；生物质发电系统通过其能量变换设备，将电能汇集到4kV交流母线。电池储能系统通过双向储能变流器与4kV交流母线相连，通过控制储能系统的充放电状态及功率大小，参与整个微电网系统的能量管理。微电网中央控制器用于实现对整个微电网系统的运行模式与能量优化的控制管理。同时，本系统配置先进的综合自动化系统，在充分保证系统供电可靠性和安全性的同时，提高系统的自动化水平，减少系统的维护工作量。

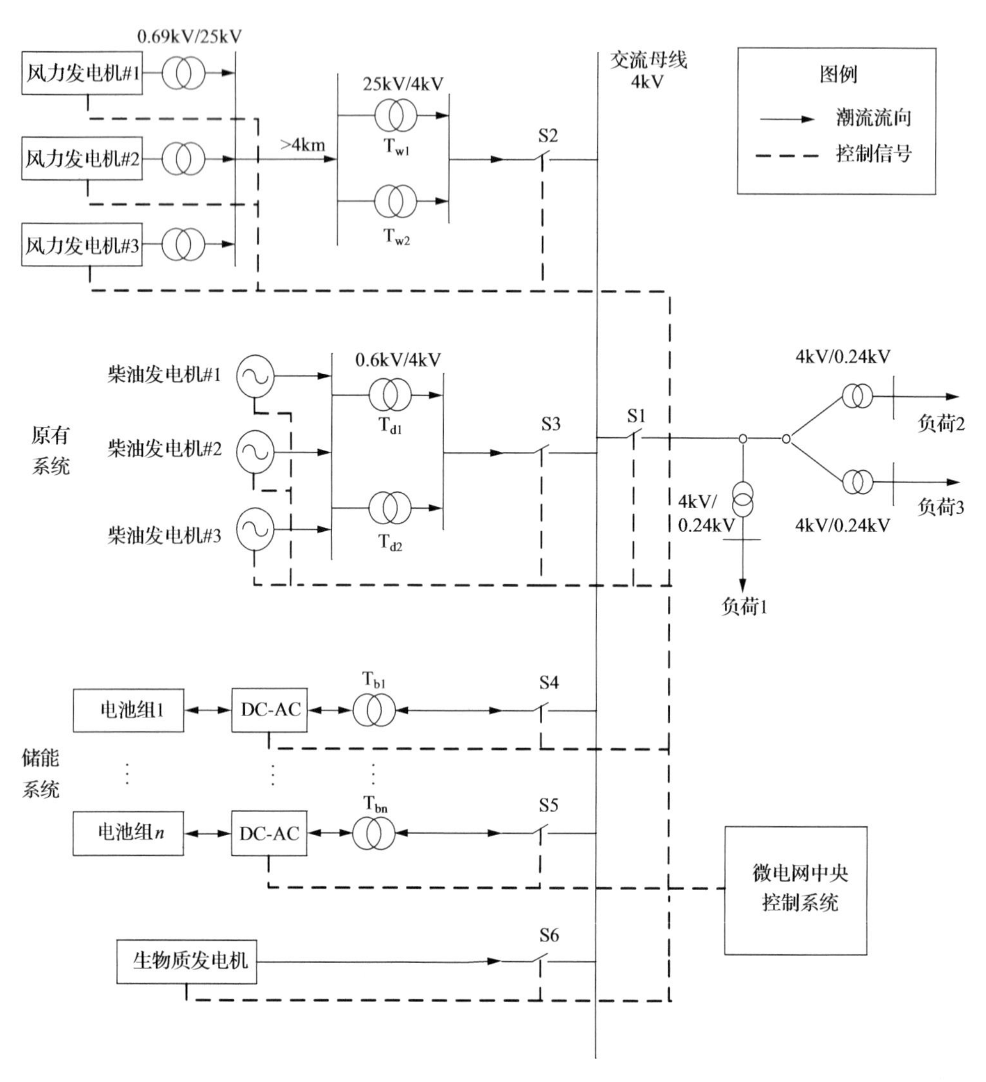

图 6.2　风/柴/储/生物质混合发电微电网系统的结构示意图

6.2　案例一方案设计

6.2.1　需求分析

根据当地有关部门提供的实测负荷数据，2011 年全年社区消耗电能为 10.89GW·h，峰值功率为 1.89MW。从 2013 年开始考虑 20 年的运行年限，假定每年供电需求以 3%增长，则 20 年内的负荷预期如表 6.1 所示。

表 6.1　2013～2033 年的负荷预测

年份	峰值功率/MW	平均功率/MW	年用电量/(GW・h)
2013	1.998	1.276	10.893
2014	2.056	1.319	11.556
2015	2.125	1.364	11.945
2016	2.196	1.405	12.309
2017	2.268	1.456	12.751
2018	2.341	1.503	13.163
2019	2.414	1.550	13.580
2020	2.488	1.594	13.962
2021	2.563	1.647	14.425
2022	2.639	1.696	14.855
2023	2.715	1.745	15.288
2024	2.793	1.790	15.684
2025	2.871	1.846	16.170
2026	2.948	1.897	16.617
2027	3.024	1.947	17.052
2028	3.097	1.990	17.428
2029	3.168	2.042	17.888
2030	3.238	2.088	18.290
2031	3.307	2.133	18.683
2032	3.375	2.171	19.020
2033	3.443	2.222	19.461

按照当地电力公司规定，系统设计额定功率应有一定备用容量，峰值功率不能超过设计额定功率的 90%，2033 年的峰值功率为 3.443MW，则 2033 年微电网需满足的设计额定功率至少应为 3.443MW/90%=3.826MW。

按照当地电力公司提供的历史负荷记录，可以得到图 6.3 所示的典型月份中典型日的 24 小时负荷曲线。

通过图 6.3 所示的 4 个典型月份的典型负荷曲线对比，可以看出各个季节的负荷变化存在明显的差异，但基本反映了居民负荷的变化趋势。

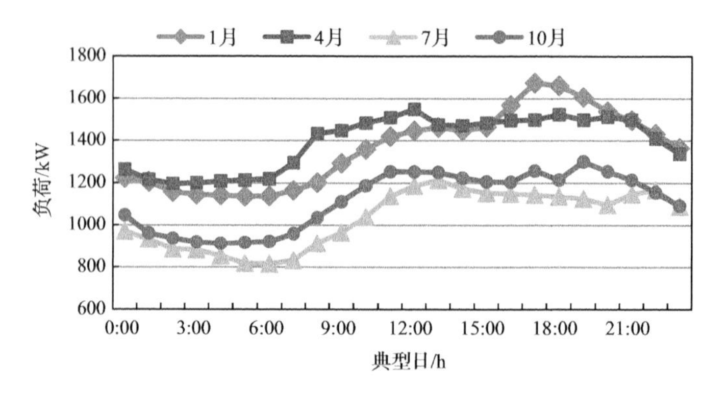

图 6.3　典型月典型日的平均负荷曲线(2011 年)

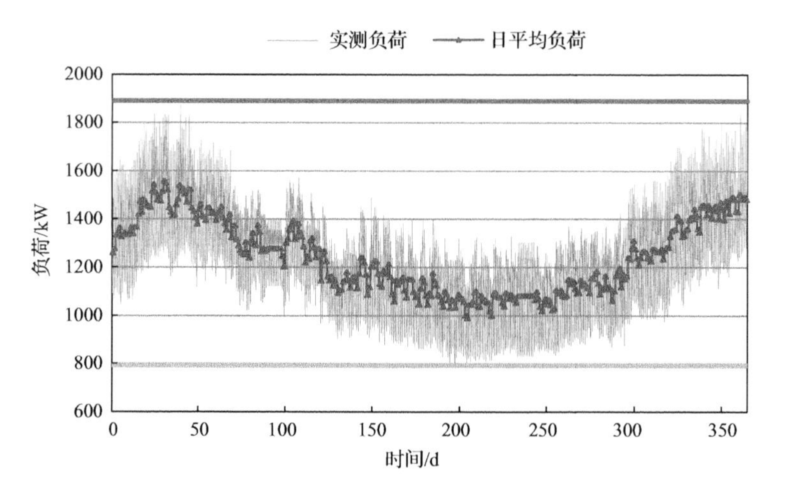

图 6.4　全年实测负荷分析图(2011 年)

图 6.4 显示了 2011 年 365 天的实测负荷分析情况,其中高频变化曲线为以 1 小时为计量单位的全年实测负荷曲线,波动线中间的曲线为全年的平均负荷曲线,可以看出当地负荷随季节的变化而波动,但相对平缓,其基准值在 1.25MW 左右,且日负荷波动范围最大为 600kW 左右。整体来说,整个社区的用电还是比较有规律,基本随着当地的气候和环境变化略有波动,冬季用电需求较大,夏季用电需求相对较小。

6.2.2　微电网中分布式电源容量设计

对于含多种分布式电源的微电网,需要根据风电出力、柴发出力、生物质发电系统出力、储能系统与负荷需求之间的复杂匹配关系进行系统内各部分的容量优化配置,从而实现微电网的高供电可靠性,同时有效提高可再生能源利用率。在对这一微电网中分布式电源进行设计[1]时，主要考虑了两个配置方案，分别为风/柴/储系统和风/柴/储/生物质系统，相关的微电网经济性分析主要包括了设备的初始投资成本、燃料费用、设备替换费用等，而未包括微电网系统基建费用、运输费用及其他一些暂时不能量化的费用。微电网配置方案经济性分析涉及到的主要经济参数见附录 A。

1. 风/柴/储微电网

在风/柴/储混合发电系统中，选用柴油机做主电源并保持长期运行；风机按风力资源正常运行或限功率运行，储能承担能量搬运任务。系统正常运行时，具体的运行方式为：柴油发电机组做主电源长期运行提供微电网系统的电压和频率支撑，同时为系统提供旋转备用；风电和储能系统，运行在定功率控制模式。风力不足时，优先通过蓄电池放电来满足负荷需求，其次才增加柴油机组的出力；风能富余时，在满足系统运行备用要求的前提下，关停部分柴发机组，并给蓄电池充电；未投入运行的柴油发电机组做冷备用。

图 6.5 给出了风/柴/储微电网典型的发电运行场景示意图，其中柴发机组最小负载率为 0.5。图中，场景 1：风力不足，且有负荷缺额时，优先选择储能放电；场景 2：然后投入新的柴油机，以满足负荷需求；场景 3：当风能富裕时，给储能系统充电，关停部分柴油机组，风机需要限功率运行。

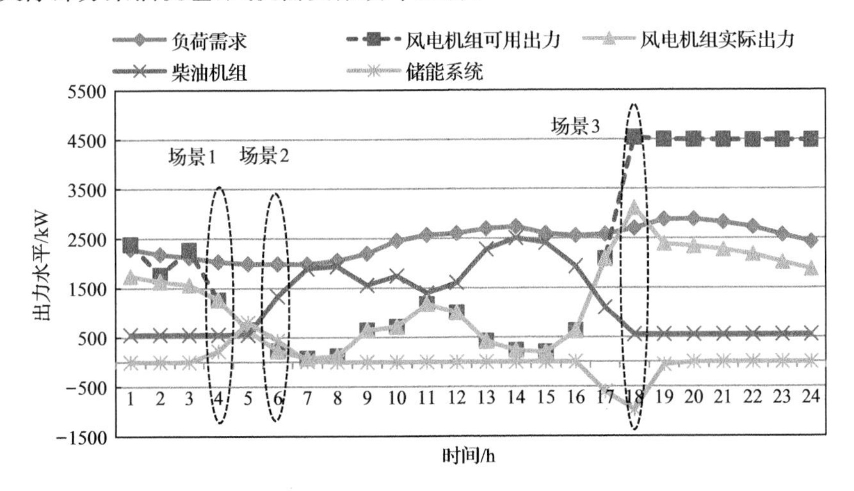

图 6.5　风/柴/储混合发电典型运行场景

在对风/柴/储混合发电系统进行容量设计时，将风机台数、蓄电池并列数（串联个数由蓄电池单体电压与交流母线电压一起确定）、柴油机台数作为优化变量，系统全寿命周期总成本现值与污染物排放最低作为优化目标，并考虑设备运行约束及系统期望缺供电力的可靠性指标等约束，综合优化设计微电网容量。按照拟定的运行方式,结合项目全寿命周期的全年负荷数据与当地风电场项目业主方所提供的全年实际测风数据,可对该问题进行优化建模和求解,初步确定风机台数、蓄电池并列数和柴油机台数。在这一风/柴/储微电网多目标容量优化设计中,设定系统每年风力资源保持不变,用电以每年3%增长;不考虑柴油价格的增长,即假设系统全寿命周期内柴油价格保持不变。通过从系统稳定性、经济性、环保性等多角度筛选优化结果,在若干备选方案中初步确定了含3×1.5MW风机、4×1.1MW柴油机、2MW×1h储能系统的配置方案。由图6.6所示的风机台数经济灵敏度分析可知,配置3台风机的经济性较好。

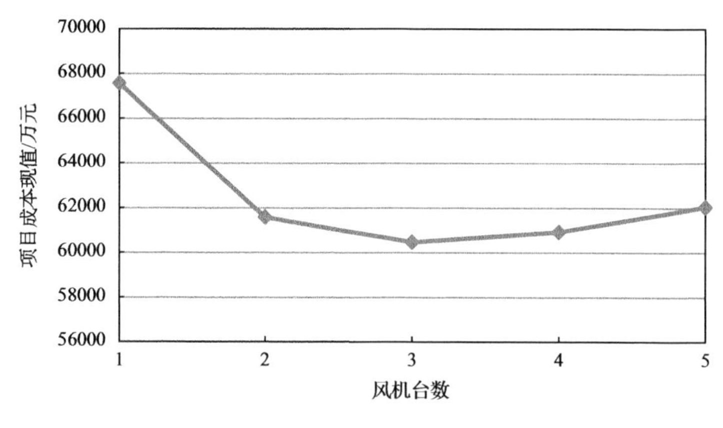

图6.6 风机台数灵敏度分析

考虑到2033年的微电网需满足的设计额定功率至少应为3.826MW,为了保证在储能系统检修、风机不出力或出力较小时,柴油发电系统仍然可以满足系统最大的用电需求,配置了4套1.1MW的柴油发电机组。2MW×1h储能系统兼顾了功率型和能量型的功能需求,在提高系统供电可靠性的同时,通过对风能电量的移动,可以进一步减少柴油的消耗量,降低污染物的排放。

2. 风/柴/储/生物质微电网

在风/柴/储/生物质微电网中,选用柴油机做主电源。柴油机应能够满足绝大部分负荷的供电需求,而生物质机组只承担部分负荷的供电任务。系统正常运行时,具体的运行方式为:柴油发电机组做主电源长期运行,提供微电网系统的电压和频率支撑,同时为系统提供旋转备用;生物质发电机组也长期运行,其出力水平取决于实时风况和负荷;风电机组和储能系统则运行在定功率控制模式。风力不足时,优先通过提高生物质机组出力和储能系统放电来跟随负荷的增长,如果仍不能满足负荷需求,则增加柴油机组的出力;风能富余时,生物质机组按最小负载率稳定运行,并对蓄电池进行充电。根据系统备用容量的要求,合理地调整柴油机组运行台数，未投入运行的柴油发电机组做冷备用。

图 6.7 给出了风/柴/储/生物质微电网典型运行场景，其中生物质最小负载率设为 0.2，柴油机组最小负载率为 0.5。图中，场景 1：风力不足，且有负荷缺额时，选择生物质供电优先，同时储能放电，最后考虑提升柴油发电系统的出力水平；场景 2：投入新的柴油机，以满足新的负荷需求；场景 3：风能富裕时，给储能充电，降低柴油机和生物质发电机组出力水平，风机需限功率运行。

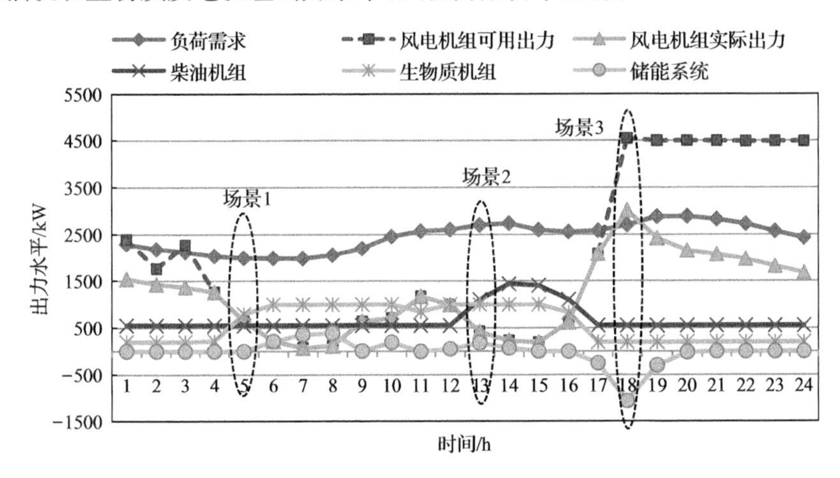

图 6.7　风/柴/储/生物质微电网典型运行场景

对风/柴/储/生物质混合发电系统进行容量设计时，主要是依据风/柴/储系统的优化配置方案，利用灵敏度分析法进一步优化确定生物质机组的容量。进行容量设计时，选用 3×1.5MW 风机、3×1.1MW 柴油机、2MW×1h 储能系统的风/柴/储系统方案作为基础，这里的调整主要是考虑到生物质机组可以承担部分负荷的供电需求，所以将柴油机的台数定为 3 台。对风/柴/储/生物质发电系统进行全寿命周期仿真时，设定负荷需求按 3%的增长率逐年递增，风力资源保持不变，柴油、生物质等燃料的成本按一定比例逐年递增。下面对生物质发电系统容量设计进行说明，并给出风机、柴油机、储能系统等的容量设计说明及部分灵敏度分析结果。

1）生物质发电系统容量设计

本工程中，按各系统综合发电成本比较，柴油发电系统成本最高，生物质发电系统次之，风力发电系统经济性最优。系统中增加生物质发电系统后，可以降低柴油发电机的出力，减少柴油消耗，降低柴油燃料成本，尤其是在柴油价格年增长率较高时，这种效果更为显著。设定生物质价格年增长率为 3%，柴油价格年增长率依次取 3%、5%与 7%，分别研究在给定不同生物质发电系统容量时，系统全寿命周期成本现值的变化，图 6.8 即为分析计算结果。

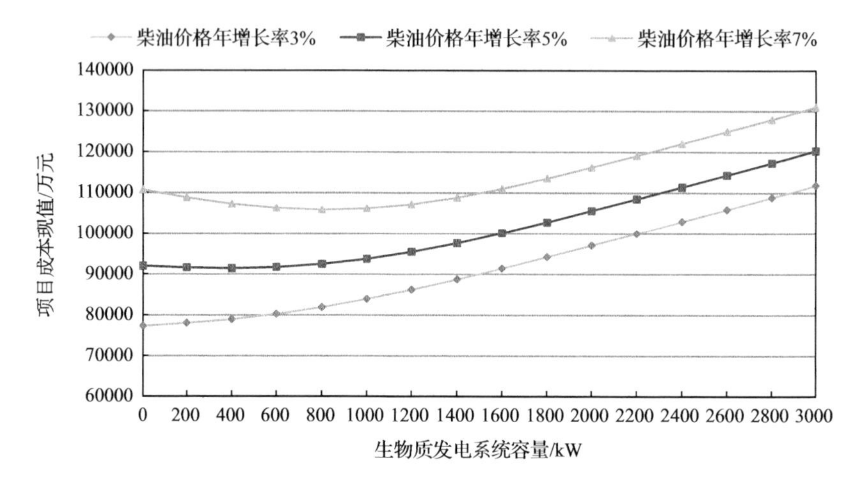

图 6.8　柴油价格年增长率与生物质发电系统容量对项目成本现值的影响

当柴油价格年增长率为 3%时，系统中增加生物质发电系统后，在降低柴油发电机出力占比的同时，也会在一定程度上降低风电利用率。由于生物质发电系统相对昂贵的初始设备投资及较高的生物质燃料价格，因增加生物质系统而节省的柴油燃料成本不足以抵消生物质系统本身成本及风电弃能成本之和，所以增加生物质发电系统后，系统的整体经济性会有所降低。但如果柴油价格的年增长率明显高于生物质燃料价格的年增长率，生物质发电系统的经济性就会得到一定的体现。但无论柴油价格如何增长，生物质发电系统容量很大时，系统的经济性将会变差，这主要是由生物质机组过高的初装费用以及柴油机和生物质机组最小出力限制导致风机出力占比大幅度降低所造成的。

但系统采用生物质发电技术后，能一定限度减少柴油消耗，降低污染物排放量，具备较好的社会和科技示范效应，并因此得到当地政府及业主的支持。

当柴油价格年增长率为 3%时，项目成本现值随生物质机组容量的增加而增大；当柴油价格年增长率为 5%时，项目成本现值变化曲线在生物质机组容量为 0.5MW 左右出现极小值；当柴油价格年增长率为 7%时，项目成本现值变化曲线在生物质机组容量为 1.0MW 左右有极小值。同时考虑到生物质发电系统的环境友好和科技示范效应等特点，本系统中生物质发电系统容量定为 1.0MW。系统运行时，该生物质机组长期运行，其出力水平取决于实时风况，以达到尽量减少柴油消耗的目的。风力不足时，提高生物质机组出力；风能富余时，生物质机组按最小负载率稳定运行。

2) 风力发电系统容量设计

根据当地风电场项目业主方所提供的实际测风数据，可以看出该地区的风力资源优良，通过对现场的风能资源模拟分析，拟选风机位置预装轮毂高度(65 米)

处的平均风速在8.4m/s左右。结合当地风电场的风况特征及气候条件，本风电场适宜选用1.5MW风电机组(这里以国电联合动力UP77-1500的低温型风电机组为例进行测算分析)。充分考虑对影响风电场运行的各种因素进行发电量折减估算后，年等效满负荷运行小时数为2584.5，平均容量系数为0.295。图6.9给出了项目成本现值随风机台数变化的情况。由结果可知，在确定了生物质发电系统容量之后，风/柴/储系统容量优化设计阶段确定的3台风机在风/柴/储/生物质系统容量优化设计阶段仍然具有经济优势。

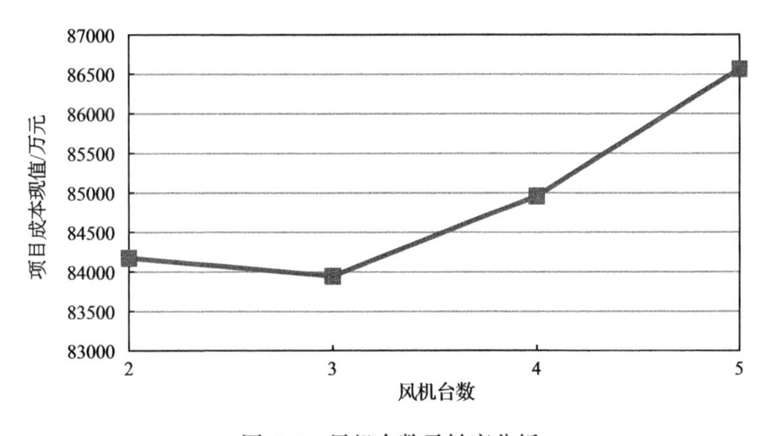

图6.9 风机台数灵敏度分析

相比于图6.6中所示风/柴/储系统的风机台数灵敏度分析，图6.9中显示的成本现值较大，这主要是因为该图所示结果考虑了柴油价格3%的年增长率。从前面的分析可以得出几点结论：

(1) 风电是本微电网中最为经济的绿色能源，确保风能的高渗透率，能保证系统的经济性和环保示范效应；

(2) 项目前期，由于生物质机组和柴油机组的最小出力限制，且负荷需求相对较小，风电弃能量较大，但弃能量会逐年减少；

(3) 出于系统安全稳定运行的需要，在某些工况下需限制风电出力，降低了风电的利用率。

3) 电池储能系统容量设计

储能系统是微电网的重要组成部分，在不同的运行模式下，储能系统可以承担削峰填谷、平滑分布式电源出力等任务。在确定了生物质发电系统容量后，对储能系统容量的影响进行分析，分析结果如图6.10所示。

由图6.10中结果显示，随着储能系统容量的增加，风能的利用率有所提升，柴油机平均出力占比会有所下降，而生物质发电系统平均出力占比并不受明显的影响。增大储能系统的容量后，柴油机平均出力占比的降低会减少柴油的消耗，进而

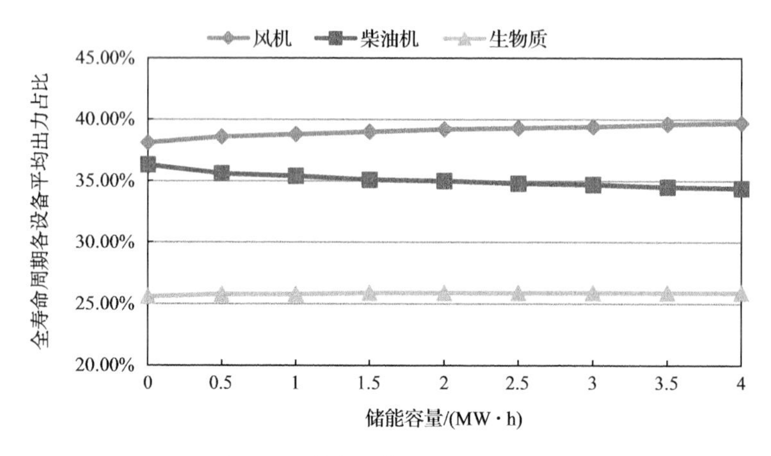

图 6.10 储能系统容量灵敏度分析

降低污染物的排放量。综合考虑项目经济性和环保性要求，选定了储能系统的容量为 2MW · h。该容量也满足了系统稳定性方面的要求，主要体现在：

(1) 当系统发生大的扰动时，如一台满负荷运行的风机(额定功率 1.5MW)突然退出运行，系统此时的旋转备用容量可能不足以平抑扰动，新投入的柴油机有一定的爬坡率限制；为了使系统可以保持稳定并尽快恢复正常运行要求，这需要储能系统有足够的容量协助柴油机来平抑系统大的扰动。系统运行时，按风机出力有25%的波动水平来确定柴油机所需提供的备用容量，则当一台满负荷运行的风机因故障退出运行时，储能应有快速地输出 1.125MW 功率的能力(1.5MW×75%)。为了减小大功率放电对储能系统带来的损害，储能系统的放电倍率应控制在 1C 以内，并且按 1C 的放电电流持续放电的时间不宜过长。2MW · h 储能系统的最大放电电流为 0.6C 时即可完成功率支撑的任务，放电倍率小，有利于延长蓄电池寿命。

(2) 在风资源不足时，柴油机、生物质和储能应该能够满足负荷需求。设负荷年增长率为 3%，2033 年的峰值负荷将达到 3.443MW。根据项目所在地区对系统供电可靠性的相关规定，系统中有保证的发电容量(风电不属于有保证容量)在任何时刻都需高于峰值负荷需求。有保证的发电容量定义为系统发电安装容量(不包括风电)与最大发电机组容量之差的 90%，这里实际是假定最大机组停运后(相当于 N-1 原则中最严重情况)，剩下的有保证的机组还要考虑 10%的备用容量。按照该原则，应该有

$$90\% \times (3 \times 1.1\text{MW 柴油机} + 1\text{MW 生物质} + \text{储能容量} - 1 \times 1.1\text{MW 柴油机}) \geqslant 3.443\text{MW}$$

由上式计算结果可知，储能的放电功率至少为 626kW 时才有可能满足最大负

荷的需求。设电池储能系统的额定充放电电流为 0.3C，则储能系统的容量应在 2.086MW · h 左右。

基于上述考虑，选定了储能系统的容量为 2MW×1h。该容量设计使得储能系统兼顾了功率型和能量型的功能需求。储能系统既可为微电网提供部分旋转备用容量，在风电功率波动、负荷波动、风机、柴油机故障等情形中，主动参与系统调峰调频；也可以实现对分布式电源与负荷的优化匹配控制，进行能量搬运，提高可再生能源利用率，降低污染物排放量。

3. 微电网方案评估

根据现有的风资源数据和当地电力公司提供的负荷预测数据，通过 20 年的全景仿真计算比较两种配置方式下的电源出力情况。仿真条件：生物质发电机组的最小连续运行时间为 5 小时，其最小出力为额定容量的 20%，运行寿命 20 年；单台柴油发电机组的最小连续运行时间为 2 小时，其最小出力为额定容量的 50%；电池储能系统的 SOCmax 为 0.9，SOCmin 为 0.1，其满充满放循环次数为 2000 次。

1）方案 I：风/柴/储系统

方案 I 风/柴/储系统的具体容量配置如表 6.2 所示。

表 6.2　系统容量配置方案 I

类型	容量配置	备注
风电机组	1.5MW×3	—
柴油发电机组	1.1MW×4	考虑系统冗余
储能系统	2.0MW×1h	10 年更换

在方案 I 的配置方案下，柴油发电机组做主电源，提供系统电压和频率参考，风电和储能采用定功率控制，其具体仿真结果如表 6.3 所示。图 6.11 给出了相关统计结果。

表 6.3　年度分布式电源出力统计

年份	风机出力/(GW · h)	柴发出力/(GW · h)	年弃能量/(GW · h)	负荷需求/(GW · h)
2014	5.182	6.411	4.736	11.556
2015	5.415	6.568	4.503	11.945
2016	5.626	6.722	4.292	12.309
2017	5.881	6.909	4.036	12.751
2018	6.118	7.085	3.800	13.163
2019	6.351	7.269	3.566	13.580
2020	6.559	7.445	3.359	13.962

续表

年份	风机出力/(GW·h)	柴发出力/(GW·h)	年弃能量/(GW·h)	负荷需求/(GW·h)
2021	6.808	7.659	3.110	14.425
2022	7.036	7.861	2.882	14.855
2023	7.259	8.071	2.658	15.288
2024	7.459	8.267	2.459	15.684
2025	7.695	8.517	2.223	16.170
2026	7.913	8.747	2.005	16.617
2027	8.123	8.972	1.794	17.052
2028	8.298	9.174	1.620	17.428
2029	8.509	9.423	1.409	17.888
2030	8.694	9.640	1.224	18.290
2031	8.864	9.862	1.054	18.683
2032	9.011	10.053	0.906	19.020
2033	9.196	10.308	0.721	19.461

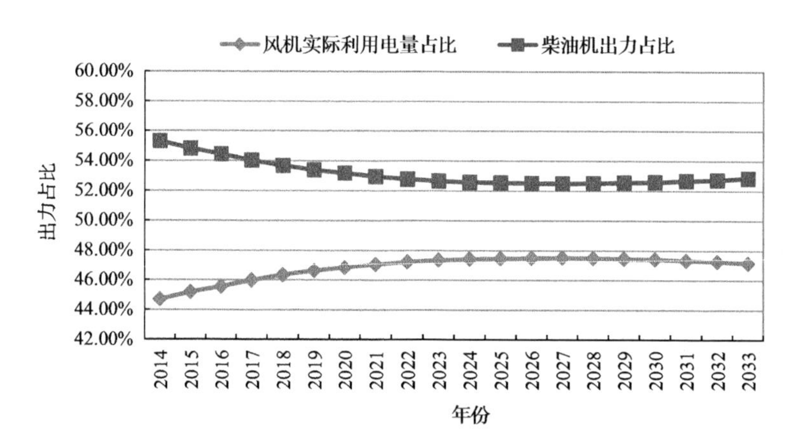

图 6.11　风/柴/储系统分布式电源出力占比

从上面的图表统计可以看出，在方案Ⅰ风/柴/储系统中，风电机组和柴油发电机组的出力都在逐年增加，项目前期的风电机组出力增长速度相对较快，项目后期的风电机组出力跟柴油机组出力相对持平，随着负荷的逐年递增，柴油机组出力增幅略大。反映到各分布式电源的出力占比上表现为：风电机组的出力占比在项目前期逐步增大，柴油机组的出力占比则逐年减少；项目后期两者的出力占比基本持平，柴油机组出力占比略有上升。整体来说，随着负荷需求的逐年增加，风电机组和柴油机组的有效出力都相应增加，但两者的出力占比基本趋于稳定；此外，随着负荷需求的逐年增长，整个系统的年弃能量将逐步递减。

2）方案Ⅱ：风/柴/储/生物质系统

风/柴/储/生物质系统的具体容量配置如表6.4。

表6.4　系统容量配置方案Ⅱ

类型	容量配置	备注
风电机组	1.5MW×3	—
柴油发电机组	1.1MW×3	—
储能系统	2.0MW×1h	10年更换
生物质发电系统	1.0MW	—

在方案Ⅱ的配置方案下，柴油发电机组采用恒压恒频控制，风电、生物质和储能系统采用定功率控制，各分布式电源的具体出力如表6.5所示，相关统计结果如图6.12所示。

表6.5　年度分布式电源出力统计

年份	风机出力/(GW·h)	柴发出力/(GW·h)	生物质出力/(GW·h)	年弃能量/(GW·h)	负荷需求/(GW·h)
2014	3.737	4.828	2.992	6.180	11.556
2015	3.998	4.836	3.113	5.919	11.945
2016	4.241	4.845	3.227	5.676	12.309
2017	4.533	4.862	3.362	5.385	12.751
2018	4.799	4.888	3.483	5.118	13.163
2019	5.064	4.923	3.601	4.853	13.580
2020	5.304	4.962	3.705	4.613	13.962
2021	5.593	5.018	3.826	4.325	14.425
2022	5.858	5.081	3.931	4.060	14.855
2023	6.118	5.155	4.032	3.800	15.288
2024	6.347	5.235	4.120	3.571	15.684
2025	6.622	5.348	4.220	3.296	16.170
2026	6.868	5.461	4.308	3.049	16.617
2027	7.100	5.587	4.387	2.817	17.052
2028	7.297	5.706	4.448	2.621	17.428
2029	7.531	5.855	4.526	2.387	17.888
2030	7.733	5.983	4.598	2.185	18.290
2031	7.924	6.121	4.663	1.994	18.683
2032	8.084	6.243	4.719	1.833	19.020
2033	8.293	6.404	4.789	1.625	19.461

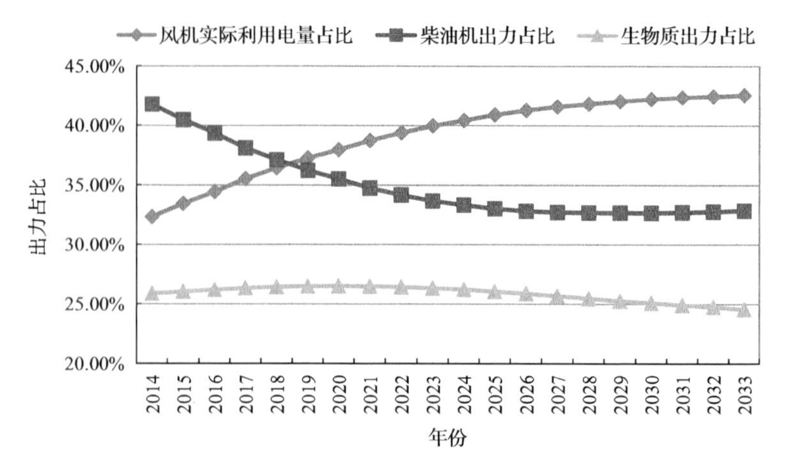

图 6.12　风/柴/储/生物质混合发电运行方式下的出力占比

从上面的图表统计可以看出，在风/柴/储/生物质系统中，风电机组的出力逐年稳定快速增长；柴油机组的出力随项目推进有逐年下降的趋势，到后期基本稳定；生物质机组全寿命周期的出力占比较为稳定。反映到各分布式电源的出力占比上表现为：风电机组出力占比逐年增大，前期增速较快，后期逐步平稳；柴油机组出力占比逐年减小，前期减速较快，后期逐步平稳；生物质机组出力基本稳定，前期略有上升，后期也是逐步平稳。

整体来说，因生物质机组的加入，柴油机组总发电量有较大程度的减少。项目初期，由于柴油机组与生物质机组有最小出力水平的限制，风能的利用情况并不占优势，系统年弃能量较多；项目后期，随着年负荷需求的增加，风能的利用水平有较大提高，系统年弃能量将逐步减少。

3) 方案Ⅰ和方案Ⅱ经济性分析

在对两种方案的经济性进行分析时，主要考虑各设备的初始投资、运维、替换及燃料费用，两种方案的经济性分析结果如图 6.13、图 6.14 所示。在此案例中，由于生物质发电系统昂贵的初始设备投资和较高的木材燃料价格，生物质发电并不廉价。由图 6.13 对比可知，两个方案中的燃料费用基本一致，而方案Ⅱ的设备初投资较方案Ⅰ高；方案Ⅰ的经济性较优于方案Ⅱ。但当柴油价格增长率较高时，两者差距将逐步减小，甚至出现结果逆转，这一点可从图 6.8 得到佐证。图 6.14 给出了两种方案中各子系统的费用占比，可以看出柴油机在项目费用支出中仍占有较大的比重。

通过对两种方案的运行和经济分析比较可以得出如下结论：

(1) 两种方案的配置差别在于方案Ⅰ中是 4 台柴油机组，而方案Ⅱ中是 3 台柴油机组加 1 套生物质机组。由于生物质发电系统相对昂贵的初始设备投资及较

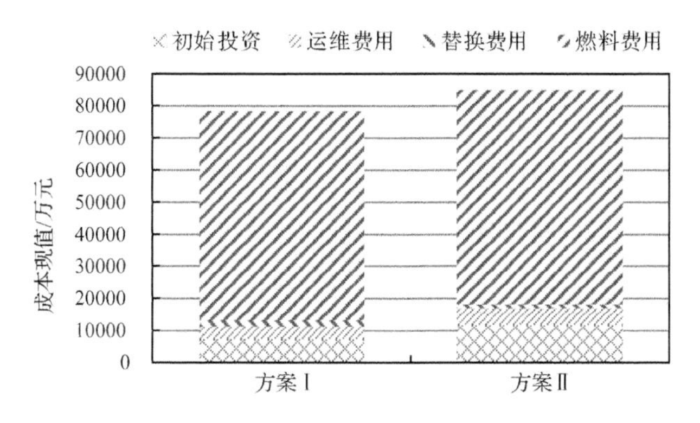

图 6.13　方案Ⅰ和方案Ⅱ各项费用对比

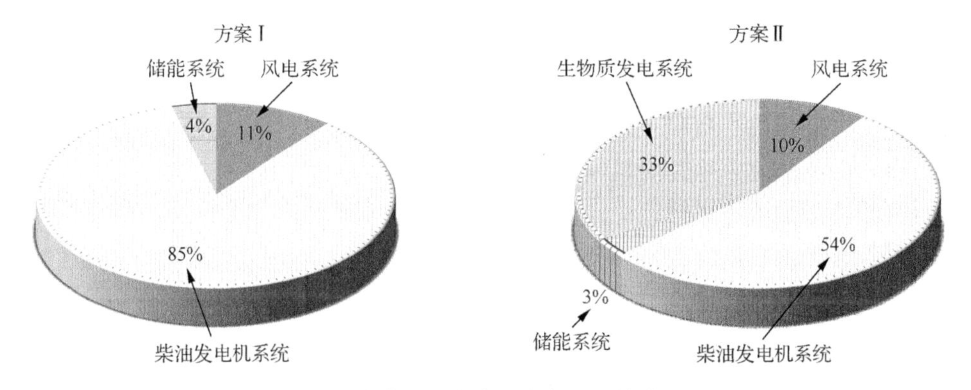

图 6.14　方案Ⅰ和方案Ⅱ中各子系统费用对比

高的生物质燃料价格，增加生物质发电系统的经济性只有在柴油价格较为昂贵时才会得到逐步体现。方案Ⅱ中分布式电源类型更多，系统结构相对复杂一些，在协调控制方面需要更加精细的能量管理。生物质发电系统会增加系统的运行维护工作量和难度。

（2）在满足相同供电可靠性的基础上，方案Ⅱ利用了生物质发电技术，最大限度减少了柴油消耗，降低了污染物排放量，具备很好的社会和科技示范效应，此外当地政府对新能源项目有一定的补贴。综合多方面因素，选取方案Ⅱ为本案例的最终方案。

6.3　案例一系统运行策略

在这一微电网中，微电网正常运行时，选用柴油机组做主电源，建立电网的电压和频率，任何时刻至少有一台柴油机需在线运行。生物质机组长期运行并满足部分负荷的供电需求。在风力资源不足时，首先考虑提高生物质出力，其次选用蓄电池进行供电，具体供电能力取决于蓄电池的实时运行状态，最后考虑提高柴油机组出力及投入新的柴油机；在风能富裕时，生物质机组按最小负载率稳定运行，并考虑对蓄电池进行充电。系统运行时，根据系统备用的需求，合理地调整柴油机组运行台数。

6.3.1 运行模式与运行状态

微电网有正常与故障停电两种运行模式。系统正常运行时，柴油发电机组可以单独运行，也可以与风机、生物质机组及储能系统等组合运行。风/柴/储/生物质系统有下面几种运行状态：

状态 1：柴油机＋风机＋生物质机组＋储能系统；

状态 2：柴油机＋生物质机组＋储能系统；

状态 3：柴油机＋风机＋储能系统；

状态 4：柴油机＋储能系统；

状态 5：柴油机＋风机＋生物质机组；

状态 6：柴油机＋生物质机组；

状态 7：柴油机＋风机；

状态 8：柴油机；

状态 9：储能；

状态 10：全系统停电，所有设备都退出运行。

其中，状态 1～8 为系统可行状态，在满足系统稳定的前提下，系统可以长期运行；当全系统处于停电状态时，电力系统需要进行黑启动操作，此时可以利用柴油机或储能系统提供电网恢复阶段所需要的电压和频率支撑；在所有柴油机都出现故障的极端场景中，可以利用储能系统满足全部或部分负荷的短时供电需求。

各类设备有正常、计划性检修或故障等多种状态，不同的运行状态组合决定了系统实时的状态转移路线。系统运行状态在进行转移时，为了分析和实际运行管理方便，可事先拟定一些状态转移规则，主要包括：柴油发电机的启停；设备计划性检修时，每次只考虑对其中一台设备进行检修；若储能和生物质机组可同时投入运行，则先投入储能系统，待下一调度周期再投入生物质机组。依据这些规则及系统运行状态的分类，系统详细的运行状态转移路线可用图 6.15 来描述。考虑到风能的间歇性和随机性，风机在一个调度周期中的运行状态可能不唯一，因此图 6.15 所示的系统状态转移路线并未将状态 1 与 2、状态 3 与 4、状态 5 与 6、状态 7 与 8 进行区分，而是将这些状态依次重新分成状态 S1（柴油机＋风机＋生物质机组＋储能系统）、S2（柴油机＋风机＋储能系统）、S3（柴油机＋风机＋生物质机组）与 S4（柴油机＋风机）。

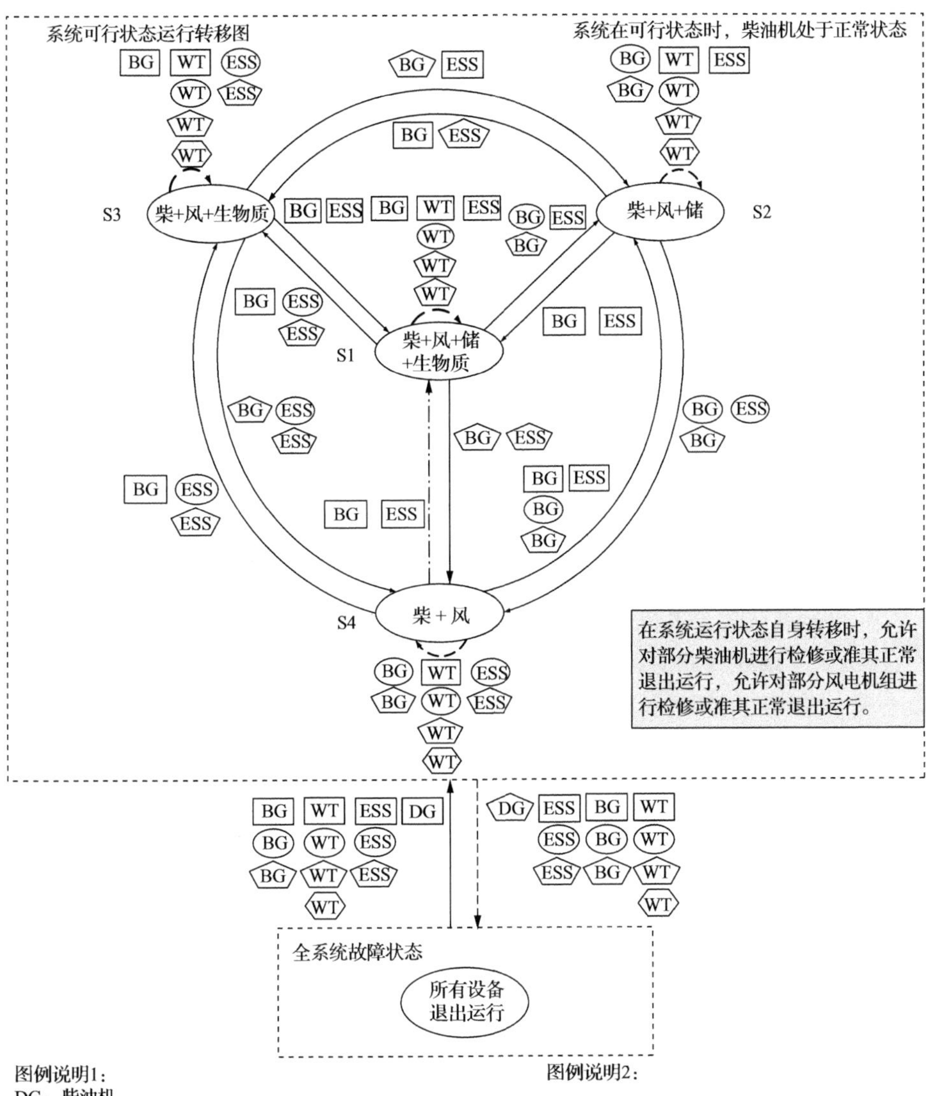

图例说明1：
DG：柴油机
WT：风机
BG：生物质机组
ESS：储能系统
正常表示该类设备至少有一台可以运行
检修表示该类设备中所有机组都要计划性检修或正处于检修期
故障表示该类设备每台都出现故障
风机正常表示当前风速大于切入风速，风机无故障；无风或者风速过大时，风机自动退出运行

正常 DG WT BG ESS
检修 DG WT BG ESS
故障 DG WT BG ESS
无风或风速过大 WT

图例说明2：
表示系统运行状态
表示系统可行状态自身的转移
表示系统可行状态间的转移
表示系统可行状态间的转移，但不推荐
表示由全停电状态向可行状态的转移
表示由可行状态直接向全停电状态的转移
注：设备状态组合图中，按行选取表示或运算，按列选取表示与运算；如所有设备正常，可表示为
DG WT BG ESS
生物质机组检修或故障，其他设备正常，可表示为
DG WT BG ESS
BG

图 6.15　系统运行状态转移图

6.3.2 分布式电源运行策略

微电网中央控制器可对微电网内分布式电源进行协调控制，进而给本地负荷提供稳定可靠的电力供应。这一控制器的首要控制目标是维持整个系统的电压和频率稳定，其次从系统运行的经济性和环保性考虑，应尽可能多的利用风能，尽量减少柴油和生物质燃料的消耗。而这些都需要通过合理运行策略[2-4]的制定和有效的能量管理加以实现。

1. 风力发电系统运行策略

风电机组有运行与停机两种状态，而停机的原因又有计划性检修、自身故障或外部故障引起的保护动作，无风或者风速超过切出风速时出于保护设备目的而主动退出等。在风力资源充裕时，风电系统的可用风能可能超过当前系统的负荷需求，这时需要降低风电机组运行功率水平甚至切除部分风机。风电机组的能量管理主要分两个步骤：

第一步：确认各台风机运行状态，确定下一调度周期风机的运行组合。

风机下一调度周期的运行状态分为继续运行、可投入运行和不可用(检修或故障)三种。设调度周期的长度为 Δt，单台风机的额定功率为 $P_{\text{rated, wind}}$，下一调度周期预测的单台风机平均出力(按风机无故障进行预测)为 $P_{\text{avg, wind}}$，因风速波动所导致的单台风机最大出力和最小出力分别为 $P_{\text{max, wind}}$、$P_{\text{min, wind}}$；下一调度周期预测的风电系统(根据风机运行组合进行预测)平均出力为 $P_{\text{favg, wind}}$，风电系统最大出力为 $P_{\text{fmax, wind}}$，风电系统最小出力为 $P_{\text{fmin, wind}}$；设当前调度周期风机运行台数为 $N_{t,\text{wind}}$，下一调度周期风机可以运行的台数(包括继续运行和可投入运行)为 $N_{t+1,\text{wind}}$。为了避免多台风机同时启机对系统带来的冲击，每个调度周期只允许单台风机投入运行，即有 $N_{t+1,\text{wind}}-N_{t,\text{wind}}\leqslant 1$；同样的，对运行风机计划性检修时，每次只对单台风机进行检修，即有 $N_{t+1,\text{wind}}-N_{t,\text{wind}}\geqslant -1$。若由预测信息知下一调度周期风资源不足以启机，则不考虑投入新的风机，已运行的风机在下一调度周期根据实时风速状况，自动决定切出时刻。在确定风机运行组合时，满足最短运行时间且运行时间长的机组可以优先退出运行，新投入的风机需满足最短停运时间的限制。

确定了下一调度周期风机的运行组合后，可估算出风机的出力水平期望值，即有：

$$\begin{cases} P_{\text{favg, wind}} = N_{t+1,\text{wind}} \times P_{\text{avg, wind}} \\ P_{\text{fmax, wind}} = N_{t+1,\text{wind}} \times P_{\text{max, wind}} \\ P_{\text{fmin, wind}} = N_{t+1,\text{wind}} \times P_{\text{min, wind}} \end{cases} \tag{6.1}$$

第二步：确定风电系统的运行水平。

风电机组最大允许的上网功率取决于下一调度周期的负荷需求、生物质机组与柴油机的最小出力限制以及储能系统允许的充电功率。假定向风电系统下达的总功率指令为 P_{wind}，若 P_{wind} 大于 $P_{favg,wind}$，风机按实际风速状况运行；否则，风机按功率指令 P_{wind} 限功率运行。若有多台风机同时运行，则每台风机按功率指令均等出力。

2. 生物质发电系统运行策略

生物质发电机组是单一设备的发电系统，进行上层调度时，需要确定其启停状态及具体运行水平。生物质发电系统的启停状态由其检修周期、最短运行时间及最短停运时间决定。若生物质发电系统检修结束并且满足最短停运时间的约束，则生物质机组可以适时地投入运行。生物质发电机组主要承担部分负荷的供电需求；在风力资源充裕时，尽量运行在较低负载率水平；而在风力不足时，尽可能地提高出力水平，以减低柴油的消耗；但具体运行水平需通过求解优化调度问题确定。

记生物质机组当前运行状态为 $U_{t,bg}$，若生物质机组正在运行，则该值为 1，否则为 0；下一调度周期的运行状态为 $U_{t+1,bg}$，当生物质机组继续运行或者可以投入运行时，该标志位为 1；若生物质机组计划性检修或故障，则该标志位为 0。记生物质机组的额定功率为 $P_{rated,bg}$，最小负载率为 MLR_{bg}，生物质机组当前调度周期的出力为 $P_{t,bg}$，下一调度周期的出力为 $P_{t+1,bg}$，生物质机组的爬坡率为 ρ_{bg} (kW/min)。一些相关的参数可通过下面的定义给定：

若生物质机组当前调度周期未运行，下一调度周期要投入运行，则设定 $P_{t,bg} = MLR_{bg} \times P_{rated,bg}$。

生物质机组的最大出力为 $P_{max,bg} = U_{t+1,bg} \times \min\{P_{t,bg} + \Delta t \times \rho_{bg}, P_{rated,bg}\}$，生物质机组的最小出力为 $P_{min,bg} = U_{t+1,bg} \times \max\{P_{t,bg} - \Delta t \times \rho_{bg}, MLR_{bg} \times P_{rated,bg}\}$，生物质发电机组下一调度周期的出力 $P_{t+1,bg}$ 应介于其最大与最小出力之间。

3. 储能系统运行策略

为了有效延长储能系统的运行寿命，避免其频繁地进行深度充放电，需要合理地设定储能系统荷电状态 SOC 变化区间。按照储能系统的功能定位要求，选定四个关键节点来定义 SOC 的变化区间，分别为 SOC_{min}、SOC_{down}、SOC_{up} 与 SOC_{max}；其中 SOC_{min} 和 SOC_{max} 主要是为了避免过度充放电对储能带来的伤害，由储能自身物理特性所决定。储能系统荷电状态 SOC 划分区间如图 6.16 所示。

当储能系统 SOC 处于 SOC_{min} 与 SOC_{down} 之间时，只允许给储能充电，充电功率不应超过其允许的最大充电功率；当 SOC 处于 SOC_{down} 与 SOC_{up} 之间时，储能系统可以自由地进行充放电，但充放电功率不应该超过其允许的最大充放电功率，这一取值受到储能系统最大允许充放电电流和储能系统实时 SOC 的影响；当储能系统

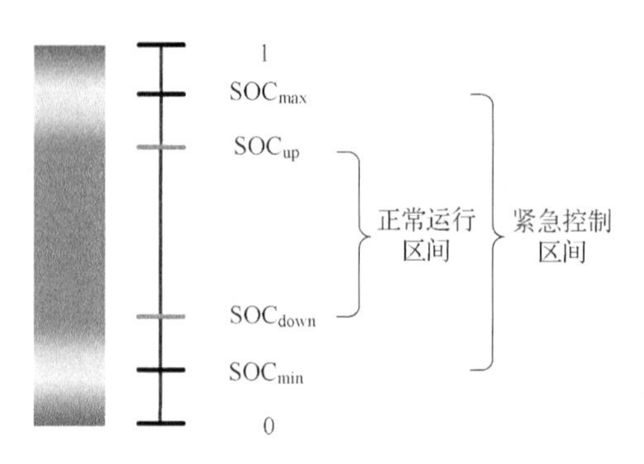

图 6.16　储能系统 SOC 划分区间示意图

SOC 处于 SOC_{up} 与 SOC_{max} 之间时，只允许储能进行放电，放电功率不应该超过其允许的最大放电功率。

SOC_{down} 与 SOC_{up} 的设置主要是为了实现储能系统能量搬运的任务，而 SOC_{min} 与 SOC_{max} 设置主要是为了延长储能系统的寿命，同时让储能系统有足够的能力来协助柴油机平抑系统中大的扰动，并确保柴油机、生物质机组能运行在最小负载率限制之上。紧急控制区间并不限定哪段 SOC 区间只能充电，哪段 SOC 区间只能放电，具体充放电状态根据紧急控制需求而定。正常运行时，为了管理方便，可以指定储能系统按预先设定好的充放电倍率进行充放电。微电网系统运行时，向储能系统优先下达紧急控制指令，正常充放电指令次之。

储能系统有两种运行状态，可用与不可用(检修或故障)。记储能系统当前的荷电状态为 SOC_t，储能系统端电压为 V_t；储能当前调度周期的运行状态为 $U_{t,ess}$，若储能正在使用，则该值为 1，否则为 0；下一调度周期储能系统的运行状态为 $U_{t+1,ess}$，若储能可用，则 $U_{t+1,ess}$ 取为 1，否则 $U_{t+1,ess}$ 取为 0；储能系统最大充放电电流为 I_{max}，额定容量为 C_{rated}，充放电效率为 η，则储能系统的最大充放电功率可由式(6.3)、式(6.4)计算确定；设储能放电时功率指令为正值，充电时功率指令为负值，储能充放电功率 P_{ess} 应该介于最大充放电功率之间。储能系统在输出有功的同时，可以承担系统的部分无功需求，记储能系统双向变流器的容量为 $C_{con,rated}$，输出的无功功率为 Q_{ess}，则下面的不等式

$$Q_{ess} \leqslant ({C_{con,rated}}^2 - {P_{ess}}^2)^{1/2} \tag{6.2}$$

应该成立。下一调度周期储能系统允许的最大充电功率为

$$P_{max,charge} = -U_{t+1,ess} \times \min\left\{V_t \times I_{max}, -\min\{SOC_t - SOC_{up}, 0\} \times \frac{C_{rated}}{\eta \Delta t}\right\} \tag{6.3}$$

下一调度周期储能系统允许的最大放电功率为

$$P_{\mathrm{max,discharge}} = U_{t+1,\mathrm{ess}} \times \min\left\{V_t \times I_{\max}, \max\{\mathrm{SOC}_t - \mathrm{SOC}_{\mathrm{down}}, 0\} \times C_{\mathrm{rated}} \times \frac{\eta}{\Delta t}\right\} \tag{6.4}$$

4. 柴油发电系统运行策略

系统正常运行时，柴油机作为主电源，提供电压和频率参考。柴油机需要满足系统的有功需求和无功需求，能有效平抑负荷功率波动与风功率波动，确保系统稳定运行。柴油发电机组包含多台设备，因此对柴油机进行调度时，既要确定柴油机组的运行组合，也需确保各运行机组的出力在其允许的出力范围内。

柴油机组有运行与停机两种状态，而停机的原因又有经济性调度、计划性检修、自身故障或外部故障引起的保护动作。设第 i 台柴油机当前调度周期的运行标志为$U_{t,i,\mathrm{dg}}$，当柴油机运行时该值取为1，否则取为0；第i台柴油机下一调度周期的运行标志为 $U_{t+1,i,\mathrm{dg}}$，当柴油机运行时该值为1，否则为0；若下一调度周期柴油机组因检修或故障不可用时，$U_{t+1,i,\mathrm{dg}}$ 将置为0。柴油机在调度时，还需满足最短运行时间、最短停运时间的约束。为了保证系统稳定运行以及出现故障时有备用柴油机及时投入运行，若需要对柴油机检修，每次只考虑对其中一台柴油机进行检修，并依次轮流检修。系统在运行过程中，应尽量保证任意时间段至多有一台柴油机处于检修或故障状态。

记柴油机当前调度周期总的运行台数为 $N_{t,\mathrm{dg}}$；下一调度周期柴油机总运行台数为 $N_{t+1,\mathrm{dg}}$，则 $N_{t+1,\mathrm{dg}}$ 应介于1和柴油机总台数 N_{dg} 除去故障和正处于检修台数后的机组台数之间。设每台柴油机组的额定功率为 $P_{\mathrm{rated,dg}}$，功率因数为 $\cos\varphi$，最小负载率为 $\mathrm{MLR}_{\mathrm{dg}}$，下一调度周期第 i 台柴油机组允许的最大有功出力为 $P_{\mathrm{max,dg}}$，柴油机组允许的最小有功出力为 $P_{\mathrm{min,bg}}$，最大无功出力为 $Q_{\mathrm{max,dg}}$，则下一调度周期第 i 台柴油机的最大、最小出力分别可由式(6.5)计算得到。由于每台柴油机的物理参数一致，则多台柴油机并列运行时，按实际需求的大小均等出力，并且每台柴油机出力 $P_{t+1,i,\mathrm{dg}}$ 应介于最大与最小出力之间。为了避免柴油机组运行在低功率因数水平，柴油机输出有功功率较低时，储能系统可以承担部分的无功需求，以使柴油机工作在较高的功率因数水平。

$$\begin{cases} P_{\mathrm{max,dg}} = P_{\mathrm{rated,dg}} \\ P_{\mathrm{min,bg}} = \mathrm{MLR}_{\mathrm{dg}} \times P_{\mathrm{rated,dg}} \\ Q_{\mathrm{max,dg}} = P_{\mathrm{rated,dg}} \times \tan\varphi \end{cases} \tag{6.5}$$

6.3.3 基于运行控制逻辑的能量管理方法

在确定了生物质机组、储能、风机的运行状态和系统状态转移路线后，风/柴/

储/生物质系统可以依照下面的运行控制逻辑确定各类设备的启停状态与运行水平。设下一调度周期预测的负荷平均功率为 $P_{avg,load}$，负荷最大有功功率为 $P_{max,load}$，负荷最小有功功率为 $P_{min,load}$；下一调度周期预测的系统平均无功需求为 Q_{avg}。具体控制逻辑如图 6.17 至图 6.29 所示。

Step 0：制定下一调度周期的运行计划，设下一调度周期柴油机的运行台数为 $N_{t+1,dg}=\max\{1,$未满足最短运行时间约束的柴油机台数$\}$；

Step 1：若系统处于状态 S1（柴油机＋风机＋生物质机组＋储能系统），则跳转到 Step 2；

若系统处于状态 S2（柴油机＋风机＋储能系统），则跳转到 Step 3；

若系统处于状态 S3（柴油机＋风机＋生物质机组），则跳转到 Step 4；

若系统处于状态 S4（柴油机＋风机），则跳转到 Step 5。

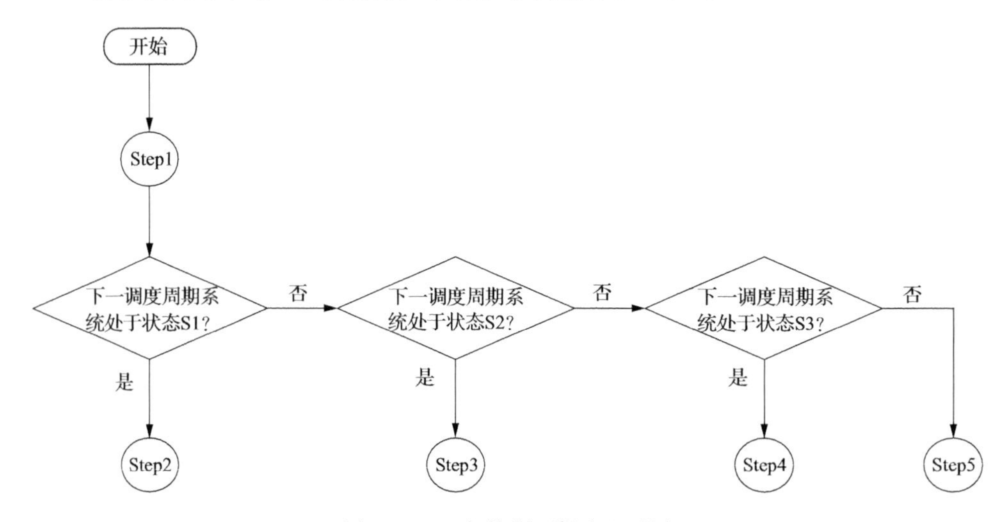

图 6.17　运行控制逻辑流程子图

Step 2：若储能系统荷电状态 $SOC_t \geqslant SOC_{up}$，则设 $P_1=a\times P_{min,load}-N_{t+1,dg}\times P_{min,dg}-P_{max,discharge}$，$P_2=a\times P_{max,load}-N_{t+1,dg}\times P_{max,dg}-P_{max,discharge}$，其中，$P_1$、$P_2$ 分别定义为系统当前可以接受的风机与生物质机组出力之和的下限值和上限值。a 为安全系数，用于应对下一调度期内预测负荷可能出现的突增现象，因此该系数取值将不小于 1，具体取值可根据所采用的负荷预测算法的预测精度进行估计。

若 $P_1\leqslant b\times P_{fmin,wind}+P_{min,bg}$ 且 $P_2\leqslant b\times P_{fmax,wind}+P_{min,bg}$，则风机需要限功率运行，生物质机组运行在最小出力水平，储能系统按最大放电功率进行放电，并且 $P_{wind}=0.5(\max\{P_2-P_{min,bg},0\}+\max\{P_1-P_{min,bg,0}\})$，跳转到 Step7。判别条件中 b 的用意类似于 a，同为安全系数，用于应对下一调度周期内预测风功率可能出现的突降现象，因而该系数取值将不大于 1，具体取值可根据所采用的风功率预测算法的预测精度进行估计。

否则，若 $P_1 \leqslant b \times P_{\text{fmin,wind}} + P_{\text{max,bg}}$ 且 $b \times P_{\text{fmax,wind}} + P_{\text{min,bg}} < P_2 \leqslant b \times P_{\text{fmax,wind}} + P_{\text{max,bg}}$ 且 $P_1 - b \times P_{\text{fmin,wind}} \leqslant P_2 - b \times P_{\text{fmax,wind}}$，则风机正常运行，提高生物质机组出力，储能系统按最大放电功率进行放电，并且 $P_{\text{wind}} = b \times P_{\text{favg,wind}}$，$P_{t+1,\text{bg}} = P_2 - b \times P_{\text{fmax,wind}}$，跳转到 Step7。

否则，若 $P_1 \leqslant b \times P_{\text{fmin,wind}} + P_{\text{max,bg}}$ 且 $P_2 > b \times P_{\text{fmax,wind}} + P_{\text{max,bg}}$，则风机正常运行，生物质机组按最大出力运行，储能系统按最大放电功率运行，并且 $P_{\text{wind}} = b \times P_{\text{favg,wind}}$，$P_{t+1,\text{bg}} = P_{\text{max,bg}}$，跳转到 Step7。

否则，跳转到 Step6。

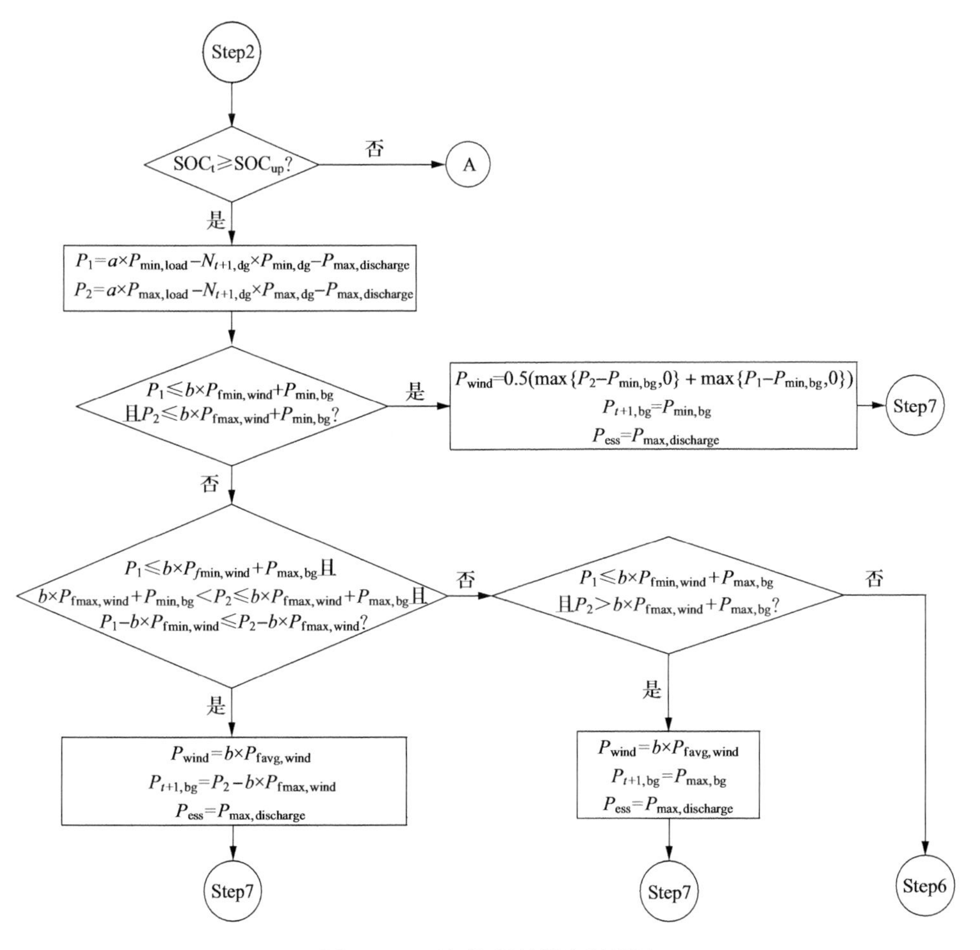

图 6.18　运行控制逻辑流程子图

若储能系统荷电状态 $\text{SOC}_t < \text{SOC}_{\text{down}}$，则设 $P_1 = a \times P_{\text{min,load}} + P_{\text{max,charge}} - N_{t+1,\text{dg}} \times P_{\text{min,dg}}$，$P_2 = a \times P_{\text{max,load}} + P_{\text{max,charge}} - N_{t+1,\text{dg}} \times P_{\text{max,dg}}$。

若 $P_1 \leqslant b \times P_{\mathrm{fmin,wind}} + P_{\mathrm{min,bg}}$ 且 $P_2 \leqslant b \times P_{\mathrm{fmax,wind}} + P_{\mathrm{min,bg}}$，则风机需要限功率运行，生物质机组运行在最小出力水平，储能系统按最大充电功率进行充电，并且 $P_{\mathrm{wind}} = 0.5(\max\{P_2 - P_{\mathrm{min,bg}}, 0\} + \max\{P_1 - P_{\mathrm{min,bg}}, 0\})$，跳转到 Step7。

否则，若 $P_1 \leqslant b \times P_{\mathrm{fmin,wind}} + P_{\mathrm{max,bg}}$ 且 $b \times P_{\mathrm{fmax,wind}} + P_{\mathrm{min,bg}} < P_2 \leqslant b \times P_{\mathrm{fmax,wind}} + P_{\mathrm{max,bg}}$ 且 $P_1 - b \times P_{\mathrm{fmin,wind}} \leqslant P_2 - b \times P_{\mathrm{fmax,wind}}$，则风机正常运行，提高生物质机组出力，储能系统按最大充电功率进行充电，并且 $P_{\mathrm{wind}} = b \times P_{\mathrm{favg,wind}}$，$P_{t+1,\mathrm{bg}} = P_2 - b \times P_{\mathrm{fmax,wind}}$，跳转到 Step7。

否则，若 $P_1 \leqslant b \times P_{\mathrm{fmin,wind}} + P_{\mathrm{max,bg}}$ 且 $P_2 > b \times P_{\mathrm{fmax,wind}} + P_{\mathrm{max,bg}}$，则风机正常运行，生物质机组按最大出力运行，储能系统按最大充电功率运行，并且 $P_{\mathrm{wind}} = b \times P_{\mathrm{favg,wind}}$，$P_{t+1,\mathrm{bg}} = P_{\mathrm{max,bg}}$，跳转到 Step7。

否则，跳转到 Step6。

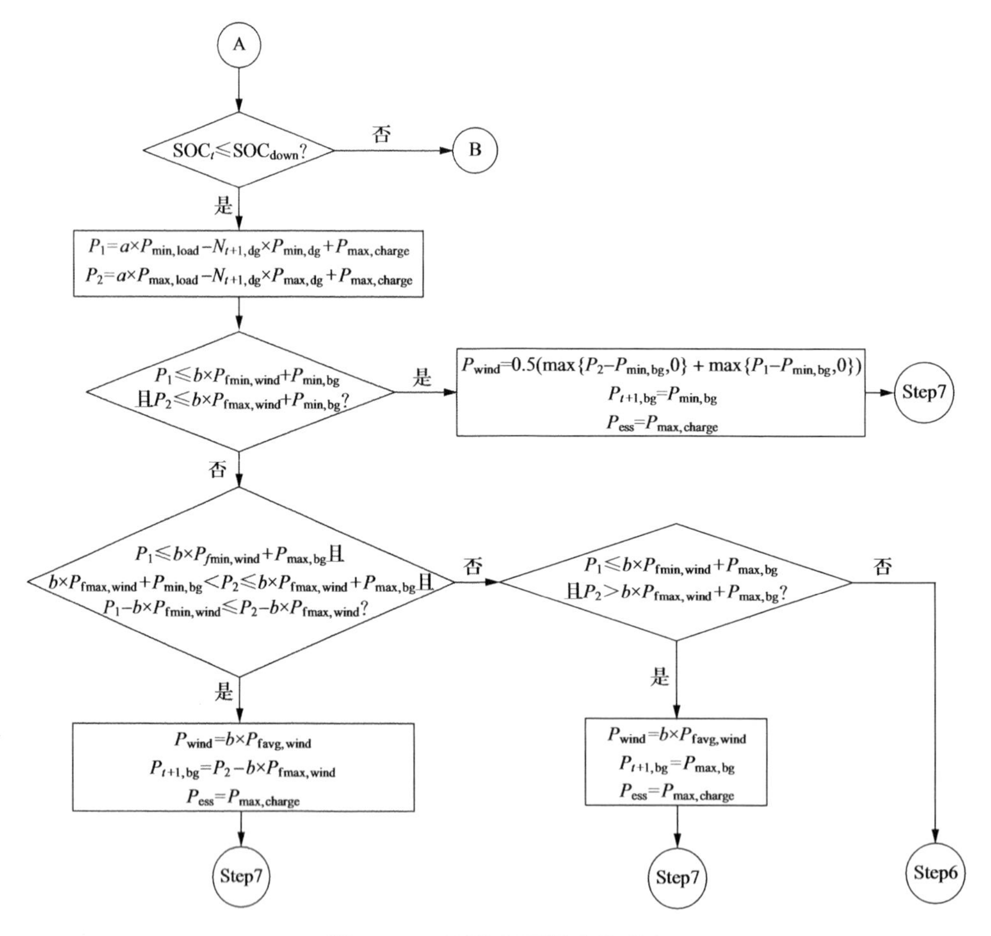

图 6.19　运行控制逻辑流程子图

若储能系统荷电状态 $SOC_{down} \leqslant SOC_t < SOC_{up}$，则设 $P_1 = a \times P_{min,load} + P_{max,charge} - N_{t+1,dg} \times P_{min,dg}$，$P_2 = a \times P_{max,load} + P_{max,charge} - N_{t+1,dg} \times P_{max,dg}$。

若 $P_1 \leqslant b \times P_{fmin,wind} + P_{min,bg}$ 且 $P_2 \leqslant b \times P_{fmax,wind} + P_{min,bg}$，则风机需要限功率运行，生物质机组运行在最小出力水平，储能系统按最大放电功率进行放电，并且 $P_{wind} = 0.5(\max\{P_2 - P_{min,bg}, 0\} + \max\{P_1 - P_{min,bg}, 0\})$，跳转到 Step7。

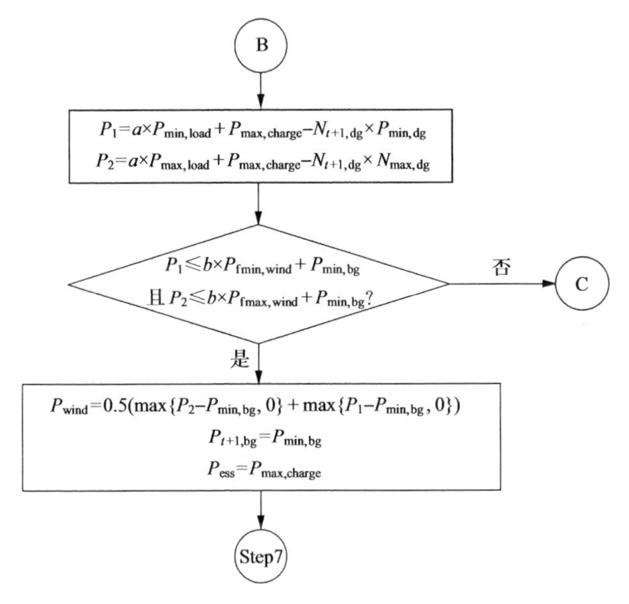

图 6.20　运行控制逻辑流程子图

否则，则设 $P_1 = a \times P_{min,load} - N_{t+1,dg} \times P_{min,dg}$，$P_2 = a \times P_{max,load} - N_{t+1,dg} \times P_{max,dg}$，其中 P_1、P_2 分别定义为系统当前可以接受的风机与生物质机组出力之和的下限值和上限值。

若 $P_1 \leqslant b \times P_{fmin,wind} + P_{min,bg}$ 且 $P_2 \leqslant b \times P_{fmax,wind} + P_{min,bg}$，则风机限功率运行，生物质机组按最小出力水平运行，储能系统不进行充放电，并且 $P_{wind} = 0.5(\max\{P_2 - P_{min,bg}, 0\} + \max\{P_1 - P_{min,bg}, 0\})$，跳转到 Step7。

否则，若 $P_1 \leqslant b \times P_{fmin,wind} + P_{max,bg}$、$b \times P_{fmax,wind} + P_{min,bg} < P_2 \leqslant b \times P_{fmax,wind} + P_{max,bg}$ 且 $P_1 - b \times P_{fmin,wind} \leqslant P_2 - b \times P_{fmax,wind}$，则风机正常运行，生物质机组提高出力，储能系统不进行充放电，且 $P_{wind} = b \times P_{favg,wind}$，$P_{t+1,bg} = P_2 - b \times P_{fmax,wind}$，跳转到 Step7。

否则，若 $P_1 \leqslant b \times P_{fmin,wind} + P_{max,bg}$ 且 $P_2 > b \times P_{fmax,wind} + P_{max,bg}$，则风机正常运行，生物质机组按最大出力运行，储能系统不进行充放电，且 $P_{wind} = b \times P_{favg,wind}$，$P_{t+1,bg} = P_{max,bg}$，跳转到 Step7。

否则，则设 $P_1 = a \times P_{min,load} - N_{t+1,dg} \times P_{min,dg} - P_{max,discharge}$，$P_2 = a \times P_{max,load} - N_{t+1,dg} \times P_{max,dg} - P_{max,discharge}$。

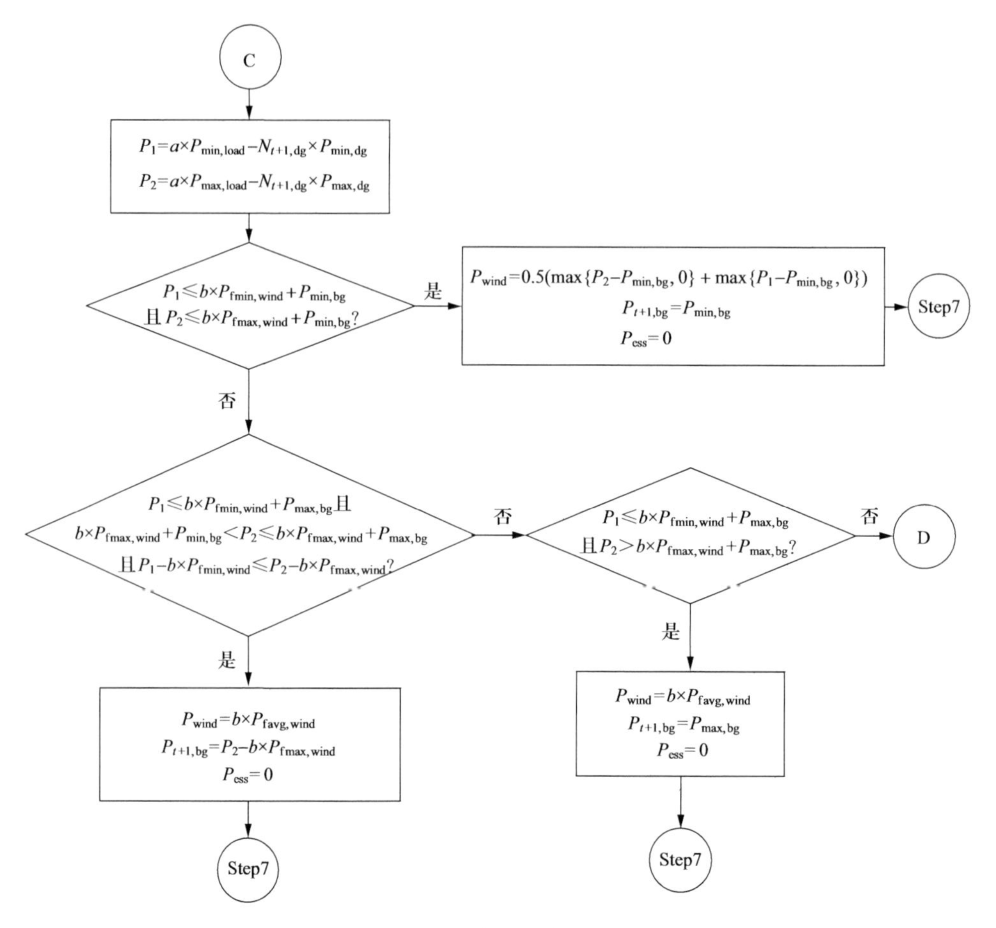

图 6.21　运行控制逻辑流程子图

若 $P_1\leqslant b\times P_{\text{fmin,wind}}+P_{\max,\text{bg}}$ 且 $P_2>b\times P_{\text{fmax,wind}}+P_{\max,\text{bg}}$，则风机正常运行，生物质机组按最大出力水平运行，储能系统按最大放电功率进行放电，并且 $P_{\text{wind}}=b\times P_{\text{favg,wind}}$，$P_{t+1,\text{bg}}=P_{\max,\text{bg}}$，跳转到 Step7。

否则，跳转到 Step6。

Step 3：若储能系统荷电状态 $\text{SOC}_t\geqslant\text{SOC}_{\text{up}}$，则设 $P_1=a\times P_{\min,\text{load}}-N_{t+1,\text{dg}}\times P_{\min,\text{dg}}-P_{\max,\text{discharge}}$，$P_2=a\times P_{\max,\text{load}}-N_{t+1,\text{dg}}\times P_{\max,\text{dg}}-P_{\max,\text{discharge}}$，其中，$P_1$、$P_2$ 分别定义为系统当前可以接受的风功率波动范围的下限值和上限值。

若 $P_1\leqslant b\times P_{\text{fmin,wind}}$ 且 $P_2\leqslant b\times P_{\text{fmax,wind}}$，则风机限功率运行，生物质机组退出运行，储能系统按最大放电功率进行放电，且 $P_{\text{wind}}=0.5(\max\{P_2,0\}+\max\{P_1,0\})$，跳转到 Step7。

否则，若 $P_1\leqslant b\times P_{\text{fmin,wind}}$ 且 $P_2>b\times P_{\text{fmax,wind}}$，则风机正常运行，储能系统按最

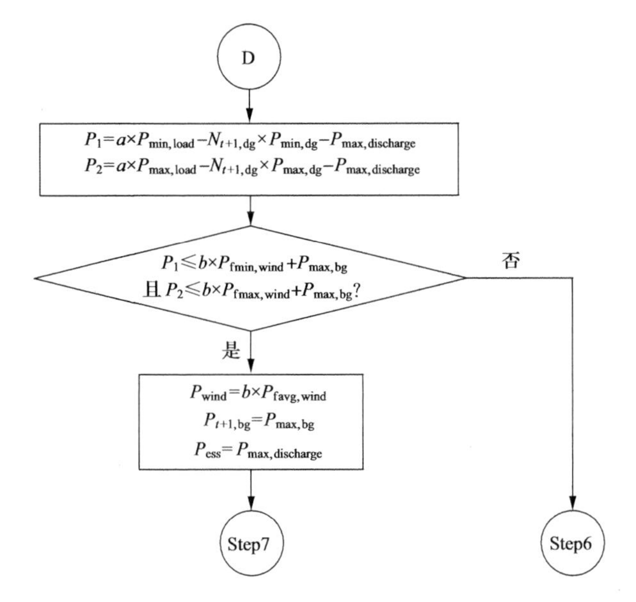

图 6.22　运行控制逻辑流程子图

大放电功率运行，且 $P_{\text{wind}}=b\times P_{\text{favg,wind}}$，跳转到 Step7。

否则，跳转到 Step6。

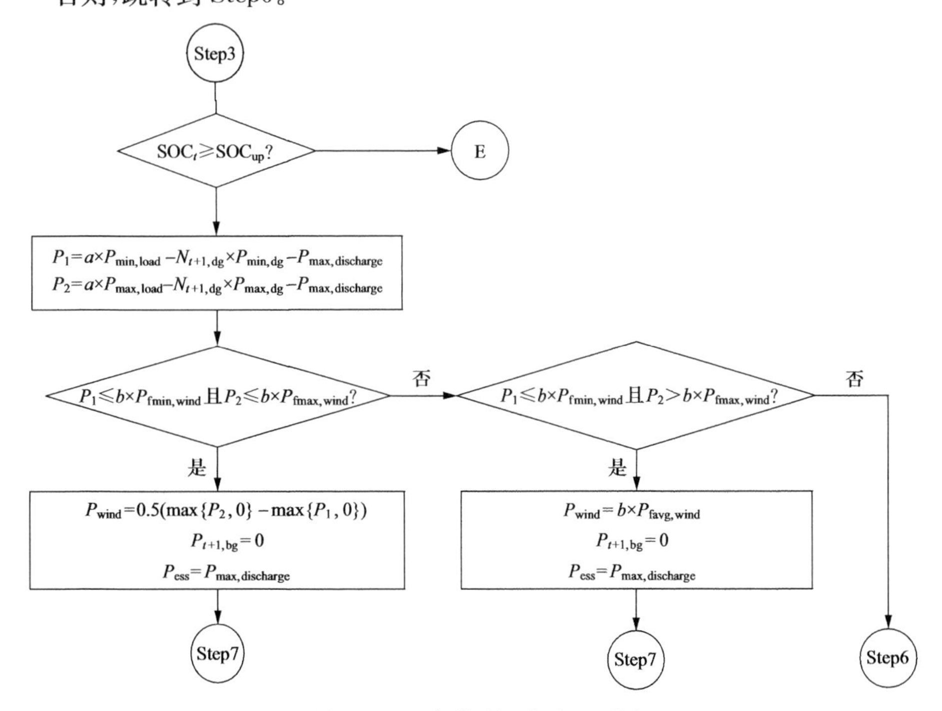

图 6.23　运行控制逻辑流程子图

若储能系统荷电状态 $SOC_t < SOC_{down}$，则设 $P_1 = a \times P_{min,load} + P_{max,charge} - N_{t+1,dg} \times P_{min,dg}$，$P_2 = a \times P_{max,load} + P_{max,charge} - N_{t+1,dg} \times P_{max,dg}$，其中，$P_1$、$P_2$分别定义为系统当前可以接受的风功率波动范围的下限值和上限值。

若 $P_1 \leqslant b \times P_{fmin,wind}$ 且 $P_2 \leqslant b \times P_{fmax,wind}$，则风机限功率运行，储能系统进行充电，且 $P_{wind} = 0.5(\max\{P_2, 0\} + \max\{P_1, 0\})$，跳转到 Step7。

否则，若 $P_1 \leqslant b \times P_{fmin,wind}$ 且 $P_2 > b \times P_{fmax,wind}$，则风机正常运行，储能系统进行充电，且 $P_{wind} = b \times P_{favg,wind}$，跳转到 Step7。

否则，跳转到 Step6。

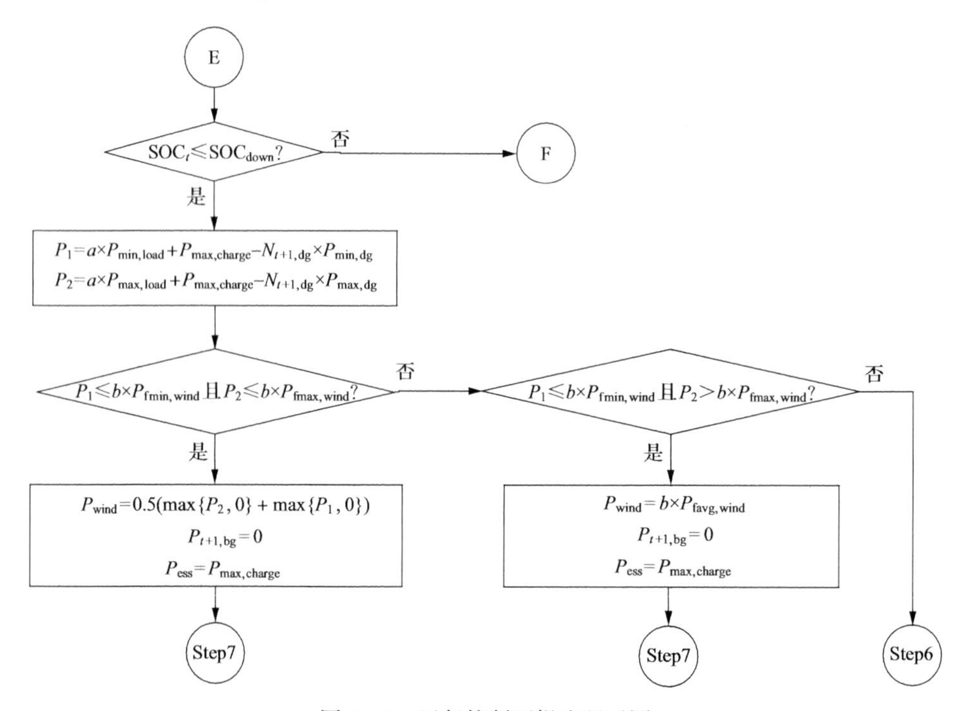

图 6.24 运行控制逻辑流程子图

若储能系统荷电状态 $SOC_{down} \leqslant SOC_t < SOC_{up}$，则设 $P_1 = a \times P_{min,load} + P_{max,charge} - N_{t+1,dg} \times P_{min,dg}$，$P_2 = a \times P_{max,load} + P_{max,charge} - N_{t+1,dg} \times P_{max,dg}$。

若 $P_1 \leqslant b \times P_{fmin,wind}$ 且 $P_2 \leqslant b \times P_{fmax,wind}$，则风机限功率运行，储能系统按最大充电功率进行充电，且 $P_{wind} = 0.5(\max\{P_2, 0\} + \max\{P_1, 0\})$，跳转到 Step7。

否则，则设 $P_1 = a \times P_{min,load} - N_{t+1,dg} \times P_{min,dg}$，$P_2 = a \times P_{max,load} - N_{t+1,dg} \times P_{max,dg}$，其中，$P_1$、$P_2$分别定义为系统当前可以接受的风功率波动范围的下限值和上限值。

若 $P_1 \leqslant b \times P_{fmin,wind}$ 且 $P_2 \leqslant b \times P_{fmax,wind}$，则风机限功率运行，储能系统不进行充放电，且 $P_{wind} = 0.5(\max\{P_2, 0\} + \max\{P_1, 0\})$，跳转到 Step7。

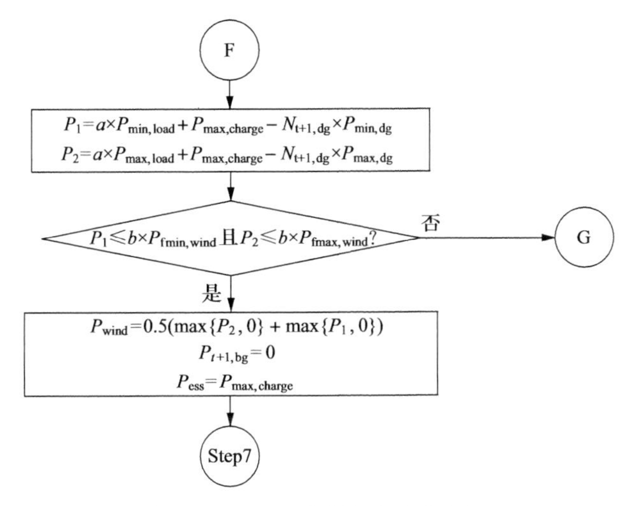

图 6.25　运行控制逻辑流程子图

若 $P_1\leqslant b\times P_{\mathrm{fmin,wind}}$ 且 $P_2>b\times P_{\mathrm{fmax,wind}}$，则风机正常运行，储能系统不充放电，并且 $P_{\mathrm{wind}}=b\times P_{\mathrm{favg,wind}}$，跳转到 Step7。

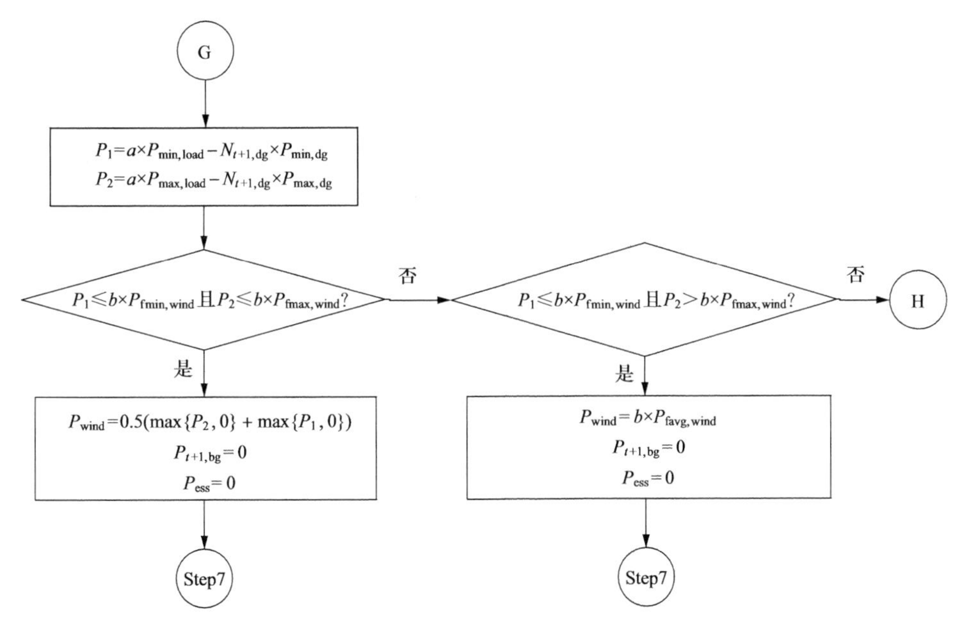

图 6.26　运行控制逻辑流程子图

否则，则设 $P_1=a\times P_{\min,\mathrm{load}}-N_{t+1,\mathrm{dg}}\times P_{\min,\mathrm{dg}}-P_{\max,\mathrm{discharge}}$，$P_2=a\times P_{\max,\mathrm{load}}-N_{t+1,\mathrm{dg}}\times P_{\max,\mathrm{dg}}-P_{\max,\mathrm{discharge}}$，其中，$P_1$、$P_2$ 分别定义为系统当前可以接受的风功率波动范围的下限值和上限值。

若 $P_1 \leqslant b \times P_{\text{fmin,wind}}$ 且 $P_2 > b \times P_{\text{fmax,wind}}$，则风机正常运行，储能系统按最大放电功率进行放电，并且 $P_{\text{wind}} = b \times P_{\text{favg,wind}}$，跳转到 Step7。

否则，跳转到 Step6。

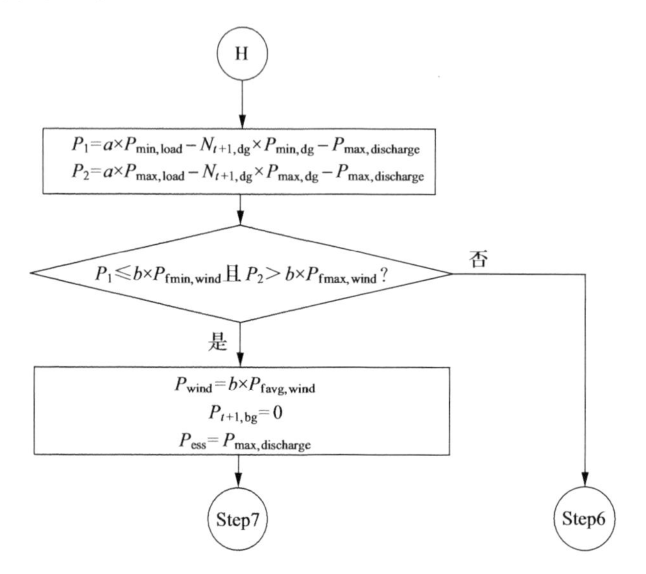

图 6.27　运行控制逻辑流程子图

Step 4：设 $P_1 = a \times P_{\text{min,load}} - N_{t+1,\text{dg}} \times P_{\text{min,dg}}$，$P_2 = a \times P_{\text{max,load}} - N_{t+1,\text{dg}} \times P_{\text{max,dg}}$，其中，$P_1$、$P_2$分别定义为系统当前可以接受的风机与生物质机组出力之和的下限值和上限值。

若 $P_1 \leqslant b \times P_{\text{fmin,wind}} + P_{\text{min,bg}}$ 且 $P_2 \leqslant b \times P_{\text{fmax,wind}} + P_{\text{min,bg}}$，则风机限功率运行，生物质机组按最小出力水平运行，且 $P_{\text{wind}} = 0.5(\max\{P_2 - P_{\text{min,bg}}, 0\} + \max\{P_1 - P_{\text{min,bg}}, 0\})$，跳转到 Step7。

否则，若 $P_1 \leqslant b \times P_{\text{fmin,wind}} + P_{\text{max,bg}}$、$b \times P_{\text{fmax,wind}} + P_{\text{min,bg}} < P_2 \leqslant b \times P_{\text{fmax,wind}} + P_{\text{max,bg}}$ 且 $P_1 - b \times P_{\text{fmin,wind}} \leqslant P_2 - b \times P_{\text{fmax,wind}}$，则风机正常运行，并提高生物质机组出力，且 $P_{\text{wind}} = b \times P_{\text{favg,wind}}$，$P_{t+1,\text{bg}} = P_2 - b \times P_{\text{fmax,wind}}$，跳转到 Step7。

否则，若 $P_1 \leqslant b \times P_{\text{fmin,wind}} + P_{\text{max,bg}}$ 且 $P_2 > b \times P_{\text{fmax,wind}} + P_{\text{max,bg}}$，则风机正常运行，生物质机组按最大出力水平运行，且 $P_{\text{wind}} = b \times P_{\text{favg,wind}}$，$P_{t+1,\text{bg}} = P_{\text{max,bg}}$，跳转到 Step7。

否则，跳转到 Step6。

Step 5：设 $P_1 = a \times P_{\text{min,load}} - N_{t+1,\text{dg}} \times P_{\text{min,dg}}$，$P_2 = a \times P_{\text{max,load}} - N_{t+1,\text{dg}} \times P_{\text{max,dg}}$，其中，$P_1$、$P_2$分别定义为系统当前可以接受的风功率波动范围的下限值和上限值。

若 $P_1 \leqslant b \times P_{\text{fmin,wind}}$ 且 $P_2 \leqslant b \times P_{\text{fmax,wind}}$，则风机限功率运行，且 $P_{\text{wind}} = 0.5(\max\{P_2, 0\} + \max\{P_1, 0\})$，跳转到 Step7。

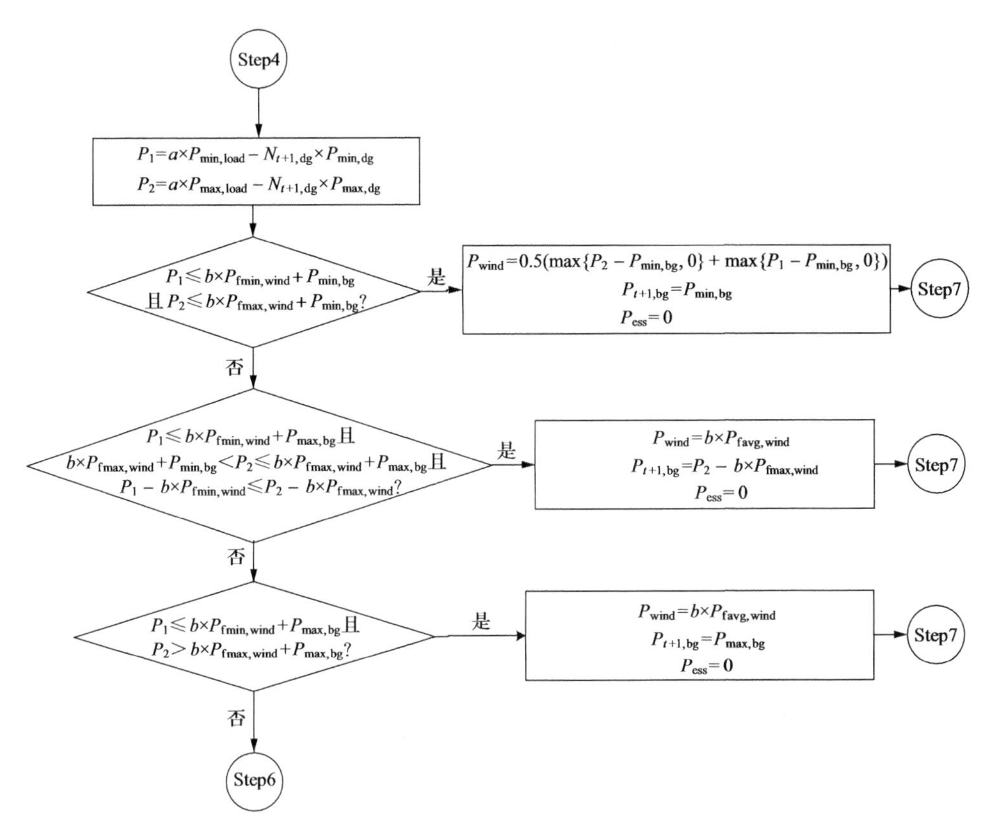

图 6.28　运行控制逻辑流程子图

否则，若 $P_1\leqslant b\times P_{fmin,wind}$ 且 $P_2>b\times P_{fmax,wind}$，则风机正常运行，并且 $P_{wind}=b\times P_{favg,wind}$，跳转到 Step7。

否则，跳转到 Step6。

Step 6：若 $N_{t+1,dg}<N_{dg}-N_{dg,uu}$，则投入一台备用柴油机，即 $N_{t+1,dg}=N_{t+1,dg}+1$，跳转到 Step1；其中，N_{dg} 表示柴油机总台数，$N_{dg,uu}$ 表示下一调度周期因计划性检修或故障处于检修状态的柴油机台数。

否则，系统不能正常运行，跳转到 Step 8。

Step 7：结束，柴油机开启台数为 $N_{t+1,dg}$。

Step 8：现有的柴油机组不能满足系统旋转备用的需求，柴油机组某些时间可能运行在过载或轻载状态，可以通过紧急控制来避免或缓解柴油机的过载或轻载水平，跳转到 Step7。

经过上面几个阶段的运行控制逻辑判断，即可确定出柴油机的启停台数、风机的运行水平、生物质的出力水平和储能系统的充放电功率。值得指出的是，关于类似微电网的控制逻辑不是固定不变的，可以有多种具体模式，第四章对此做了部分总结。这样一个系统也可以采用优化调度策略进行系统运行控制和能量管理。

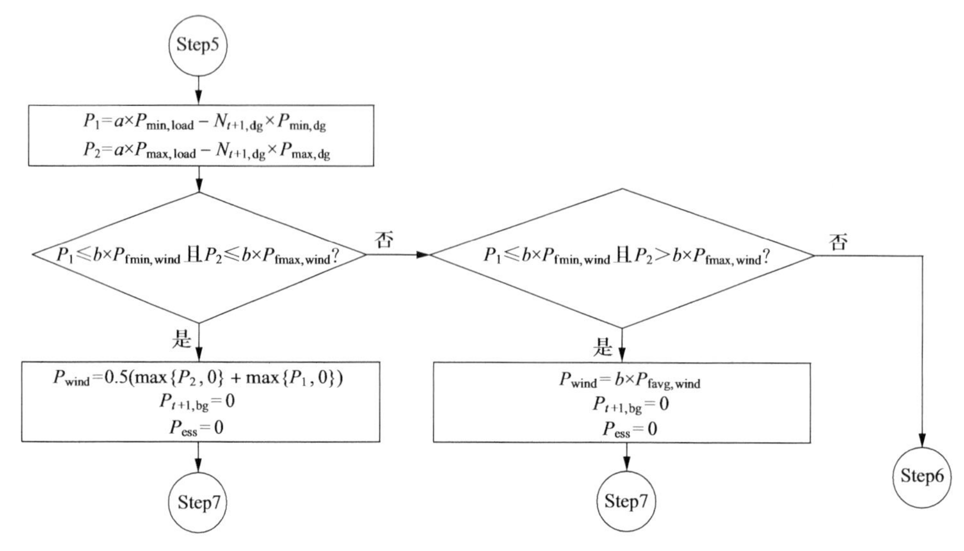

图 6.29　运行控制逻辑流程子图

6.3.4　系统紧急控制策略

系统正常运行时,可以采用上文介绍的方法进行调度控制;而在系统发生故障或者大的扰动时,则需要进行紧急控制。上层的运行控制需要基于超短期的风功率与负荷预测信息,进行预测控制,时间尺度通常为分钟级;而紧急控制是根据实时采集的系统运行信息,分析判断系统的运行状态,并针对分析的结果采取相应的控制措施,尽量避免失稳引发系统停电事故;考虑到信号采集与通信时延、储能的响应速度等因素,紧急控制的时间尺度这里定为 500 毫秒。

在风/柴/储/生物质系统中,柴油机和储能系统可以承担紧急控制的任务;生物质发电机组在响应速度方面较柴油机存在一定的劣势,紧急控制优先级较低;类似的,风机在承担紧急控制任务时优先级也较低。只是在系统发生停电事故时,为了避免停电事故对生物质机组、风机造成损伤,需立即将生物质机组与风机退出运行。当一台风机或者柴油机突然退出运行时,系统瞬时存在较大的功率缺额,若旋转备用容量充足,则主要由柴油机来平抑系统的功率扰动;否则,向蓄电池下达放电指令,由柴油机和储能系统共同来弥补功率缺额,并根据功率缺额的大小,适时投入新的柴油机组。当系统馈线上发生故障引起负荷功率大幅度降低时,若现运行的柴油机组能够通过快速地降低出力来保持系统功率平衡,则可主要靠柴油机来平抑系统的功率扰动;否则,向储能系统下达充电指令,由柴油机和储能系统共同来维持系统的稳定,并适时退出部分柴油机组;若负荷突降幅度过大,则需要将部分风机以及生物质机组退出运行,以维持系统的功率平衡,保证系统的稳定运行。紧急控制流程框图如图 6.30 所示:

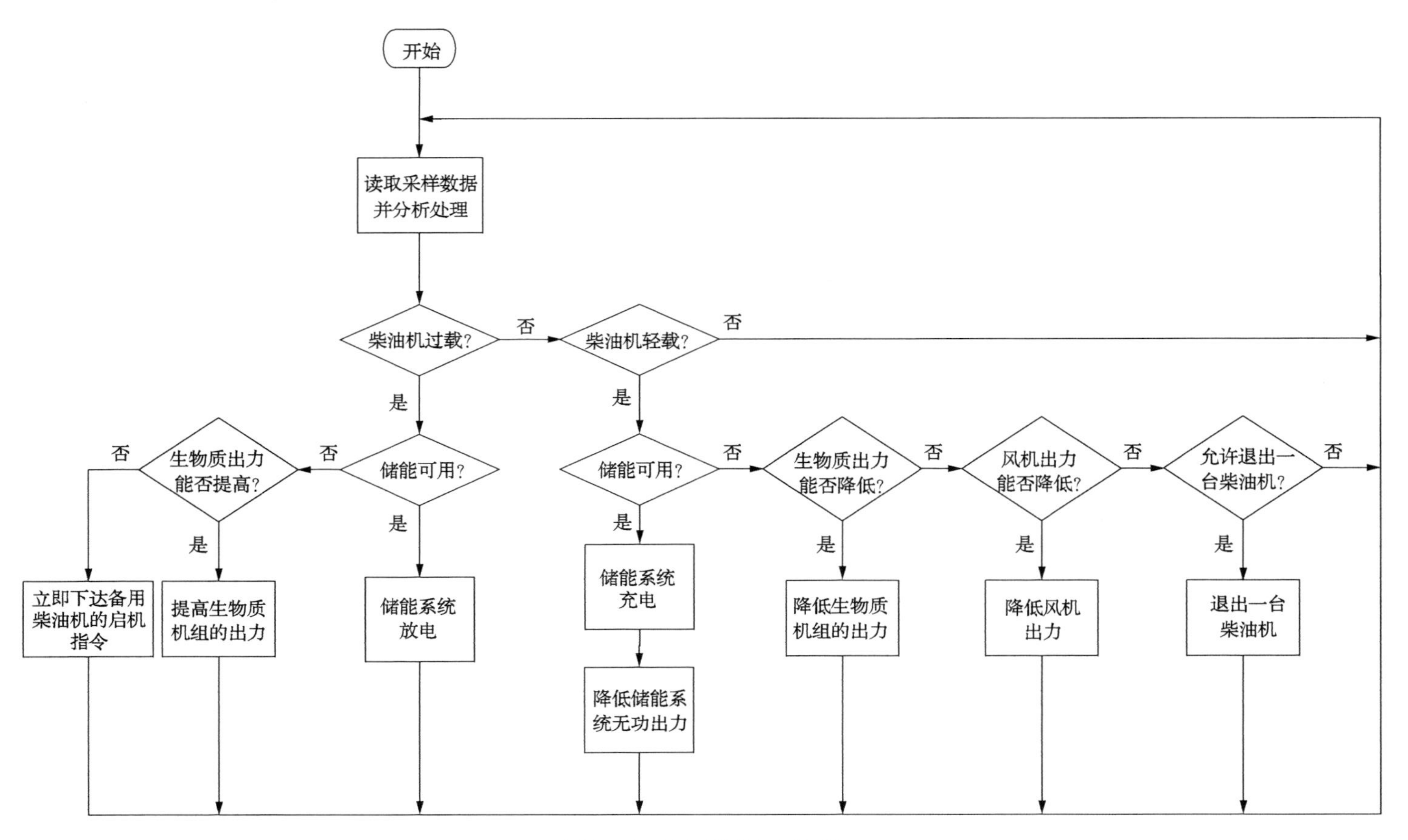

图 6.30　系统紧急控制流程

由于柴油机过载或轻载都会给柴油机带来损伤，所以不允许柴油机组长时间运行于过载或轻载状态。若出现此类现象，需立即通过储能系统的放电或充电过程，将柴油机的出力维持在可长期运行的工作区间，并保留一定的旋转备用容量。如果储能荷电状态已达到 SOC_{min} 或 SOC_{max} 的限定值，或者处于检修或故障状态，则可以通过调整生物质发电机组或风机的出力来达到上述目的。但生物质发电机组和风机的响应速度较差，这几类设备的功率调节需经过较长时间的延时后才可能缓解柴油机的过载或轻载状态，所以一旦柴油机处于过载或轻载状态，优先选用储能系统进行调节。当柴油机因线路故障而轻载运行时，为了避免柴油机进相运行，在向储能下达充电指令的同时，需要降低储能的无功功率参考值。紧急控制指令优先于储能系统正常调度指令。

6.4 案例一系统仿真分析

6.4.1 典型运行场景设置

在这一案例微电网中有四种电源类型，其稳态、暂态特性各有不同。为了使仿真工作较好地反映微电网在可能工况下的运行特点，首先归纳出几种典型运行场景。在这一微电网 20 年的项目周期内，全网负荷水平随时间逐步提高，系统的典型运行工况会有很多，例如，最基本的是以下四种典型工况。

(1) 项目初期工况 I：负荷较小，风力大；

(2) 项目初期工况 II：负荷较小，风力小；

(3) 项目末期工况 I：负荷较大，风力大；

(4) 项目末期工况 II：负荷较大，风力小。

当然，还可以有很多运行工况，为了确保系统运行的稳定性和可靠性，最好应该选择多个典型工况进行仿真分析。

6.4.2 微电网稳态分析

微电网运行、规划和设计的许多工作都需以潮流计算[5]的结果作为依据。本节对这一案例微电网进行潮流分析，确定其稳态运行条件下系统的运行状态，如各节点的电压幅值，网络中的功率分布和功率损耗等，并进行越界检查，以了解和评价微电网运行状况。图 6.31 给出了系统整体结构图，系统参数见附录 B。

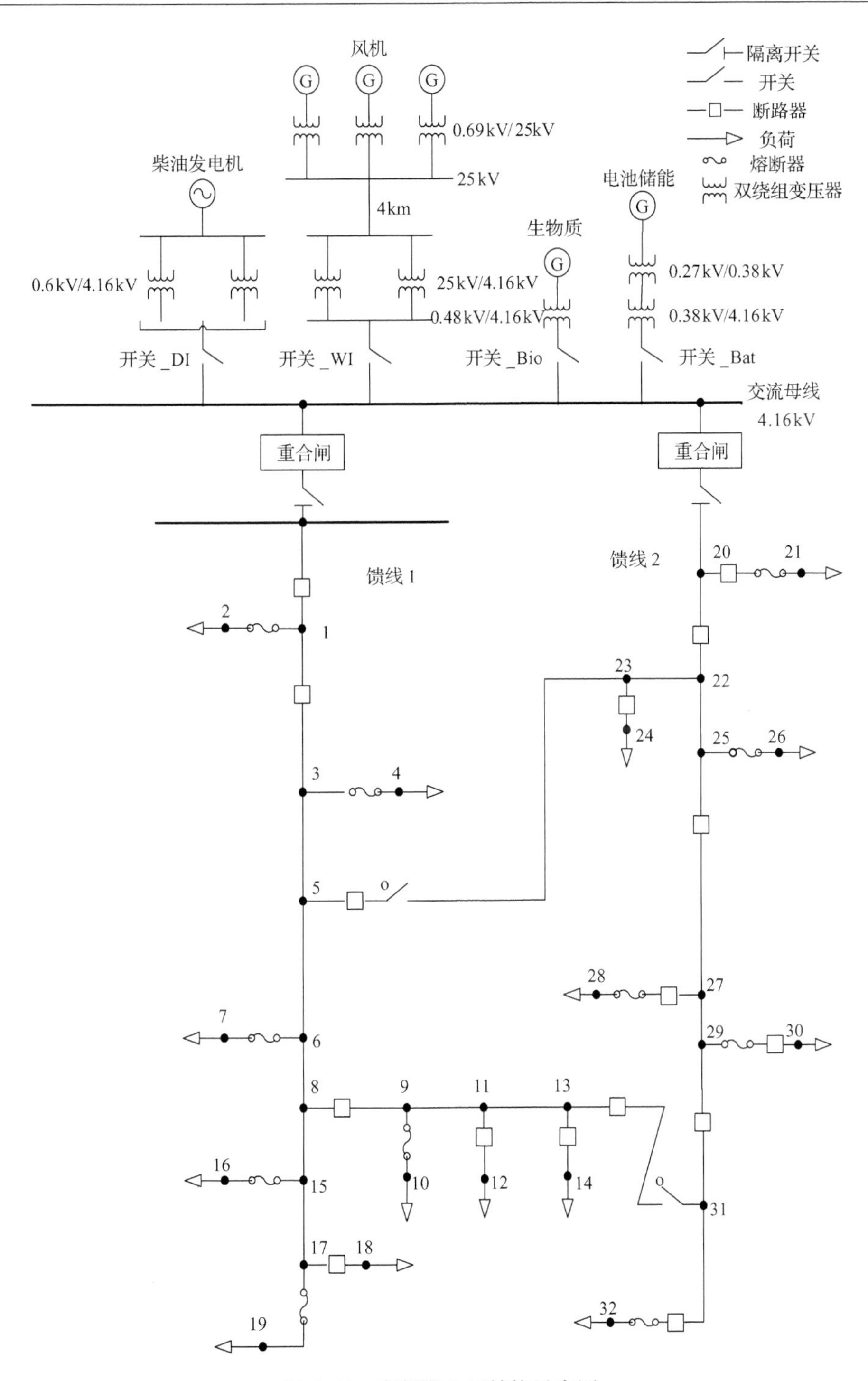

图 6.31　案例微电网结构示意图

1. 潮流计算分析

针对此微电网选取的典型运行场景进行潮流计算，可以了解系统的运行状况。这里选择5种工况进行潮流计算，5种工况的运行数据分别如表6.6至表6.10所示。

表6.6　运行场景1:重度轻载时负荷与电源出力(2014年调度数据)

单元	功率	说明
负荷	1114.96kW	负荷功率因数0.95
柴发机组	567.85kW	单台柴发运行做主电源
生物质能发电系统	200kW	系统最小稳定出力
风力发电系统	392.81kW	—
蓄电池储能系统	−27.85kW	蓄电池充电

表6.7　运行场景2:轻度轻载时负荷与电源出力(2014年调度数据)

单元	功率	说明
负荷	1692.24kW	负荷功率因数0.95
柴发机组	592.94kW	单台柴发运行做主电源
生物质能发电系统	1000kW	系统满发
风力发电系统	101.91kW	—
蓄电池储能系统	40.33kW	蓄电池放电

表6.8　运行场景3:负载水平适中时负荷与电源出力(2033年调度数据)

单元	功率	说明
负荷	2100.99kW	负荷功率因数0.95
柴发机组	617.44kW	单台柴发运行做主电源
生物质能发电系统	1000kW	系统满发
风力发电系统	234.86kW	—
蓄电池储能系统	316.12kW	蓄电池放电

表6.9　运行场景4:轻度重载时负荷与电源出力(2033年调度数据)

单元	功率	说明
负荷	2690.56kW	负荷功率因数0.95
柴发机组	1218.34kW	两台柴发并列运行做主电源
生物质能发电系统	200kW	系统最小稳定出力
风力发电系统	1716.013kW	—
蓄电池储能系统	−325.453kW	蓄电池充电

表 6.10　运行场景 5:重度重载时负荷与电源出力(2033 年调度数据)

单元	功率	说明
负荷	3221.17kW	负荷功率因数 0.95
柴发机组	723.14kW	单台柴发运行做主电源
生物质能发电系统	1000kW	系统满发
风力发电系统	1417.658kW	—
蓄电池储能系统	253.512kW	蓄电池放电

潮流计算总结性结果如表 6.11、表 6.12 所示。其中,表 6.11 所示为不同负载水平下系统电压情况,表 6.12 所示为馈线电流情况。

表 6.11　不同负载水平下电压水平(标幺值)比较

场景	电压最大值出现位置	电压最大值标幺值	电压最小值标幺值
1	风电机组出口	0.996	0.957
2	生物质机组出口	0.993	0.933
3	生物质机组出口	0.991	0.915
4	风电机组出口	0.989	0.887
5	风电机组出口	0.986	0.862

表 6.12　不同负载水平下线路电流水平比较

场景	馈线 1 始端线路流经电流(A 相,单位:A)	馈线 2 始端线路流经电流(A 相,单位:A)
1	98.0	68.8
2	151.4	105.2
3	190.4	131.4
4	248.9	169.9
5	303.8	205.1

从表 6.11 可看出,随着系统负载水平升高,系统电压水平在逐步降低,当系统负荷侧电压允许运行范围设为 0.90～1.06 时,有可能会低于下限值,出现电压越限的不正常运行情况,例如,场景 4 和场景 5,此时根据风速及负荷的预测情况提前进行调度十分必要。

从表 6.12 可看出,随着系统负载水平升高,系统中线路电流水平逐步升高,该案例现有配电线路夏季运行允许最大电流为 255A,冬季时允许为 335A,表 6.12 运行场景 5 中的馈线 1 始端线路电流已超过了 255A,因此当负载水平较高时会出现线路过载的不正常运行情况,从而造成线路过热,此时需要提高发电机出口电压或将馈线 1 的部分负荷切转到馈线 2。

要解决上述的电压越限和电流过载的问题，可通过调节柴油发电机组端口电压来提升系统电压水平，降低线路传输电流。表 6.13 列出了使配电网负荷侧电压处于正常水平下的柴油发电机端口电压调整结果，表 6.14 给出了相应的馈线电流值。

表 6.13　改变柴发机组端口电压使配电网电压处于正常水平的运行情况

场景	柴油发电机组端口电压(kV)	电压最大值出现位置	电压最大值标幺值	电压最小值标幺值
4	0.614	风电机组出口	1.013	0.914
5	0.625	风电机组出口	1.028	0.911

表 6.14　改变柴发机组端口电压时不同负载下的线路电流情况

场景	柴油发电机组端口电压/kV	馈线 1 始端线路流经电流(A 相，单位：A)	馈线 2 始端线路流经电流(A 相，单位：A)
4	0.614	242.2	165.7
5	0.625	266.4	180.8

从表 6.13 和表 6.14 可看出，通过抬升柴油发电机组端口电压可使系统的电压水平有所提高，恢复至正常运行水平，并可降低线路传输电流。但在运行场景 5 中，仅仅通过抬升柴油发电机组端口电压，线路依然过载，此时需结合其他的技术手段，例如，在电源端口交流母线上新增补偿电容设备，以达到改善系统电压水平，调节线路电流的目的。假定调整柴油发电机端口电压为 0.625 kV，在线路 1 的始端安装补偿电容 338.7kVar，此时对应表 6.13 场景 5 的系统最大电压为 1.03，最低电压为 0.916，满足系统运行要求，而此时的线路电流如表 6.15 所示，可以看出也满足容量要求。

表 6.15　加装无功补偿装置后线路电流情况

场景	馈线 1 始端线路流经电流(A 相，单位：A)	馈线 2 始端线路流经电流(A 相，单位：A)
5	252.9	180.1

2. 暂态稳定性仿真分析

这一节将分析案例微电网的暂态稳定性，即发生大扰动后，微电网可在各种电源不失同步的情况下，过渡到新的合理的运行状态，满足负荷持续供电的能力。这里将考虑两种类型的扰动，一种是系统发生短路故障，一种是电源设备发生故障退出运行。发生在电源汇集母线上的三相接地故障是较严重的故障，以这一事件为大扰动，验证微电网在短路故障下的暂态稳定性。对于电源退出运行的情况，将取出力较大的机组退出运行，作为典型情况。储能系统在大扰动下的辅助调节作用将得到体现。考虑到系统典型运行场景较多，篇幅所限，这里仅考虑如表6.16所示一种稳态运行场景。

表6.16　仿真场景中分布式电源出力及负荷情况（2014年运行仿真数据）

项目	功率	说明
系统负荷	1854kW	负荷功率因数0.95
柴油发电机	550kW	单台柴发运行做主电源
生物质能发电系统	200kW	系统最小稳定出力
风力发电系统	2029kW	风速10.2m/s，限功率指令0.451p.u.
蓄电池系统	−925kW	蓄电池充电

对于暂态稳定性仿真，由于电力电子器件并网所产生的谐波不是关注重点，为了加快仿真速度，双馈风机系统和蓄电池储能系统中的变流器设备都采用平均值模型建模。

1）电源模型和参数选取

对于柴油发电机组，仿真模型主要包括同步电机、励磁器以及原动与调速三个部分。同步电机绕组参数采用了一组产品说明书给出的数据，见附录B。励磁系统采用IEEE标准模型[6]，调速控制器采用Woodward控制器结构[7]，调节控制参数使得到系统具有良好的动态响应和稳态误差水平，具体参数见附录B。

对于生物质能发电系统，从其热力学过程出发，可以建立其原动系统模型，同步电机仍采用柴油发电机中的同步电机模型。通过参数拟合的方法，仿真模型的动态响应可以与一些产品说明书中的生物质能发电系统相关文档中的描述基本相符。

以上两种电源属于同步机类型，具有短时过载能力，电流速断保护的整定值较高；电流后备保护、频率保护、过压和欠压等后备保护都是延时触发，考虑到这里分析的暂态事件持续时间较短，因此未对电源的继电保护设备进行建模。

对于双馈风机系统，主要的机械、电气参数采用国内某产品的数据，具体见附件B。正常运行工况下进行最大功率追踪和无功功率控制；当检测到机端电压降落时，系统依照指定的无功电流支撑曲线发出无功。在低电压穿越过程中，对转子侧、直流侧的crowbar保护进行了模拟。变流器模型采用平均值模型以加快仿真速度。

对于蓄电池储能系统，仿真模型和详细参数见附录B。变流器模型同样采用平均值模型以加快仿真速度。在本案例中，蓄电池储能系统服从微电网上层调度，进行恒功率控制,主要实现能量搬运。紧急情况下,储能系统可以快速响应微电网控制器下达的辅助调节指令,这一辅助调节能力对于有机组突然退出运行时维持系统稳定是重要的。

在对各分布式电源进行建模的基础上,按照图 6.31 所示的微电网系统结构,建立微电网仿真模型。由于现有的配网线路较短,且社区内没有大的工业负荷,在建模中将配网等效为短线路末端带负荷。这里未考虑继电保护装置的影响,暂态扰动前后配电网结构不发生变化。将针对给定场景进行母线三相短路故障和机组退出运行两种扰动下的暂态稳定性进行仿真。

2) 微电网三相短路故障暂态稳定仿真分析

考虑扰动为发生在电源出口 4kV 母线上的三相对称接地短路,故障持续 20 周波后切除,短路接地电阻为 0.001Ω。

各电源出口有功功率仿真结果见图 6.32,无功功率见图 6.33,发电机转子转速见图 6.34,分布式电源输出电流见图 6.35,风电机组各状态量见图 6.36。

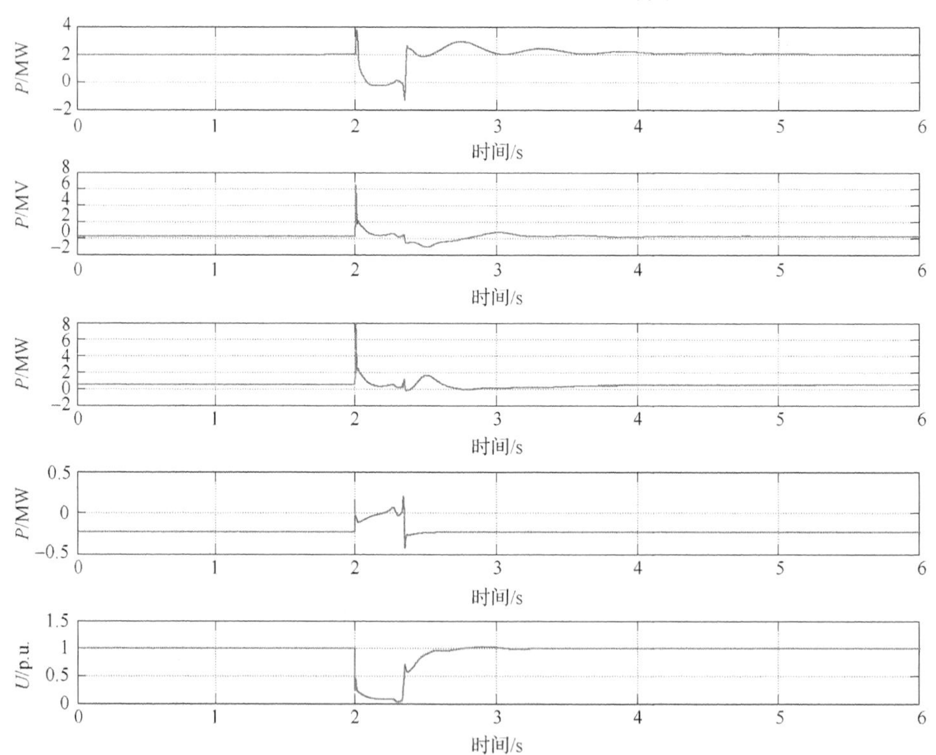

图 6.32 各分布式电源的有功功率

顺序依次是:风力发电系统、生物质系统、柴油发电机组、蓄电池系统。最下面曲线是主电源机端电压,用于指示短路事件发生和消除

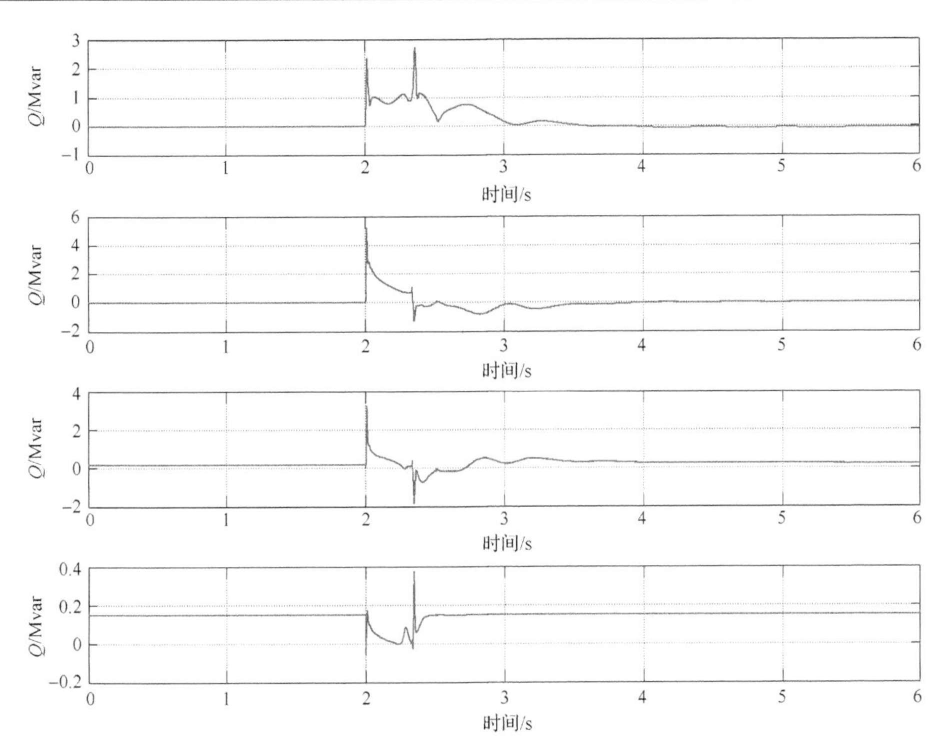

图 6.33　各分布式电源的无功功率

顺序依次是：风力发电系统、生物质系统、柴油发电机组、蓄电池系统

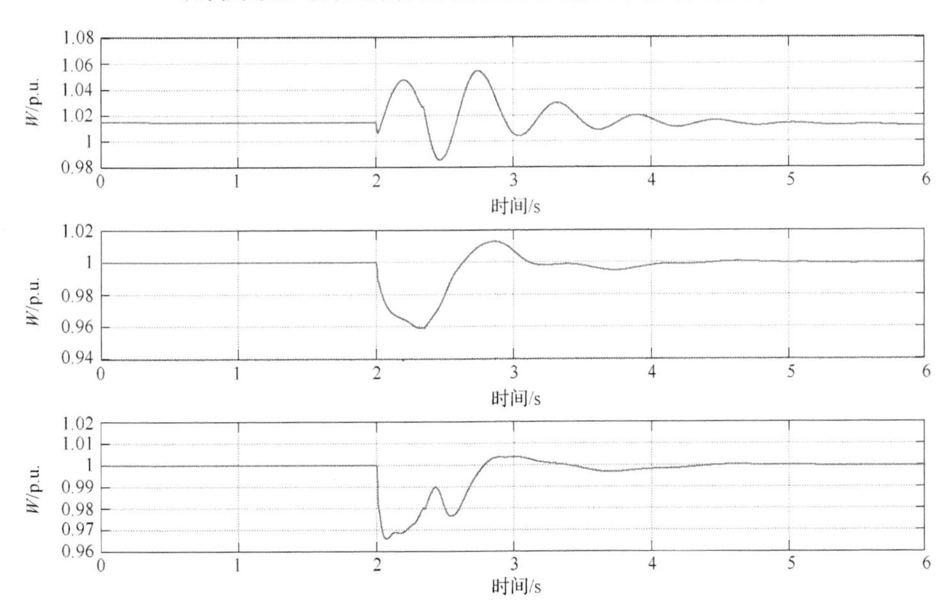

图 6.34　各分布式电源的转速

顺序依次是：风力发电系统、生物质系统、柴油发电机组

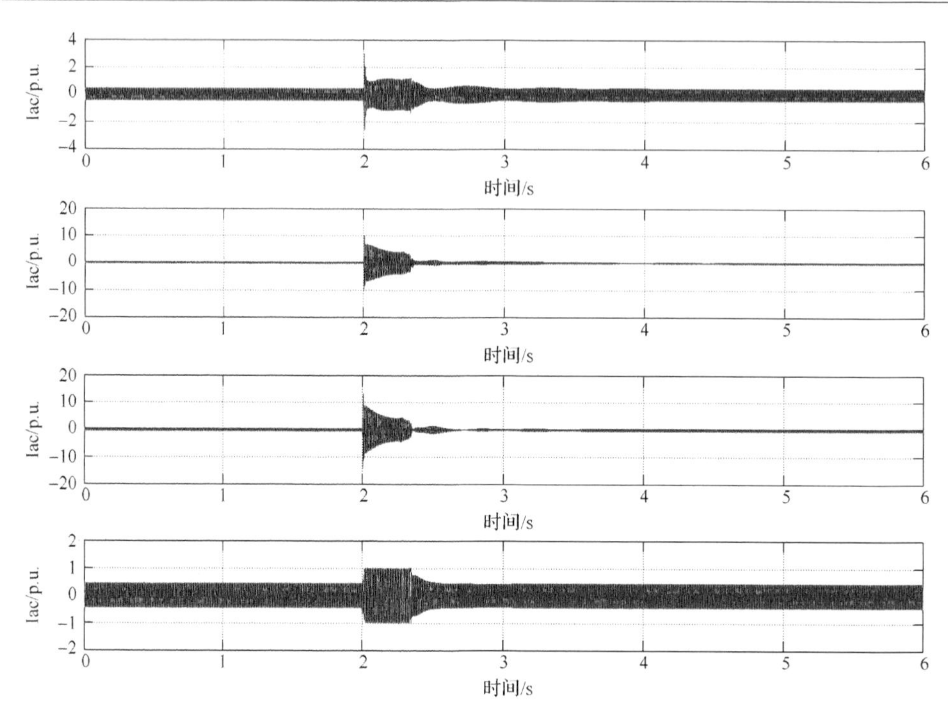

图 6.35　各分布式电源的输出电流

顺序依次是:风力发电系统、生物质系统、柴油发电机组、蓄电池系统

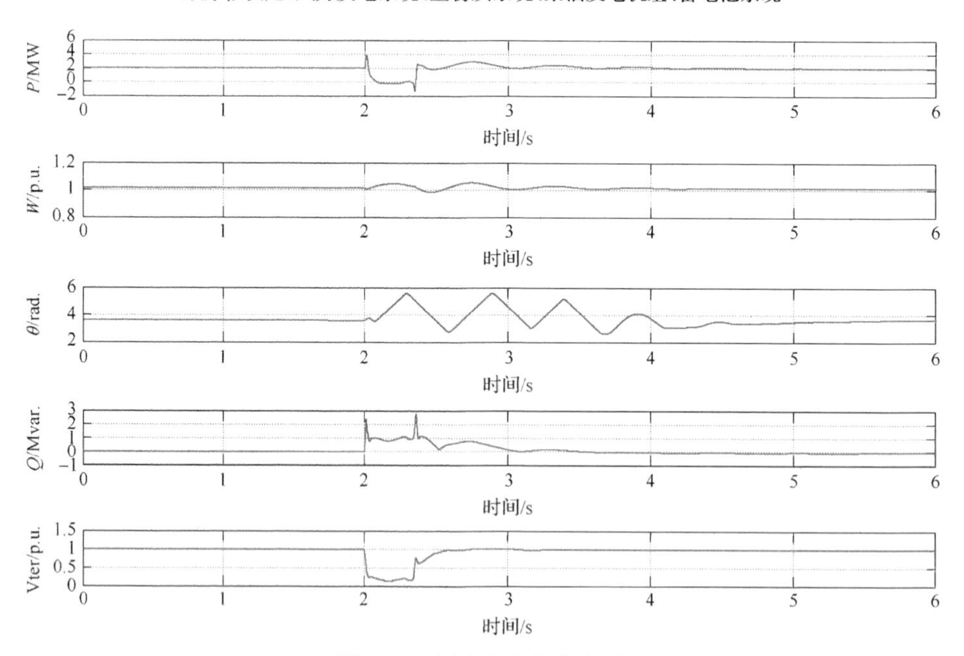

图 6.36　风电机组各状态量

顺序依次是:有功、转速、直流母线电压、机械转矩、桨距角、无功、出口电压

从图中可以看出，对于汇流母线上发生三相接地短路，电压最低跌至10%，系统能在扰动消失后几秒时间内恢复到稳定运行，整个故障及其恢复期间系统内各同步电机的转速波动基本保持在5%以内。结果表明，对于所制定的配置方案，即使单台柴油发电机做主电源，微电网系统也具有基本的暂态稳定运行能力。

对于风电机组，低电压下风机系统优先为系统提供无功电流支撑，无功电流幅值与电压跌落程度为线性关系，有功电流的输出受无功电流的限制。由于本文选取的故障情况较严重，风电机组在低电压下主要提供无功功率，有功输出接近于零，风电场可实现有效的低电压穿越。

3) 单台电源退出运行下的暂态稳定仿真分析

这里考虑一台出力较大的电源故障退出运行的情况，验证N-1故障系统能否继续稳定运行。由于电源减少，这种情况下微电网内可能不具有足够的电源容量维持长期稳定运行，需要通过能量管理系统调度，改变电源的功率指令、启动备用机组等。本案例中能量管理的调度周期选为5min，因此，在最恶劣的情况下，系统需要在失去一台机组的工况下持续稳定运行5min，在此期间系统电压、频率需维持在正常水平，柴油发电机组不能过流。当单台柴油发电机做主电源时，仅依靠柴发机组自身的调节能力可能不够。为此，为储能系统设计了紧急控制策略，在检测到系统处于危险状态时，可快速(500ms内)根据微电网内的实时信息，进行辅助功率控制，使系统不发生电压、频率、过流等越限。待下一个调度周期到来，通过机组启停和出力调整，重新恢复正常运行状态。

在给定仿真场景下，风电场出力较大，向负荷供电并向储能系统充电，生物质发电系统仅维持最小出力，柴油发电机组也维持在较小出力，调节电源和负载的实时波动。仿真中考虑风电场内一台风电机组(输出功率约680kW)在2s时退出运行，此时各电源出口有功功率见图6.37(a)，无功功率见图6.38(a)，转子转速见图6.39(a)，输出电流见图6.40(a)。从图中可看出，当一台风电机组退出运行，柴发机组迅速调节有功和无功出力，以补充系统内功率缺额，其他机组在暂态结束后恢复到之前的运行状态。从图中可知，作为主电源的柴油发电机组可以维持在额定转速，机端电压也处于合理区间。但也可以看到，柴油发电机此时的电流已经在1p.u.附近，对于负载更重一些的情况，柴油发电机可能会过流。

为了解决上述情况，蓄电池储能系统可在扰动发生后进行功率调节。仿真中储能系统在风机退出3s后提高有功出力，这是为了使系统内功率、转速等的波动得到充分衰减，辅助功率指令的下达更加合理。此时，各电源出口有功功率见图6.37(b)，无功功率见图6.38(b)，转子转速见图6.39(b)，输出电流见图6.40(b)。经过这一辅助功率调节后，柴油发电机组输出电流回到了合理值，没有过流导致保护动作的危险，微电网系统可以平稳运行。

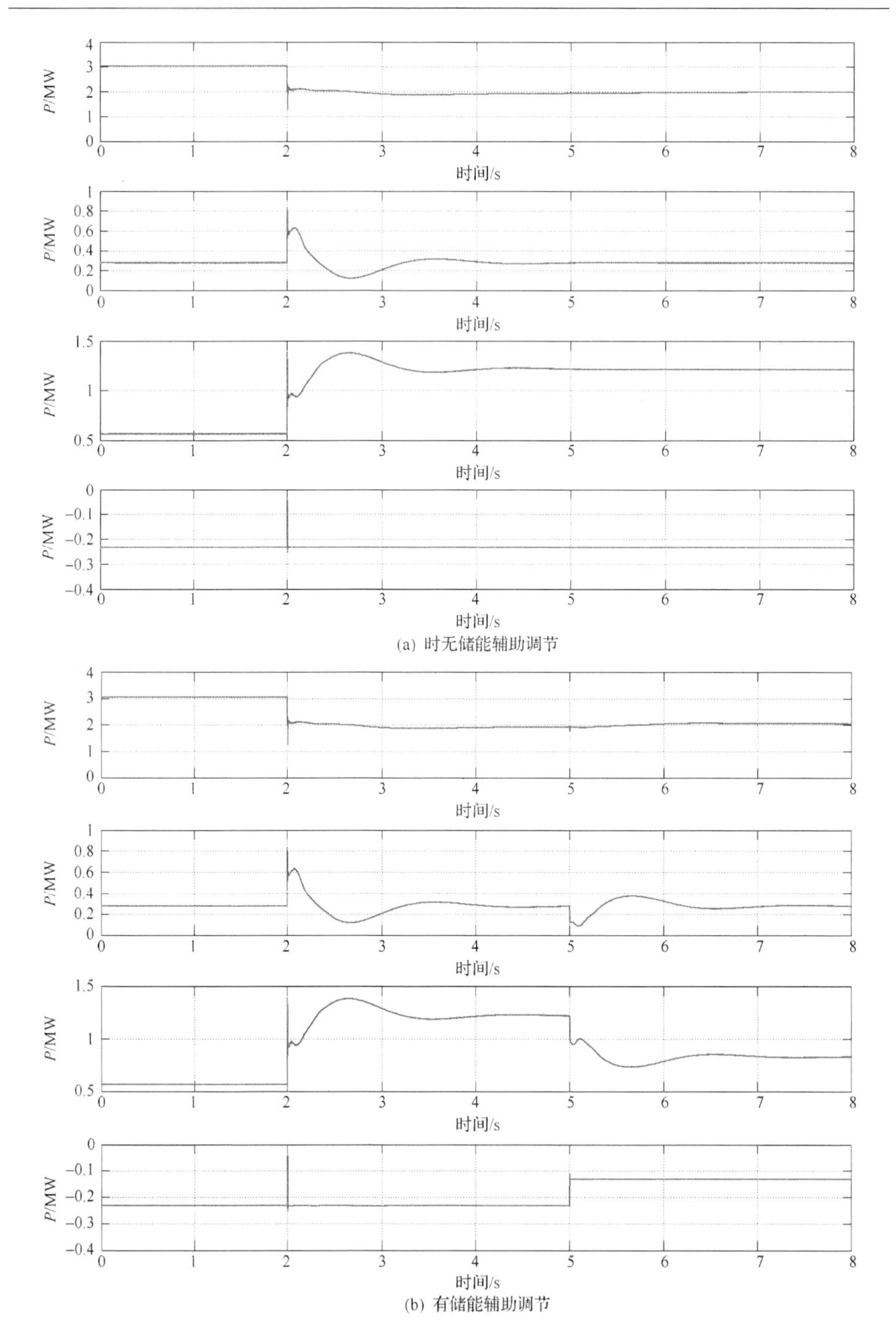

图 6.37　分布式电源有功出力

顺序依次是:风力发电系统、生物质系统、柴油发电机组、蓄电池系统

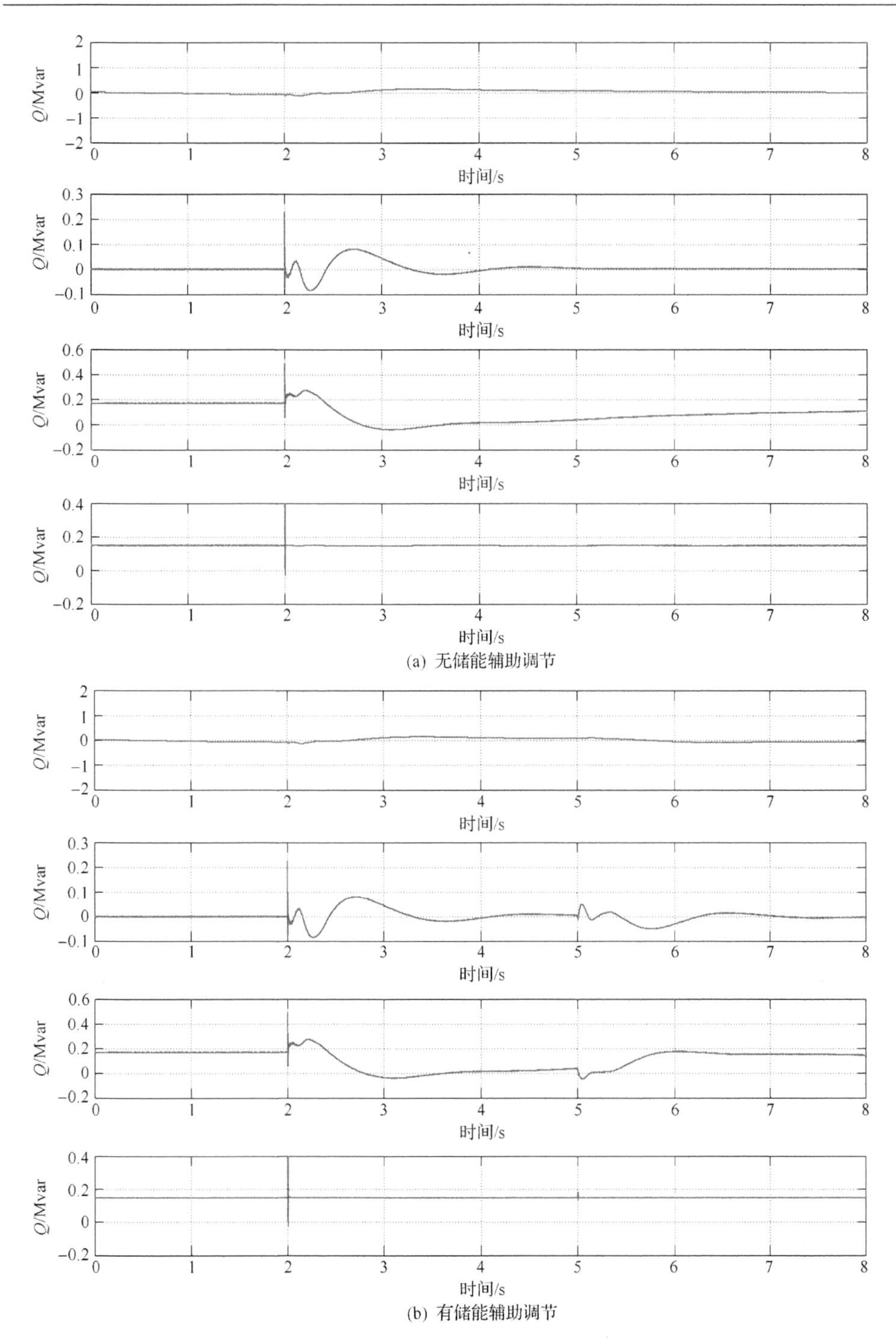

图 6.38　分布式电源无功功率

顺序依次是：风力发电系统、生物质系统、柴油发电机组、蓄电池系统

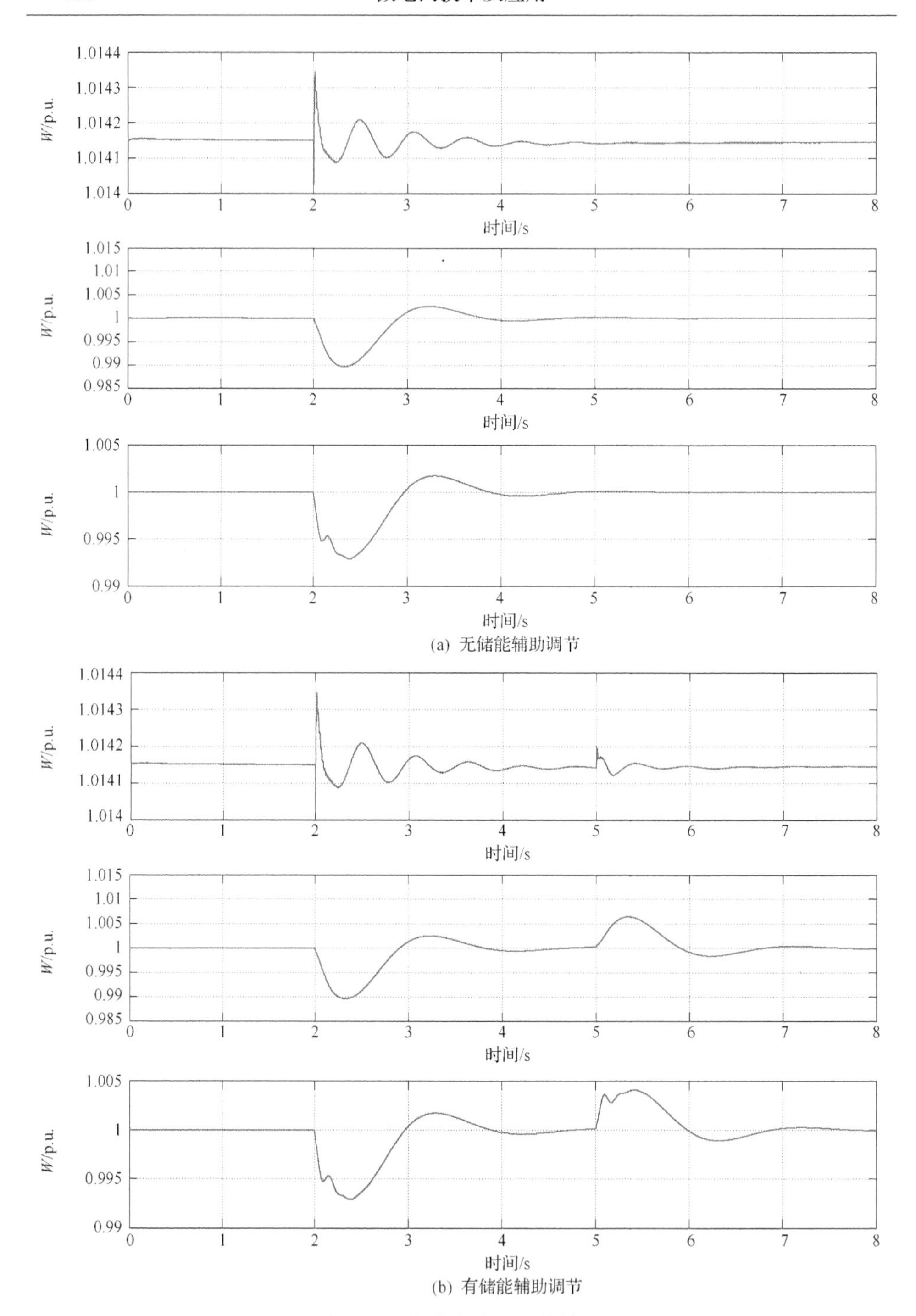

(a) 无储能辅助调节

(b) 有储能辅助调节

图 6.39　各分布式电源的转速

顺序依次是:风力发电系统、生物质系统、柴油发电机组、蓄电池系统

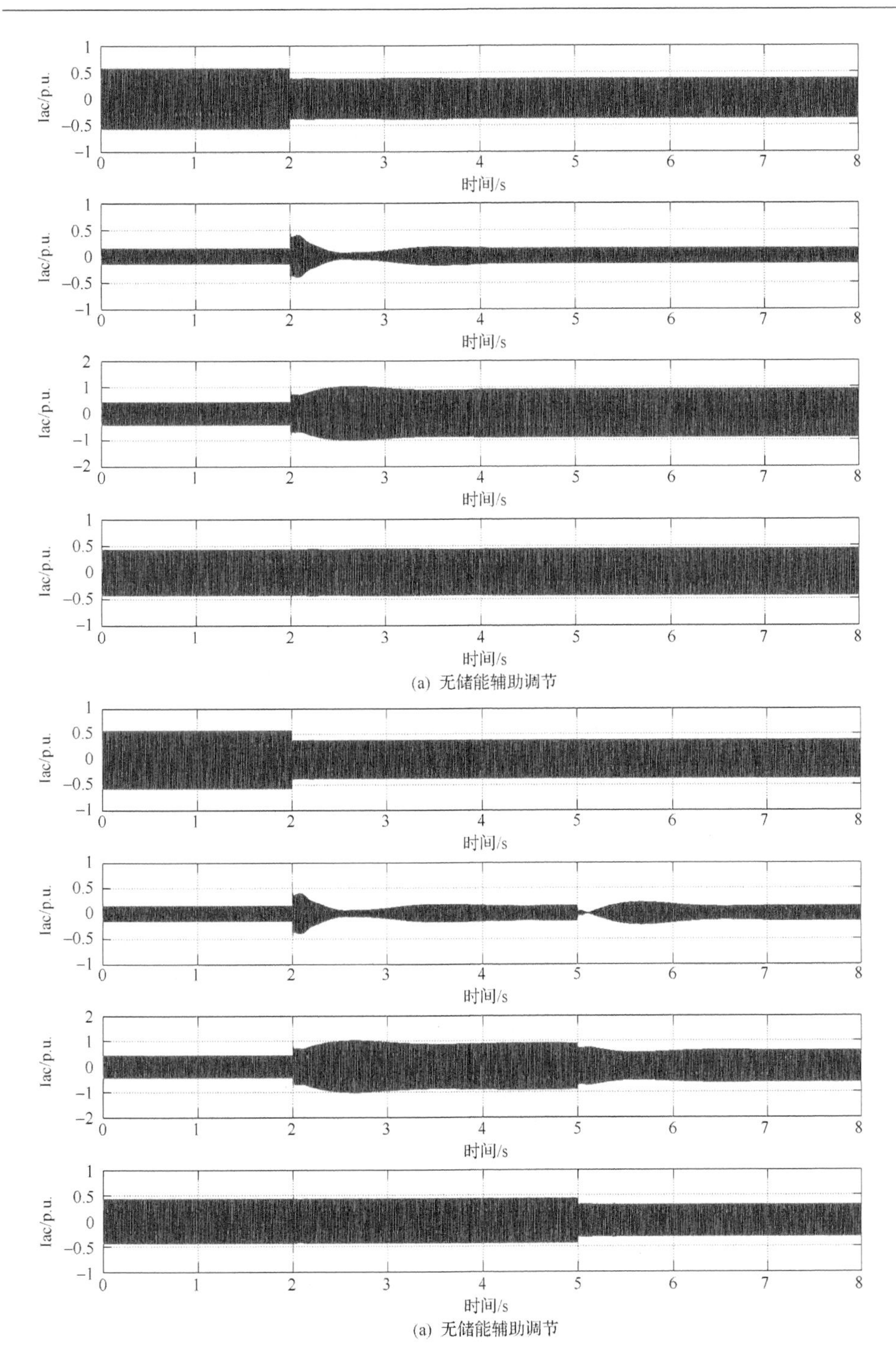

(a) 无储能辅助调节

图 6.40　各分布式电源的输出电流

顺序依次是:风力发电系统、生物质系统、柴油发电机组、蓄电池系统

本节针对三相短路故障和单台机组退出运行两种事件，进行了暂态稳定性仿真。总体来说，当前的微电网系统配置有较好的稳定运行能力。发生电源母线上的三相短路故障，系统可以在故障消除后快速恢复到原来的运行状态。对于机组退出运行情况，由于网内功率产生缺额，对于单台柴油发电机组运行方式，系统可能失去稳定性。此时通过储能系统的辅助功率控制可使微电网恢复稳定。若多台柴油发电机组并列运行，即使有一台电源设备故障退出，系统仍然可以维持稳定运行。项目初期单台柴发运行的工况较为常见，此时应设计合理的储能系统控制策略，确保系统在大扰动下的不间断运行。

值得指出的是，一个实际微电网有很多种运行模式，系统在经历运行模式切换时能否稳定运行，需要深入细致的仿真分析工作，这里的仿真仅仅起到示例说明的作用。

6.5 青海玉树州水/光/储微电网发电工程

1. 项目背景和目标

青海省玉树藏族自治州位于青海省西南青藏高原腹地，平均海拔在4200米以上。玉树州是长江、黄河、澜沧江的发源地，素有“江河之源、名山之宗、牦牛之地、歌舞之乡”、“唐蕃古道”和“中华水塔”的美誉。2013年前，玉树州没有被大电网覆盖，玉树电网由多个孤立电网构成，电力供应主要来自全州13座小水电，其中最大的电网为玉称电网。据2007年电力供应情况，玉称电网夏季负荷高峰期缺电力3500千瓦，冬季负荷高峰期缺电力7800千瓦，供电能力差、供电保证率低，负荷高峰时，电网频率可低至47Hz，10kV母线电压可低至7kV。

2010年4月14日玉树地震，水电站均不同程度受到损毁。玉称电网中西杭、当代两个小水电站损毁严重，基本报废，仅剩禅古电站和拉贡电站运行，总容量只有12.8MW，不能满足当地用电需求，并且玉树地震灾后重建使电力供应更加紧张，严重影响当地的生产生活。

2011年12月31日，青海省玉树州水/光/储微电网发电示范项目建成并网发电。整个微电网包括水电总容量12.8MW，光伏/电池储能容量2MW/15.2MW·h，是国内首个兆瓦级水/光/储微电网发电项目，实现了光能与水能之间的互补，可以解决玉树州水电站夜间和冬季电网功率不足的问题，并有力支援了玉树灾后重建工作。

2. 系统方案和配置

1) 系统总体方案

水/光/储微电网工程的地理位置分布如图6.41所示。2010年玉树“4.14地震”前已经完成总体方案的设计，在规划方案中，系统包含小水电4座，光伏-储能电站1座。4个小水电分别为拉贡电站8MW，禅古电站4.8MW，西杭电站3.75MW，当代电站1MW；光-储电站中光伏装机容量2MWp，铅酸储能电池容量15.2MW·h，光伏和电池储能系统在直流侧并联后通过并网逆变器并网，总的并网逆变器容量3.4MV·A；调度中心位于玉树结古镇35kV变电站内。该项目采用水/光/储发电运行模式，目标是提高玉称电网夜间的供电能力，提高电网电能质量。光伏电站采用"昼储夜发"工作模式，白天发电后，电能储存在蓄电池中，多余电量并网外送，用电晚高峰4个小时，光伏电站接受上级调度进行并网发电，额定功率2MW，最大功率3.4MW。光伏电站与水电站分时段、分情况运行，形成有益的互补。

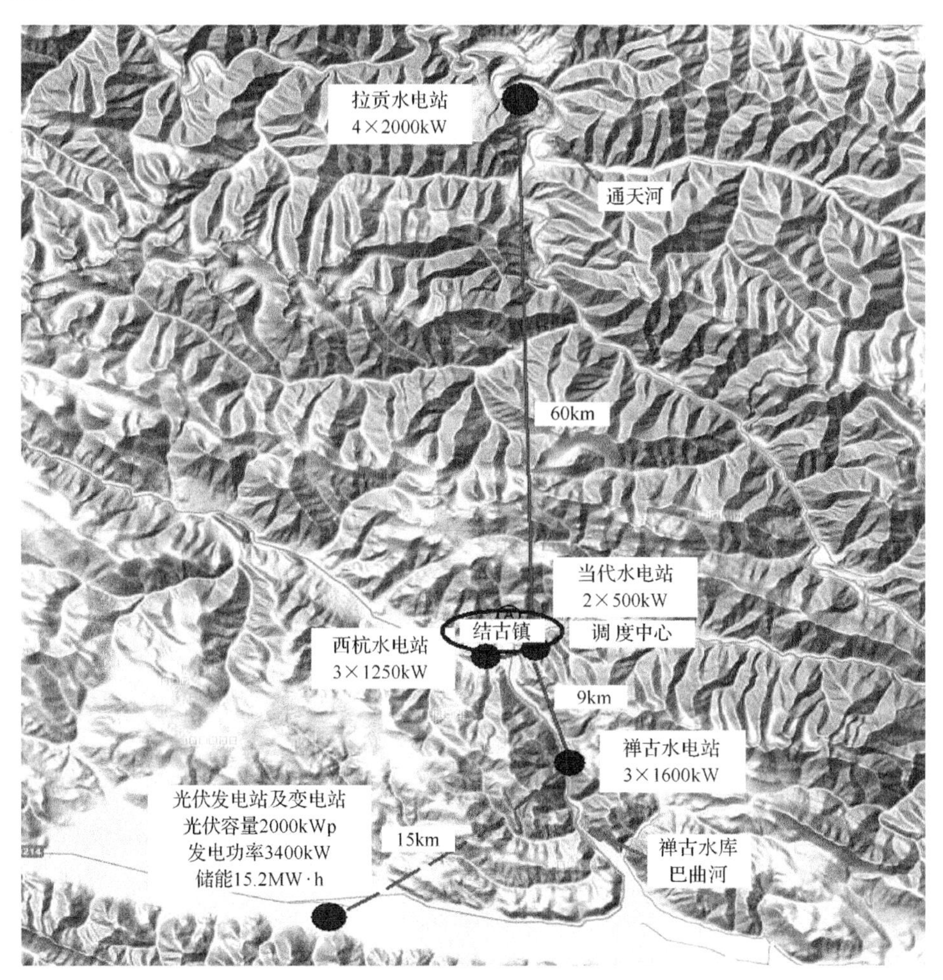

图6.41　玉树水/光/储微电网工程地理分布(地震前)

2）系统结构和配置

玉树水/光/储微电网的电气结构如图6.42所示[8]。玉树微电网中水电站和调度中心都为既有建筑，在玉树地震后仅剩拉贡电厂和禅古电厂两个水电站发电，并增加了柴油发电机。光/储电站建设地点位于玉树县巴塘乡，电站通过35kV线路接入距离最近的禅古水电站，35kV线路架设长度20km。

玉树光-储电站系统结构如图6.43所示，电站由3种光伏发电系统组成，分别为1500kWp功率可调度光伏发电系统（包括3个分系统）、200kWp双模式光伏发电系统、300kWp自同步电压源光伏发电系统。光伏发电系统（或分系统）通过变压器升压至10kV，汇总至综合楼10kV母线上，一回10kV出线以线路变压器组的形式升压至35kV，以单回35kV线路接入系统。各分系统配置如下。

（1）1500kWp功率可调度光储发电系统。

2个600kWp功率可调度光伏发电分系统和1个300kWp功率可调度光伏发电分系统组成1个1500kWp功率可调度光伏发电系统。其中：

6套100kWp功率可调度光伏发电单元出线接入1台1000kV·A升压变压器，升压至10kV，组成1个600kWp功率可调度光伏发电分系统。

3套100kWp功率可调度光伏发电单元出线接入1台500kV·A升压变压器，升压至10kV，组成1个300kWp功率可调度光伏发电分系统。

（2）200kWp双模式光储发电系统。

2套100kWp双模式光伏发电单元出线接入1台315kV·A升压变压器，升压至10kV，组成1个200kWp双模式光伏发电系统。

（3）300kWp自同步电压源光储发电系统。

3套100kWp自同步电压源光伏发电单元出线接入1台500kV·A升压变压器，升压至10kV，组成1个300kWp自同步电压源光伏发电系统。

光伏阵列全部采用平单轴联动式自动太阳跟踪系统，整个电站由20套100kW的平单轴跟踪系统组成，每套平单轴跟踪系统8列布置，每列3排，每排18块组件，共54块组件，其中有2套为9列布置。光伏组件全部采用230Wp晶体硅组件，共8748块。

玉树光伏电站配备15.2MW·h蓄电池组，能够满足电站以2MW功率输出4小时，并保证放电深度不超过50%，这相当于为玉称电网负荷晚高峰补充了4小时稳定的2MW电力供应。电池系统共有7600块，单体容量2V/1000A·h，分为40串。每串电池组由190节串联而成，每2串并联，形成20串380V/2000A·h的储能支路，分别接在20条光伏发电支路中。

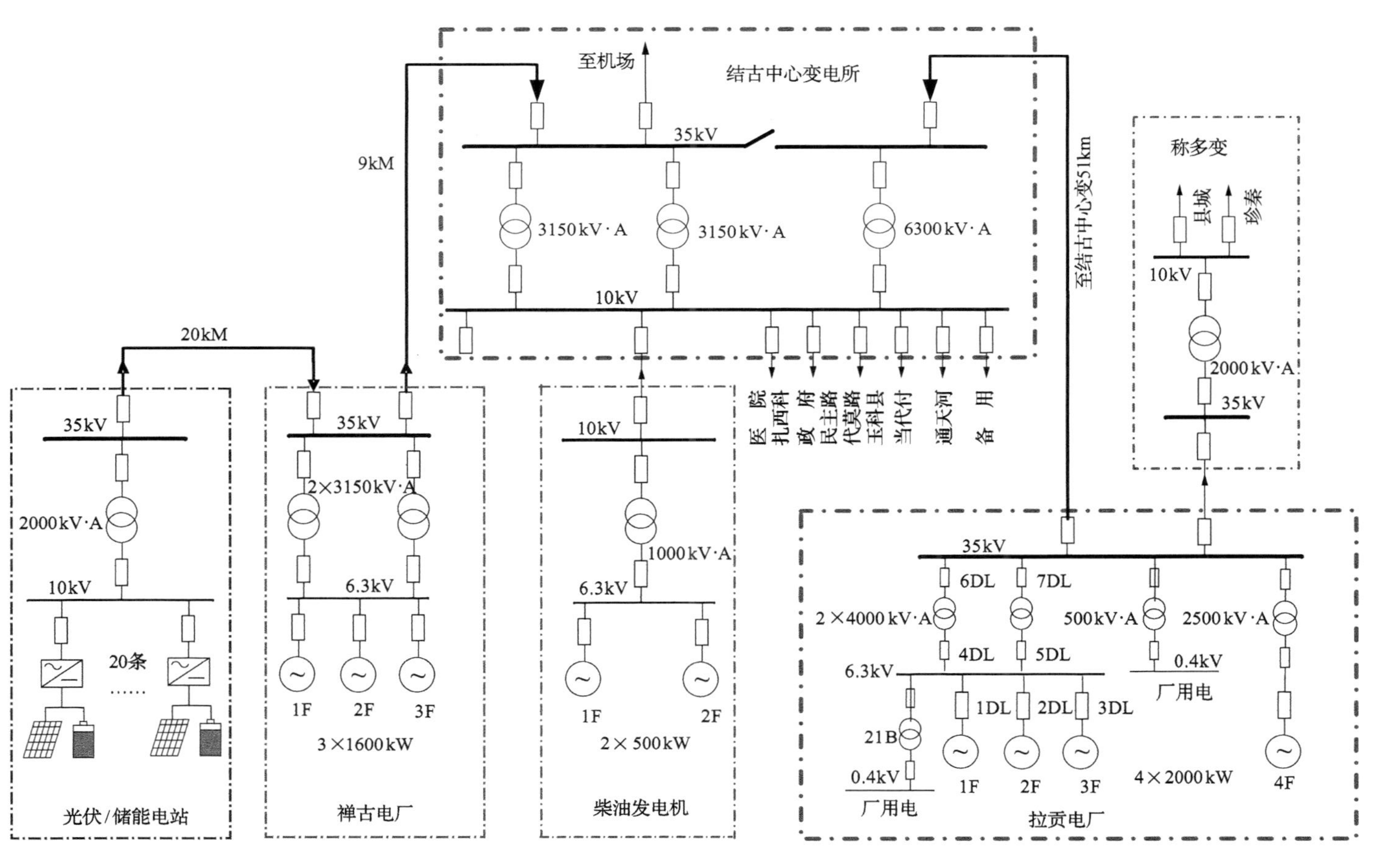

图 6.42　玉树水/光/储微电网的电气结构

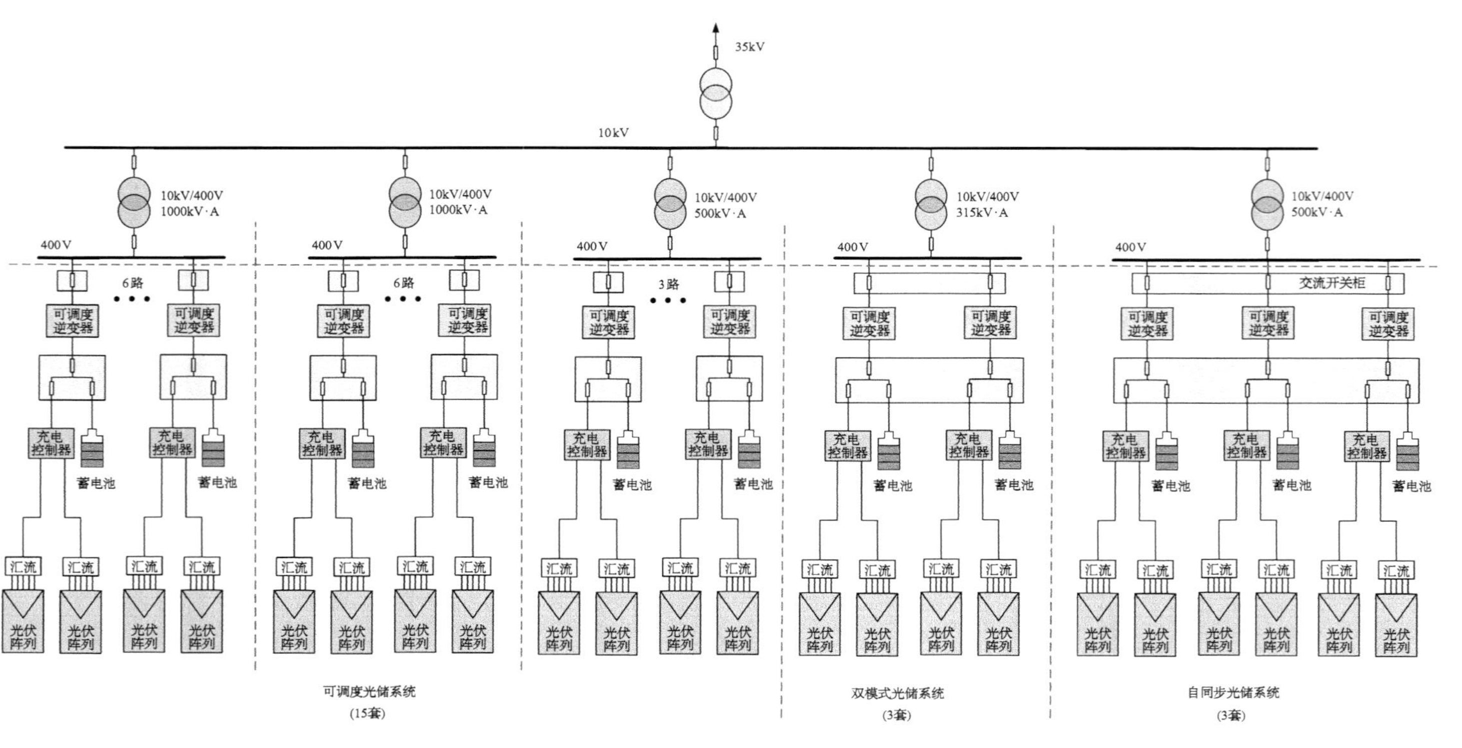

图 6.43　玉树光/储电站电气系统图

玉树水-光-储互补微网示范项目于2011年建成发电，电站全貌如图6.44所示。

图6.44 玉树电站全景

3. 运行方式

1) 水/光/储微电网运行方式

玉树州负荷以生活负荷为主，白天负荷低，前半夜负荷最高，后半夜负荷最低。光伏电站与水电站采用互补运行工作模式，如图6.45所示。

(1) 白天负荷较低时，水电站能够满足负载需求单独支撑电网，光伏阵列所发电能储存在蓄电池中；禅古电站作为有库容电站，在满足负荷需求的情况下，储水作为电网备用；

(2) 夜间负荷晚高峰时期，水电站满功率运行依然存在较大的功率缺口，光-储电站向电网送出电力，输出功率接受上级调度指令；

(3) 深夜负荷低谷时期或光-储电站蓄电池放电深度已接近或达到60%，光-储电站停止发电，水电站维持运行。若电网供电能力不足，则采取切负荷的措施保证电网稳定。

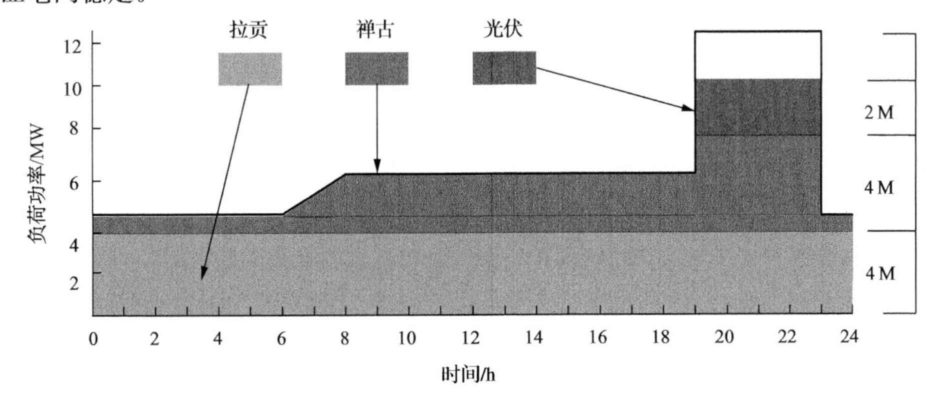

图6.45 水/光/储微电网运行方式

2) 光-储电站运行方式

根据玉称电网的发电和用电状况，制定光/储电站的每日基本工作方式，如图 6.46 所示。

(1) 电站光伏阵列产生的电能全部存储到蓄电池中，蓄电池存满后，多余电能并入电网；

(2) 夜间负荷高峰期，电站接受上级调度指令，将蓄电池的电能并入电网，额定功率 2MW，功率因数和大小可调；

(3) 设定电池的放电深度为 60%，电站日发电能力与当日太阳辐照度相关，阴雨雪天发电能力下降。

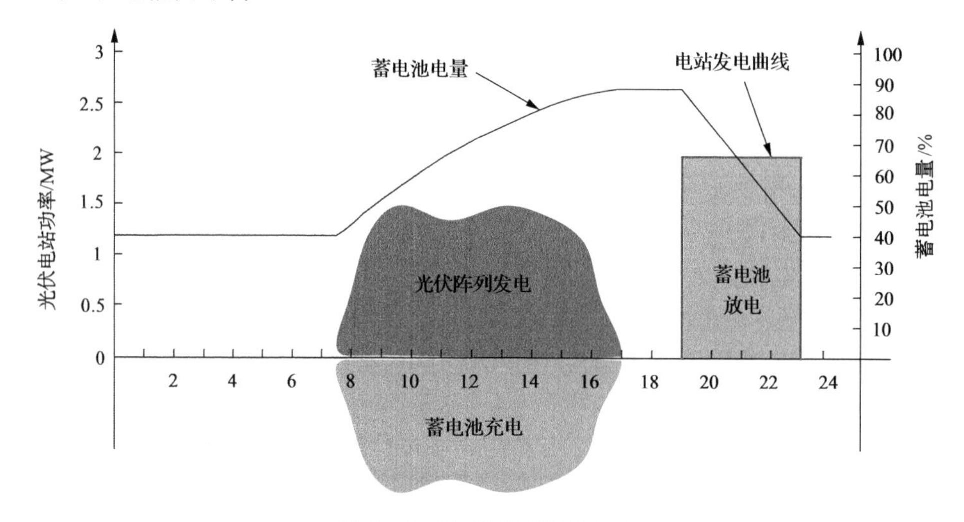

图 6.46　光-储电站运行方式

4. 关键技术

青海玉树水/光/储微电网具有下述主要技术特点：

(1) 针对玉树电网晚高峰供电突出以及采用常规光伏并网可能威胁系统稳定的问题，采用基于交直流混合母线的光-储系统结构，将光伏冲击与电网相隔离，采用水-光-储互补发电策略，合理设计容量配比，满足当地供电需求。

(2) 针对电压源型逆变器之间直接并联可能导致环流，而且难以与其他同步发电机组直接并列运行的难题，采用有功/频率下垂控制和无功/电压下垂控制，模拟同步发电机组输出特性，实现多台逆变器自并联及与其他发电机组并列运行，相应的系统这里称为自同步光-储系统。

(3) 针对双模式光-储系统在 V/f 控制与 PQ 控制模式切换时，暂态冲击电流大，过渡过程长，电能质量差的问题，采用间接电流控制技术，取代传统电流控制环/电压控制环切换模式，可实现两种模式间平滑切换，切换时间小于20ms。

(4) 针对各发电支路的蓄电池剩余电量不同、逆变器容量不同，简单的功率分配既无法满足调度需求，又会恶化蓄电池的工作条件、缩短使用寿命的问题，通过监测蓄电池组剩余电量，采用动态线性规划技术，综合考虑逆变器运行效率和蓄电池荷电状态，实现20条光-储系统线路的最佳功率分配。

5. 投资和运营情况

玉树水/光/储微电网项目资金来源于国家金太阳示范工程，业主单位为青海省水利水电集团有限公司，并由玉树电力公司负责电站运营维护管理。工程总投资1.3亿元，其中70%由中央财政补贴。

青海省玉树州水/光/储微电网项目于2011年6月开工建设，同年12月31日并网发电。光-储电站年均发电量近300万千瓦时，填补约60%的电力缺口，有力支援了玉树灾后重建，寿命期内累计产生电能达7000万千瓦时。与火力发电相比，相当于节约标准煤约2.45万吨，可减排6.4万吨二氧化碳、588吨二氧化硫和172吨氮氧化物，为三江源生态环境保护做出了贡献。

6. 经验和体会

青海省玉树州水/光/储微电网发电工程是世界上海拔最高、规模最大的示范项目，是国内首个兆瓦级水/光/储微电网发电项目，水/光/储微电网示范电站中光伏电站与水电站分时段、分情况运行，形成互补，运行模式很好地满足了负荷的需求。

水/光/储微电网可实现太阳能与水能之间的资源互补，解决水电站水量不足的问题。目前，中国有4万多座小水电站，装机总量逾4000万千瓦。水力发电站的发电能力受季节和自然条件的影响很大，而且水电站一旦投产，装机容量再次扩容困难。在这些地区可有效的利用当地良好的太阳能资源，大力发展水/光/储微电网，可以有效缓解当地电力供应不足的问题。

参考文献

[1] 周志超，郭力，王成山，等. 风柴储生物质独立微电网系统的优化规划设计[J]. 电力系统自动化，2014，38(7)：16-22.

[2] 郭力，刘文建，焦冰琦，等. 独立微网系统的多目标优化规划设计方法[J]. 中国电机工程学报，2014，34(4)：524-536.

[3] 周志超，王成山，焦冰琦，等. 风柴储生物质独立微网系统的优化控制[J]. 中国电机工程学报，2015，35(14)：3605-3615.

[4] 郭力，王蔚，刘文建，等. 风柴储海水淡化独立微电网系统能量管理方法[J]. 电工技术学报，2014，29(2)：113-121.

[5] 王成山. 微电网分析与仿真理论[M]. 北京：科学出版社，2013.

[6] Report I. Excitation System Models for Power System Stability Studies[J]. IEEE Transactions on Power Apparatus & Systems，1981，pas-100(2)：494-509.

[7] Hannet L N，Khan A. Combustion Turbine Dynamic Model Validation from Tests[J]. IEEE Trans. on Power Systems Vol No，1993，8(1)：152-158.

[8] Wang Y B，Xu H H. Research and practice of designing hydro/photovoltaic hybrid power system in microgrid[C]. 2013 IEEE 39th Photovoltaic Specialists Conference (PVSC)，Tampa，Florida，USA，2013：1509-1514.

第 7 章　联网型微电网案例分析

7.1 引　　言

目前,微电网的发展方兴未艾,国内高校、科研机构及企业对微电网相关技术展开了积极的研究和探索,在联网型微电网建设方面也取得了一些成绩。但总体上看,我国联网型微电网的运行效果还缺乏比较细致的评价,相关数据比较缺乏。本章选择我国中东部城镇、西部边远地区的两个联网型微电网方案进行论证分析,同时对两个实际联网型微电网工程的基本概况进行了介绍。

7.2 城镇微电网示范案例分析

微电网适合应用于分布式可再生能源渗透率较高的地区,可以平抑分布式可再生电源并网对电网的影响,提高电网对分布式可再生能源的接纳能力。同时,微电网可应用于对电能质量和供电可靠性有特殊要求的地区,能够满足用户的定制电力需求,实现对重要负荷的不间断供电。本节选择山东省东营市的中国石油大学园区作为示范点进行微电网方案设计[1]。

7.2.1 需求与资源分析

中国石油大学(华东)校区位于山东省东营市东营区。东营市位于山东省北部黄河三角洲地区,地处黄河入海口,是胜利油田所在地。整个校园总面积 300 公顷。目前,中国石油大学(华东)主校区已经搬至青岛市黄岛。该区域规划建设为国家大学科技园,成为一个新的产业孵化基地,并结合东营市新能源示范城市的建设需求,在该区域打造以可再生能源为主的典型城镇园区智能微电网示范应用基地。整个园区规划效果如图 7.1 所示。

1) 负荷需求

中国石油大学国家科技园将新建一座低碳科技大厦,主要以商业负荷为主,校园区负荷还包括已有的教师住宅和 10 台石油抽油机。主要负荷需求情况如表 7.1 所示。

图 7.1 园区布局规划效果图

表 7.1 中国石油大学校园区冷热电负荷情况一览表

用能区域	负荷类型	负荷需求	负荷特点
商业区	办公照明	500kW	
	大厦制冷或取暖地源热泵机组	2MW	可控负荷
居民区	居民日常用电	200kW	
	地源热泵机组	300kW	可控负荷
工业区	10 台石油抽油机	300kW	冲击性负荷

2) 电网情况

东营电网位于山东电网的末端，目前石油大学国家科技园电网包括两个35kV配电馈线入口，分别来自山东电网和胜利油田企业电网，给校园区商业居民与工业负荷供电。

3) 可再生能源

东营地区具有比较丰富的风能、太阳能、地热能、垃圾能等资源，石油大学园区也具备利用多种可再生能源的条件。

光伏发电：安装地点分别为低碳大厦屋顶、南立面、专家公寓屋顶、车棚顶面、师生宿舍屋顶、湖面走廊顶面及湖面几个区域。其中低碳大厦、师生宿舍、专家公寓均为钢筋混凝土框架结构，走廊为铝合金结构，承载力满足光伏组件安装要求，为保证发电量可考虑固定式倾角铺设的方式。车棚在现有造型上采用平铺的形式安装。经现场勘测计算，可实施光伏发电容量大约2MWp，可利用面积约为30900平方米，具体如表7.2所示。

表7.2　石油大学屋顶光伏系统设计

安装位置		安装面积/m^2	安装容量/kWp	电池板种类
低碳大厦	屋顶	6300	512.8	多晶硅电池
低碳大厦	南立面	1000	93.9	多晶硅电池
专家公寓	屋顶	2700	261.1	多晶硅电池
停车棚	车棚顶面	1600	132.2	多晶硅电池
湖面走廊	走廊顶面	2000	100	多晶硅电池
湖面	湖面	5300	200	多晶硅电池
学生公寓	屋顶	12000	700	多晶硅电池
合计		30900	2000	

风力发电：坐落于校园区的荟萃湖中心有个小岛，并建设有通往河面的走廊，该区域场地平整、物料运输堆放方便、风机电缆到控制室距离也适中，安装作业方便。另外，安装风机从景观上来看非常协调美观，并与办公楼和居民住宅有一定的距离，风机噪音影响小。经现场调研勘测，结合技术及经济性原则，可安装一台850kW风力发电机组。

地热能：通过地源热泵为师生宿舍供冷暖，冬季采暖负荷为1500kW，夏季制冷负荷按1250kW计算，热泵机组1台，型号为PSRHH-Y5414，单台制冷量为1753kW，制热量为1732kW，用电功率为300kW；设计建造两口深层地热井为低碳大厦供暖，低碳大厦制冷采用冷却塔加水源热泵机组，低碳大厦按建筑面积测算，冷负荷为150W/m^2，热负荷90W/m^2，总制冷负荷15523kW，总采暖负荷9313kW。选用5台散热量为3000kW的冷却塔，结合5台PSRHH-Y9604型热泵机组，单台机组制冷量为2947.1kW，制冷功率400kW，共计总用电功率2MW。

垃圾发电：根据经验，人均生活垃圾按0.8kg/天、高峰时1.2kg/天测算，该园区系统拟建立日处理垃圾5吨规模的垃圾发电系统，每吨垃圾焚烧可发电300度，可安装容量100kW的垃圾发电机组。

7.2.2　设计原则

中国石油大学国家科技园属于典型的城市园区，本地有常规电网存在，负荷类型包括商业、居民和工业三种，有冬季供暖、夏季制冷的需求；另外，本地可再生能源资源丰富，可安装光伏、风电、垃圾发电、地热等可再生能源。针对以上特点，微电网的设计原则如下：

(1) 按照“因地制宜、就地消纳、余量上网”的原则，优先最大限度使用可再生能源，尽可能减少储能电池的容量。根据示范园区的具体情况，选择利用太阳能光伏、风电、地热及垃圾发电等可再生能源。光伏、风电系统按照充分利用建筑屋顶、地面进行设计，地热资源按照满足当地供暖需求进行设计。

(2) 充分发挥冷热电负荷的时空耦合关系，实现多种能源冷热电联产联供。尽可能多的利用可再生能源，实现当地利用的可再生能源能量比例超过50%。

(3) 按技术先进、成本较低、有推广价值进行系统总体技术方案及容量匹配的优化设计。

7.2.3 设计方案

1. 系统总体方案设计

根据园区内可能的可再生能源发电系统、负荷、电网接入点等情况，从功能上可将整个园区分为商业、居民、工业三个区域，整个园区地理位置布局如图7.2所示。

图7.2 园区功能区域划分

本着因地制宜、最大限度利用可再生能源的原则，考虑到整个园区的功能划分及地理布局，可建设商业、居民、工业三个子微电网，整个园区微电网架构如图7.3所示。商业园区指低碳大厦商业用电及用于大厦取暖和制冷的2MW地源热泵用电，年总耗电量284.1万kW·h；该区域可安装光伏1MWp，垃圾发电100kW，可再生能源年总发电量159.75万kW·h，详见表7.3所示。居民区负荷需求为师生宿舍居民用电及用于宿舍取暖和制冷，年总耗电量142.08万kW·h，光热用于居民热水，可安装光伏700kWp，可再生能源年发电量73.5万kW·h，详见表7.4所示。工业区负荷需求为10台30kW抽油机，耗电量262.8万(kW·h)/年，在位于校园区的湖面可安装风电850kW，光伏300kWp，可再生能源年总发电量159万kW·h，详见表7.5。

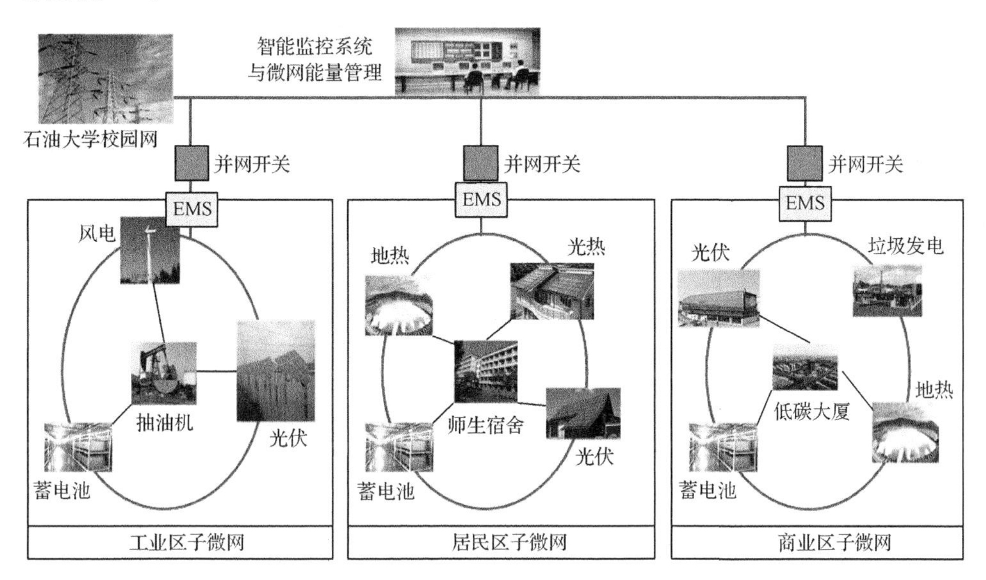

图7.3　中国石油大学微电网架构

每个子微电网既可以并网运行也可以独立运行。并网运行时，每个子微电网间能源共享，互通有无，实现可再生能源利用最大化，同时保证用户运行效益的最大化。整个微电网的设计发挥了不同能源间的互补特性及能量的循环再生利用理念。从能源的利用形式来看，这个系统实际上是一个微能源网，分为电网和冷/热网；电网的能源供应形式主要包括光伏、风电、垃圾发电，并以蓄电池为媒介来实现电能的存储；冷/热网能源供应采用地源热泵技术，制冷季利用地源热泵进行制冷并向地表传输热量，采暖季利用地源热泵进行制热并从地表提取热量，从而实现季节性蓄冷/蓄热的循环利用。从能源耦合角度来看，地源热泵本身又是微电网的负荷，通过用户侧冷热电的需求响应特性分析可实现微电网的优化运行。此外，还可设置污水/中水处理、雨水回收等多项资源再利用形式，这些系统均可看作微电网的可控负荷，便于实现整个微电网的能量供需平衡。

2. 子微电网的方案设计及运行

1）商业区子微电网

商业区子微电网架构如图7.4所示，在该子微电网中，用能需求高峰在早9:00～晚5:00，可再生能源以光伏发电作为主要供电源，垃圾发电和储能电池作为可控的电源。在运行方式上，系统可以并网运行也可以独立运行，并以并网运行方式为主。在并网运行时，外部电网作为整个微电网的电压和频率支撑；光伏发电就地供应负荷；垃圾发电与储能电池作为可控发电单元，平抑光伏发电间歇性及负荷波动对电网的影响，并可通过能量管理系统的优化调度实现对电网的削峰填谷，支撑电网优化运行；充分利用当地的地热能优势，通过地源热泵来建立冷热网，并将大地作为季节性储热蓄冷的介质，实现商业区的制冷或采暖；对电网来讲，地源热泵可看作为电网的可控负荷，帮助实现整个商业区子微电网的能量平衡与优化运行。本方案中还配置了中水处理及水循环利用等节能设施，这些设施也都可以看作电网的可控负荷，参与微电网的运行优化控制。当外部电网出现故障时，系统可转为独立运行模式，通过垃圾发电或储能电池作为组网主电源，光伏发电作为并网发电的从电源。在独立运行状态下，系统根据电源的情况最大限度地满足子微电网的供能需求，当出现电力供应不足情况时，会根据本地负荷的重要性，通过能量管理系统实现对负荷的投切控制。

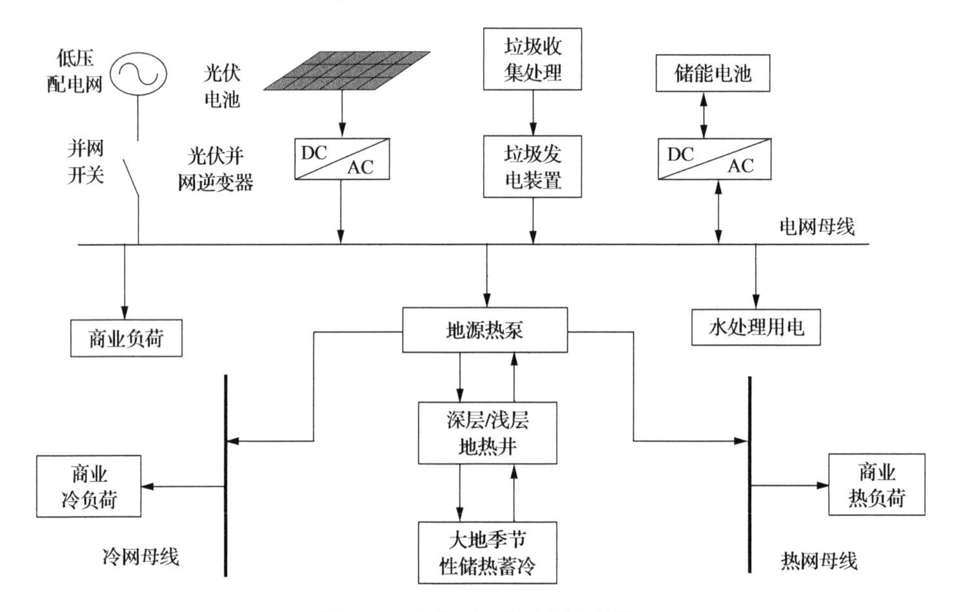

图 7.4　商业区子微电网架构图

商业区子微电网的源/荷/储配置及可再生能源能量渗透率如表 7.3 所示。

表 7.3　商业区子微电网源/荷/储配置情况一览表

可再生能源			
可再生能源	装机容量	年平均满发小时数	年总发电量
光伏发电	1.0MWp	1050h	1050000kW · h
垃圾发电	100kW	5475h	547500kW · h
年总发电量			1597500kW · h

续表

负荷			
负荷	功率	额定年小时数*	年总用电量
一般商业用电	500kW	2044h	1022000kW·h
制冷/采暖用电	2MW	896h	1792000kW·h
年总用电量			2814000kW·h
储能			
蓄电池容量			300kW·h
可再生能源能量渗透率			56.77%

* 一般商业用电按照每天 8h，满负荷系数 0.7 来计算，一年共计 2044(=365×8×0.7)h；取暖按照 100 天/年，制冷按照 100 天/年计算，工作时间 8h，取假期时间系数为 0.7，考虑到节能建筑的保温效果较好，取热泵功率系数为 0.8，一年共计 896(=200×8×0.7×0.8)h。

2) 居民区子微电网

居民区子微电网架构如图 7.5 所示。

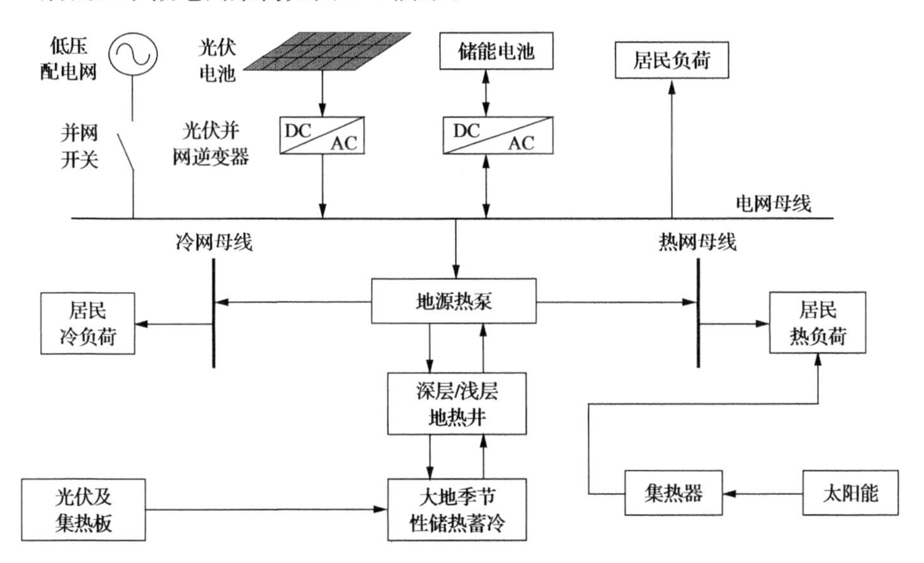

图 7.5　居民区子微电网架构图

在居民区子微电网中，主要用能需求发生在早 8:00～晚 12:00，可再生能源以光伏发电作为主要供电源。在运行方式上，居民区子微电网与商业区子微电网类似，但考虑到经济性和用户需求的不同，采用太阳能集热器来提供生活热水，并通过热利用技术，将光伏背板及太阳集热板的热量导入大地存储起来，实现对土壤中热量的平衡。

系统源/荷/储配置及可再生能源能量渗透率如表 7.4 所示。

表 7.4 居民区子微电网源/荷/储配置情况一览表

可再生能源			
可再生能源	装机容量	年平均满发小时数	年总发电量
光伏发电	700kWp	1050h	735000kW·h
年总发电量			735000kW·h
负荷			
负荷	功率	额定年小时数*	年总用电量
一般居民用电	200kW	3504h	700800kW·h
制冷/采暖用电	300kW	2400h	720000kW·h
年总用电量			1420800kW·h
储能			
蓄电池容量			200kW·h
可再生能源能量渗透率			51.73%

* 一般居民用电按照每天 24h,满负荷系数 0.4 来计算,一年共计 3504(=365×24×0.4)h;取暖按照 100 天/年,制冷按照 100 天/年计算,用电时间 24h,时间系数取 0.5,一年共计小时数为 2400(=200×24×0.5)h。

3) 工业区子微电网

工业区子微电网架构如图 7.6 所示。

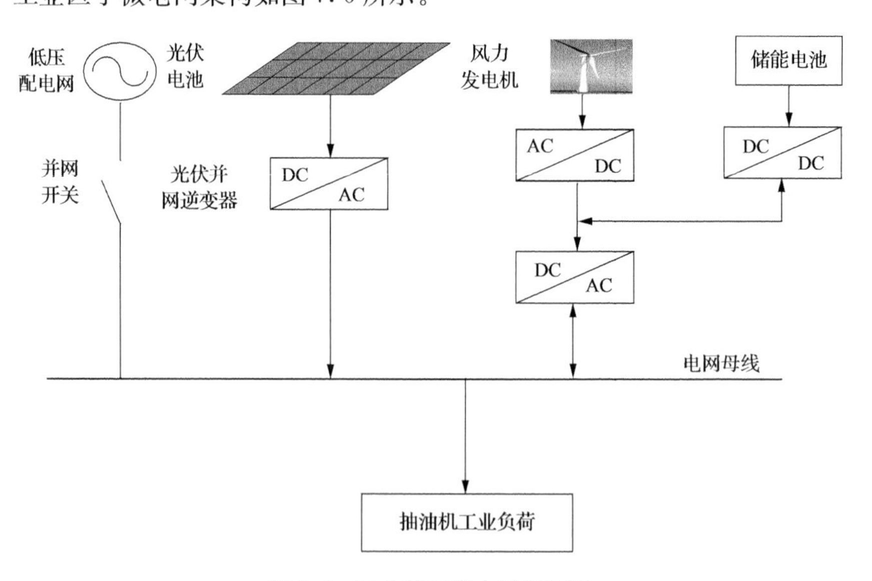

图 7.6 工业区子微电网架构图

在工业区子微电网中,没有冷热负荷,只有电负荷,考虑到抽油机负荷需要 24 小时不间断供电,并且在采油时电机负荷瞬间会有 3~5 倍的功率波动,为此,微电网中以风/光互补发电作为主要供电源，风电机组采用全功率变流技术，并且在DC环节利用储能电池实现对风机功率的完全可控。在运行方式上，整个微电网既可以并网运行也可以独立运行，但以并网运行为主。通过在风机直流侧接入储能装置，将风机作为一个完全可控的单元，平抑风力发电与光伏发电间歇性及负荷瞬间功率波动对电网的冲击。

系统源/荷/储配置及可再生能源能量渗透率如表 7.5 所示。

表 7.5　工业区子微电网源/荷/储配置情况一览表

可再生能源			
可再生能源	装机容量	年平均满发小时数	年总发电量
光伏发电	300kWp	1050h	315000kW·h
风力发电	850kW	1500h	1275000kW·h
年总发电量			1590000kW·h
负荷			
负荷	功率	额定年小时数	年总用电量
抽油机负荷用电	300kW	8760h	2628000kW·h
年总用电量			2628000kW·h
储能			
蓄电池容量			500kW·h
可再生能源能量渗透率			60.5%

注：抽油机工业负荷用电按照每天 24h 计算，园区内共有 10 台，每台额定功率 30kW。

7.2.4　经济性分析

1）投资成本分析

根据以上方案及系统配置，中国石油大学国家大学园区风/光/储微电网的设备造价及每年收益如表 7.6 所示，微电网经济效益评估计算模型参数如表 7.7 所示。

表 7.6　设备成本构成一览表

费用名称	装机容量	单位造价	年发电小时数/h	总投资/万元	年发电量/(kW·h)	电价补贴/(元/(kW·h))	电价/(元/(kW·h))	年收益/万元
总光伏系统	2.00MWp	9 元/Wp	1050	1800	210000	0.42	0.63	220.50
风电系统	850kW	11 元/W	1500	935	1275000	—	0.70	89.25
储能系统*	1MW·h	2 元/Wh	—	200	—	—	—	—
垃圾发电	100kW	43 元/W	5475	430	547500	—	0.62	33.95

续表

费用名称	装机容量	单位造价	年发电小时数/h	总投资/万元	年发电量/(kW·h)	电价补贴/(元/(kW·h))	电价/(元/(kW·h))	年收益/万元
EMS	—	—	—	120	—	—	—	—
地源热泵系统	2.3MW	—	—	2000	—	—	—	300.00
总投资				5485	—	—	—	643.70

* (1)当地商业用电为0.62元/度,居民用电为0.55元/度,工业用电为0.85元/度,考虑到有部分需要平价上网,综合考虑光伏平均电价为0.63元/度,风电平均电价为0.7元/度计算。(2)储能系统造价:储能系统的价格按照普通铅酸电池来计算,第一次储能系统的价格主要包括储能电池(1元/Wh)和储能变流器(1元/Wh),共计2元/Wh。储能更换考虑每5年更换一次,寿命期20年内共更换3次;这里假定储能变流器不需更换,设备成本只考虑蓄电池的更换费用,每次更换按照1.0元/Wh来计算;更换费用记入更换年的现金流。

表 7.7 中国石油大学微电网经济评估模型参数

运营方式	自发自用
项目周期/年	20
基准收益率/%	8.00

2) 经济性测算

基于表7.6的设备成本和表7.7的经济评估模型参数,针对现有电价政策,详细分析了系统的投资及收益情况(经济性指标未考虑税率、融资,建设期等要素),详见表7.8。

表 7.8 可再生能源配置的投资及收益对照表

供能系统	装机容量	初投资/万元	年运维费/万元	年均收入/万元	内部收益率	静态投资回收期/年
光伏发电	2.00MWp	1800	20	220.50	9.24%	8.98
风力发电	850kW	935	8	89.25	5.96%	11.51
垃圾发电	100kW	430	4	33.95	3.39%	14.36
地热系统	2.3MW	2000	50	300	10.93%	8.00
风/光/储/垃圾/地热园区微电网	850kW+2MWp+1MW·h+100kW+2.3MW	5485	82+储能更换费用(每5年现金流出100万元)	643.70	7.71%	10.12

从表7.8的经济性评估测算结果可以看出，在现有政策条件下，只有光伏发电与地热系统具有一定的投资吸引力，小规模分布式风电、垃圾发电以及整个风/光/储/垃圾/地热园区微电网系统的经济性较难吸引开发商进行投资开发。

7.2.5　政策建议

为了吸引投资者进入，使整个微电网具有推广价值，需要出台相关的政策引导，下面假设两种政府补贴形式，对系统的经济性进行分析。

1）假设1：初投资补贴＋电价补贴

补贴办法：对微电网需要额外增加的储能及能量管理系统部分进行100％初投资补贴，占整个系统投资的5.83％。对微电网中其他可再生能源均享受与光伏发电相同的0.42元/度的电价补贴，补贴年限20年。依据该补贴政策，不同可再生能源系统的投资及收益情况如表7.9所示(表中的经济性指标未考虑税率、融资，建设期等要素)。

表7.9　可再生能源配置的投资及收益对照表

供能系统	装机容量	初投资/万元	年运维费/万元	年均收入/万元	内部收益率	投资回收期(年)
光伏发电	2.00MWp	1800	20	220.50	9.24％	8.98
风力发电	850kW	935	8	142.8	13.21％	6.94
垃圾发电	100kW	430	4	56.95	10.70％	8.12
地热系统	2.3MW	2000	50	300	10.93％	8.00
风/光/储/垃圾/地热园区微电网	850kW＋2MWp＋1MW·h＋100kW＋2.3MW	5165	82＋储能更换费用(每5年现金流出100万元)	720.25	10.41％	8.25

2）假设2：全部初投资补贴

补贴办法：对微电网需要额外增加的储能及能量管理系统部分进行100％初投资补贴。对微电网中光伏外其他可再生能源进行初投资补贴，分布式风电补贴4元/W，垃圾发电补贴20元/W。此种场景下可再生能源系统的投资及收益情况如表7.10所示(表中的经济性指标未考虑税率、融资，建设期等要素)。

表 7.10 可再生能源配置的投资及收益对照表

供能系统	装机容量	初投资/万元	年运维费/万元	年均收入/万元	内部收益率	投资回收期/年
光伏发电	2.00MWp	1800	20	220.50	9.24%	8.98
风力发电	850kW	595	8	89.25	12.32%	7.32
垃圾发电	100kW	230	4	33.95	11.56%	7.68
地热系统	2.3MW	2000	50	300	10.93%	8.00
风/光/储/垃圾/地热园区微电网	850kW+2MWp+1MW·h+100kW+2.3MW	4625	82+储能更换费用(每5年现金流出100万元)	643.70	10.10%	8.41

7.3 边远地区微电网示范案例分析

未来几十年内,在边远地区建设新型小城镇是经济社会发展的必然趋势。边远地区处于电网末梢,供电质量较差,有些地区远离大电网,常规电网难以满足居民用电需求。同时,这些地区能源消费结构和利用方式较为落后。解决小城镇的能源利用问题是小城镇进一步发展的基础,也是调整我国能源结构的一项重要举措。我国边远地区具有丰富的可再生能源,因地制宜利用可再生能源是解决其用电和生活用能问题最经济可行的途径。本节选择青海省西宁市湟源县日月乡兔儿干新型农村社区作为示范点进行微电网方案设计[1]。

7.3.1 需求与资源分析

兔儿干村位于西宁市湟源县西南约 23 公里处,现有住宅 380 户,平均海拔 3100 米,是一个依托商贸和种植养殖业发展起来的村庄。青藏公路穿村而过,是通往青海西部海北、海南、海西、玉树、果洛等州及西藏、新疆的交通要道,是通往日月山、青海湖景区的必经之地。

青海兔儿干新型农村社区是青海省政府重点支持的新型农村社区示范点,计划新建住宅 700 户,新型农村社区将达到 1080 户,可安置兔儿干村周边四个村落和散居农牧民,并配套建设商业和服务业,以解决其自然灾害频发、远离集镇、交通不便,村民“行路难、就医难、生产生活发展难”的局面,未来还计划进一步发展旅游业。整个新型农村的规划如图 7.7 所示。

图 7.7　青海兔儿干新型农村社区规划

1）负荷需求

兔儿干新型农村社区的用能习惯和需求具有典型西部边远农村地区用能特性。海拔高，气温低，全年近七个月是采暖季，采暖季负荷最重，非采暖季负荷较轻，采暖、炊事用能和生活用电是当地的主要负荷。兔儿干社区主要负荷需求情况统计如表 7.11 所示。

表 7.11　兔儿干社区冷热电负荷情况统计表　　计量单位：kW · h

类型	建筑	日用能-采暖季		日用能-非采暖季		建筑数量	年用电统计
		热	电	冷	电		
居民	既有住宅	煤＋牛粪	4.5	0	4.5	380	62.4 万
	新建住宅	14.4	4.5	0	4.5	700	298.4 万
公共建筑	学校	煤	300.0	20.0	100.0	1	7.7 万
	乡政府	煤	80.0	0	40.0	1	2.2 万
	卫生院	煤＋10.0	30.0	10.0	10.0	1	1.1 万
商业	餐馆	煤	20.0	10.0	10.0	15	11.0 万
	商店	煤＋10.0	3.0	5.0	3.0	10	3.8 万
其他	—	—	—	—	—	—	5.0 万
合计		287.4 万		99.2 万		—	391.6 万

对于居民建筑，在兔儿干既有住宅中，居民的炊事用能已经从煤炭、木柴炉向电力转变，电磁炉、电饭锅已经相当普遍，冬季采暖普遍采用小煤炉和牛粪炉，煤炭的利用率只有平原地区的75%，取暖费用较高。在新建住宅中，由于采用了阳光房和保温墙体设计，建筑采暖逐渐由煤炉采暖向清洁的电采暖过渡，加上炊事和日常生活基本实现电气化，整个社区的用电量和用电负荷在不断增加。

当地的公共事业建筑主要有学校、乡政府和卫生院等，其中寄宿制的日月中心学校供电、供热负荷最重，教学、炊事和照明用电量大，冬季供暖以燃煤锅炉为主，但故障率高、效果差，需要增加电辅助采暖。乡政府具有典型的办公负荷特征，负荷高峰出现在工作时间，并且对供能快速性要求较高，在工作时间以外的负荷很低。卫生院对供暖、供电可靠性要求较高。

当地的商业建筑主要是餐馆和商店，有供暖、制冷、炊事和用电需求，夏季是旅游旺季，制冷和炊事用能较多，冬季采暖需求较多。

2) 电网情况

当地电网处在西宁电网末梢，供电保障率不高。图7.8是2014年初湟源县日月乡兔儿干地区的电网结构。日月乡变电所位于兔儿干集镇西侧，装有35kV/10kV变压器一台，容量2000kV·A，向全乡负荷供电。近年来农村生活水平不断提高，电采暖、电炊事等负荷不断增多，新型农村社区建成后又将增加大量电力负荷，日月乡变电所的供电压力越来越大，但电力基础设施建设和扩容投资较大，进展较缓。

3) 可再生能源

太阳能资源：根据气象部门1993年到2010年的辐射观测数据，倾斜面所接收到的年总辐射达到1802(kW·h)/m^2，太阳能资源十分丰富，适宜安装光伏发电系统和太阳能热利用系统。在700户新建住宅屋顶可以安装分散户用光伏发电系统和太阳能热水系统；在公共建筑屋顶和外墙南立面可以安装屋顶光伏电站和光热采暖系统；在村西侧的荒山、荒坡可以安装大量的集中式光伏电站。

风能资源：兔儿干地区全年以西北风为主，其中冬季主导风向为偏西风，10分钟极大风速为24.7米/秒(2012年12月)；夏季以偏东风为主，极大风速为17.0米/秒(2009年6月)；近几年年平均风速仅为1.9米/秒，风向以西北风最多，风能资源较差。

小水电资源：兔儿干村境内有药水河和寺滩河2条河流过，适宜开发建设小水电。目前在寺滩河上已经建成1座小水电站，额定功率400kW。每年5月到10月，电站全天发电，总发电量约100万kW·h；但11月到次年4月因河流结冰，电站停止发电。

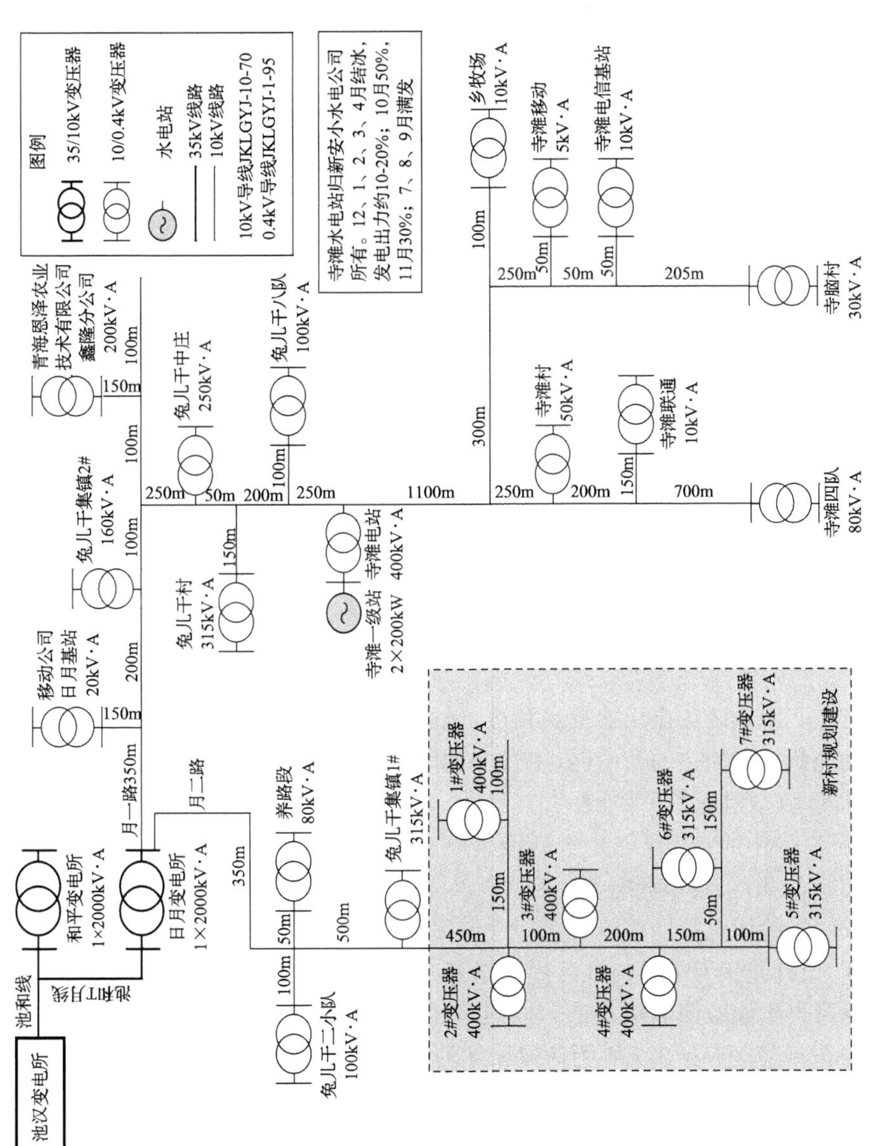

图 7.8　兔儿干地区电网建设情况(2014 年)

根据以上情况，随着兔儿干新型农村社区的建设和发展，供电供能问题日益严重。在能源基础设施落后、电网网架较弱、可再生能源丰富的情况下，利用可再生能源是解决该地区能源问题最经济可行的途径。

7.3.2 设计原则

为解决兔儿干新型农村社区的能源问题，拟在兔儿干设计并建设以可再生能源为主的微电网，使可再生能源能量供给基本满足新型农村的能源需求。针对负荷和资源情况，微电网的设计与配置原则如下：

(1) 充分利用当地的可再生能源，实现“净零能耗”社区，即可再生能源产生的能量和社区消耗的能量基本平衡。

(2) 新建住宅要充分与可再生能源相结合，建成绿色节能建筑，不但满足当地全年生活和炊事用电，也要满足供暖需求。

(3) 对公共建筑卫生院、学校、乡政府等的能源系统要根据其供用能特性进行设计，保证供用能的品质。

(4) 提高重要负荷供电可靠性，选择安装储能系统，形成既可独立又可并网的双模式微电网。

7.3.3 设计方案

1. 系统总体设计方案

根据兔儿干地区的供用能特点和边远地区微电网设计原则，将兔儿干新型农村设计为光伏发电为主的微电网，并综合利用光热系统、小水电、风力发电等多种可再生能源，实现社区“净零能耗”。

据表 7.11 中的统计，兔儿干新型农村社区建成后每年消耗的电能将达到 391.6 万 kW·h，采暖季耗电量达到 287.4 万 kW·h，占全年的 73%。社区采暖季和非采暖季的用电量严重不平衡。考虑到采暖季小水电不发电和电网供电压力大的因素，设计光伏发电量与社区用电量基本平衡，实现采暖季社区“净零能耗”，非采暖季可再生能源向电网送电。按照采暖季天数为 182、光伏日均满发小时数为 4.0 进行计算，提供 287.4 万 kW·h 的电能需要安装光伏发电系统总容量为 4.0MW。

光伏系统安装采用分散安装和集中安装相结合的形式。首先充分利用建筑屋顶面积安装分散光伏系统，面积不足部分选择地面进行集中安装。实际设计中，考虑到既有住宅的承重限制，只选择在新建住宅屋顶安装光伏阵列；在卫生院、乡政府、学校等公共建筑上，根据各建筑用电量安装光伏阵列，形成自发自用的小型供电系统；其余光伏系统集中安装在兔儿干村西侧的荒山、荒坡。

为实现新建住宅的绿色节能,700 户新建住宅的取暖方式采用分散的电采暖。对于卫生院、乡政府和学校,根据负荷特征采用多种以太阳能光热利用为主的采暖方式,将每个公共建筑设计为以可再生能源为主的热电联供微电网。

为保证电网停电时重要负荷不断电,为卫生院等重要负荷配置储能系统。储能系统在电网有电时可作为平抑光伏功率波动的手段,在电网停电时作为后备电源,保证系统不间断供电。

兔儿干社区能源系统的方案如图 7.9 所示,多个分布式供能单元和公共建筑微电网以电网为骨架,实现协调运行,形成了分层互联微电网结构模式。

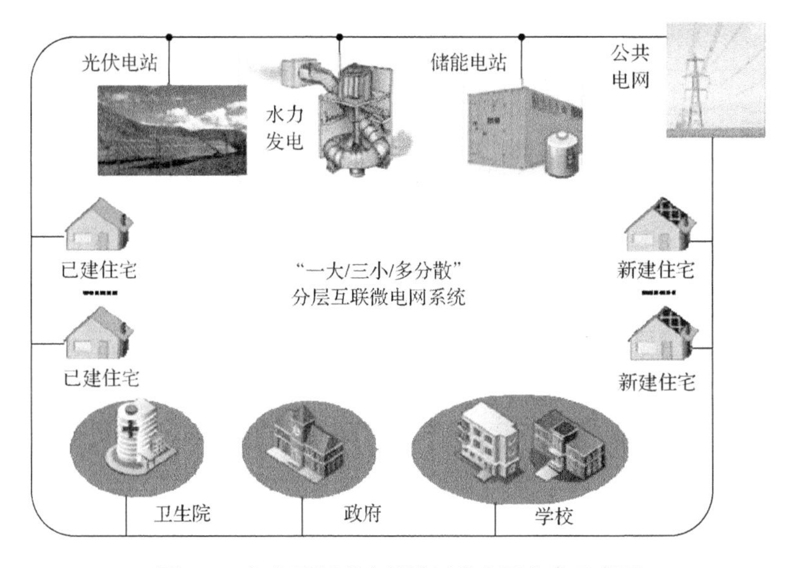

图 7.9　兔儿干新型农村社区微电网方案示意图

2. 新建住宅能源方案

供电方案:采用光伏发电与电网联合供电方式。新建住宅户建筑面积 $110m^2$,屋顶面积 $55m^2$,受房屋结构的影响,最大可安装光伏阵列 750W,采暖季日发电量 3kW·h,非采暖季日发电量 3.38kW·h,年发电量约 1164kW·h。

供暖方案:采用低能耗建筑和主动式太阳能综合利用相结合的方案。低能耗建筑主要从建筑的围护结构改进和阳光房两方面进行设计,采用带有保温效果的复合混凝土剪力墙结构,并在建筑的南立面安装玻璃窗做成阳光房接受日光照射。经节能设计后,大幅降低建筑供暖能源需求以及供暖系统投资和运行费用,建筑能耗由 $100W/m^2$ 降低为 $15W/m^2$。主动式太阳能综合利用的技术措施包括每户屋顶安装 1 套太阳能热水系统提供生活热水,室内选择安装 3kW 的电油汀或蓄热式电暖气，日均采暖耗电量为14.4kW·h。

新建居民住宅可再生能源系统的源/荷/储配置情况如表7.12所示。

表7.12 新建居民住宅建筑源/荷/储配置情况一览表

可再生能源				
能源类型	容量	采暖季发电量	非采暖季发电量	年总发电量
光伏发电	750Wp	546kW·h	618kW·h	1164kW·h
太阳能热水	—	0	0	0
总发电量		546kW·h	618kW·h	1164kW·h
负荷				
负荷类型	额定电功率	采暖季用电量	非采暖季用电量	年总用电量
一般用电（照明/炊事）	3kW	819kW·h	824kW·h	1643kW·h
采暖用电（电暖器）	3kW	2621kW·h	0kW·h	2621kW·h
总用电量		3440kW·h	824kW·h	4264kW·h
储能				
储能类型		功率	时间	容量
无		—	—	—
可再生能源能量渗透率				
—		20%	75%	27%

注：一般居民用电按照满功率系数0.3，日工作5h来计算，一天共计3kW×0.3×5h=4.5kW·h；取暖用电分为采暖季（182天）和非采暖季（183天），采暖季按照满功率系数0.6，日工作8h来计算，日用电量3kW×0.6×8h=14.4kW·h，采暖季共用电14.4×182=2621kW·h，非采暖季不用电。

3. 公共建筑能源方案

对卫生院、乡政府、学校三个公共建筑，综合运用多种可再生能源满足不同建筑的用电和采暖需求。系统结构如图7.10所示，它们可以互联运行，调剂能量余缺。

1）卫生院冷热电联供微电网方案

卫生院建筑面积700m^2，其负荷主要包括冷、热、电三种类型，对供能可靠性要求较高。能源系统结构方案如图7.11所示。

供电方案：为保证卫生院可靠供电，将其设计成既可独立又可并网的双模式微电网。安装10kW光伏发电和10kW风力发电系统保证可再生能源的能量供给，

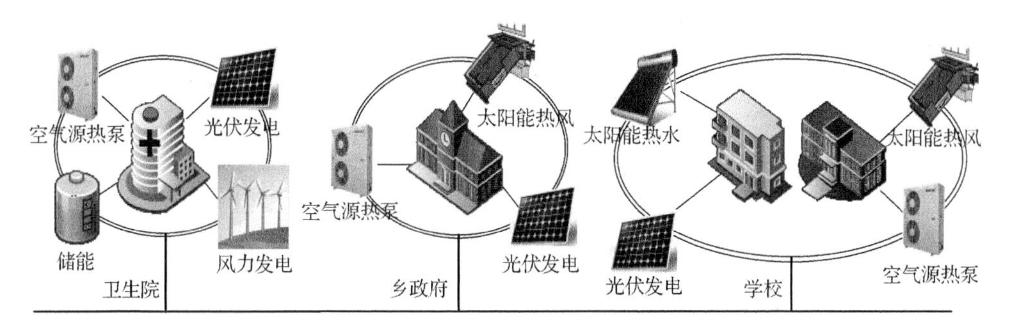

图 7.10　公共建筑冷热电传能方案

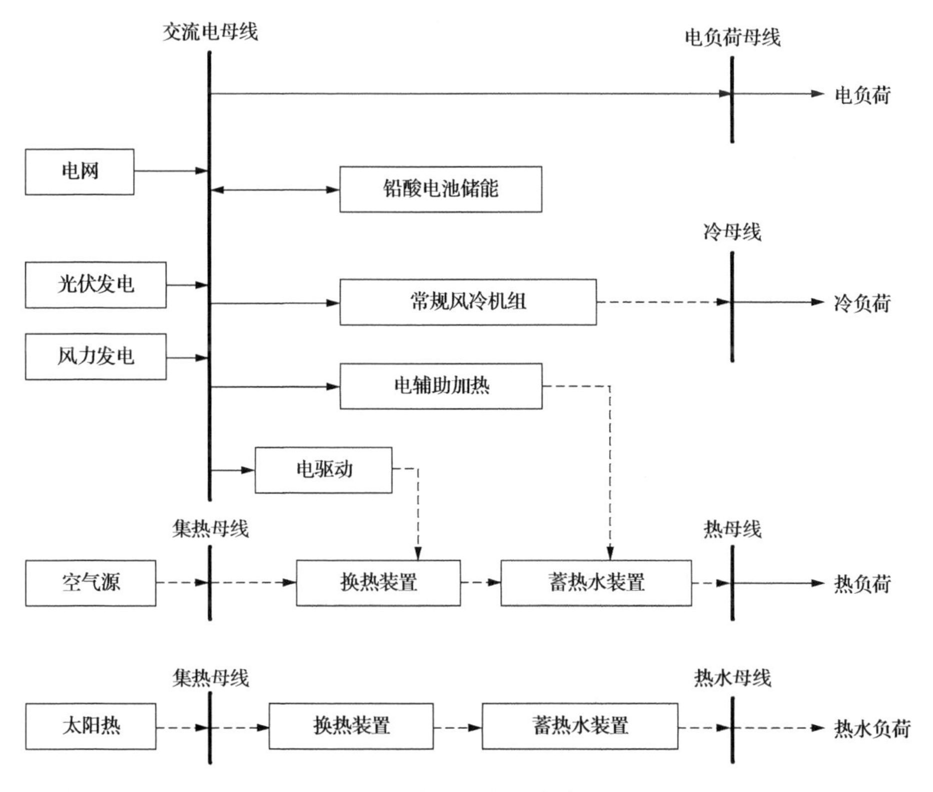

图 7.11　卫生院等关键负荷冷热电系统方案

安装 15kW×4 小时的储能系统，保证电网停电时，卫生院重要负荷能够持续工作 4 小时以上。

供暖方案：安装太阳能热水器为卫生院提供生活用水，采用成熟可靠的空气源热泵满足供暖需求，选择安装 20kW 的空气源热泵采暖系统。

卫生院系统配置及运行数据如表 7.13 所示。

表 7.13　卫生院建筑源/荷/储配置情况一览表

可再生能源				
能源类型	容量	采暖季发电量	非采暖季发电量	年总发电量
光伏发电	10kWp	7280kW·h	8235kW·h	15515kW·h
风力发电	10kW	5450kW·h	5490kW·h	10940kW·h
太阳能热水	—	0	0	0
总发电量		12730kW·h	13725kW·h	26455kW·h
负荷				
负荷类型	额定电功率	采暖季用电量	非采暖季用电量	年总用电量
一般用电（照明/设备）	10kW	2700kW·h	3600kW·h	6300kW·h
采暖用电（空气源热泵）	20kW	17751kW·h	0	17751kW·h
总用电量		20451kW·h	3600kW·h	24051kW·h
储能				
储能类型		功率	时间	容量
铅酸电池		15kW	4hour-80%DOD	60kW·h
可再生能源能量渗透率				
—		采暖季渗透率	非采暖季渗透率	年渗透率
—		62%	381%	110%

注：采暖季用电量和非采暖季用电量为2013年电力公司统计数据。

2）乡政府冷热电能源系统方案

乡政府属于办公型建筑，建筑面积1890m^2，办公用电和采暖时间为9:30到18:30，工作时间外负荷很低。对乡政府，其能源系统结构方案如图7.12所示。

供电方案：乡政府可用屋顶面积750m^2，一般用电的峰值负荷为30kW。经过优化设计，可安装20kW并网光伏发电系统，向本地电负荷和食堂的一些冷负荷供电。

供暖方案：采暖选用“太阳能热风系统＋辅助热源”方案，利用太阳能热风系统快速启动特性满足工作时间快速供暖的需求。经测算，乡政府需要安装太阳集热板面积为500m^2，安装位置选择楼顶、中心花园和建筑外墙南立面，辅助热源选择10kW的空气源热泵。

乡政府供用能系统的配置如表7.14所示。

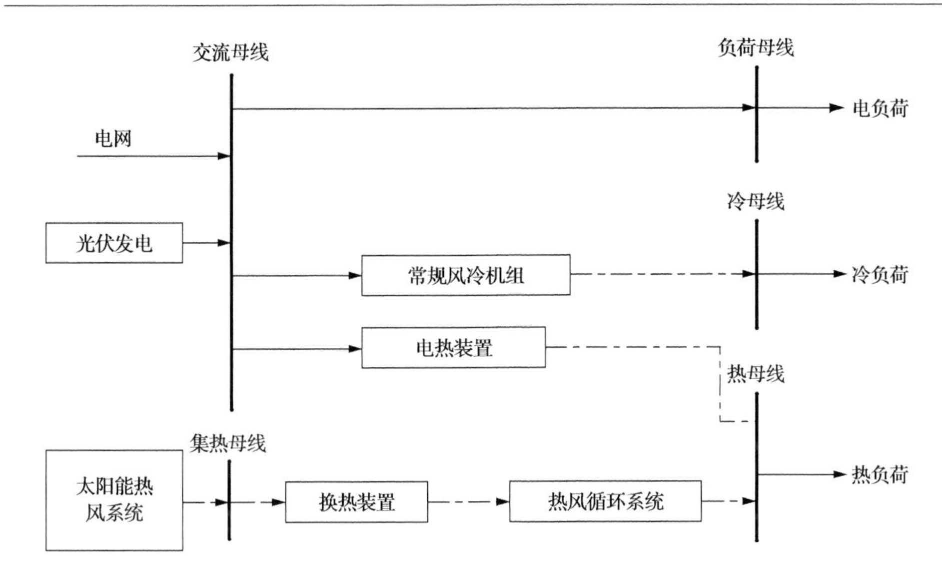

图 7.12　乡政府等办公负荷冷热电系统方案

表 7.14　乡政府办公建筑源/荷/储配置情况一览表

可再生能源				
能源类型	容量	采暖季发电量	非采暖季发电量	年总发电量
光伏发电	20kWp	14560kW · h	16470kW · h	31030kW · h
太阳能热风	500m^2	0	0	0
总发电量		14560kW · h	16470kW · h	31030kW · h
负荷				
负荷类型	电功率	采暖季用电量	非采暖季用电量	年总用电量
一般用电（照明/设备）	30kW	6370kW · h	7320kW · h	13690kW · h
太阳能热风（热风风机）	3kW	2621kW · h	0kW · h	2621kW · h
采暖辅助（空气源热泵）	10kW	5460kW · h	0kW · h	5460kW · h
总用电量		14451kW · h	7320kW · h	21771kW · h
储能				
储能类型		功率	时间	容量
0		0	0	0
可再生能源能量渗透率				
—		采暖季渗透率	非采暖季渗透率	年渗透率
—		101%	225%	143%

注：采暖季用电量和非采暖季用电量为 2013 年电力公司统计数据。

3）学校冷热电能源系统方案

兔儿干的中心学校兼有生活类负荷和办公类负荷，总建筑面积约 7500m²，为寄宿制的中学，对不同负荷设计不同供能模式，其能源系统结构如图 7.13 所示。

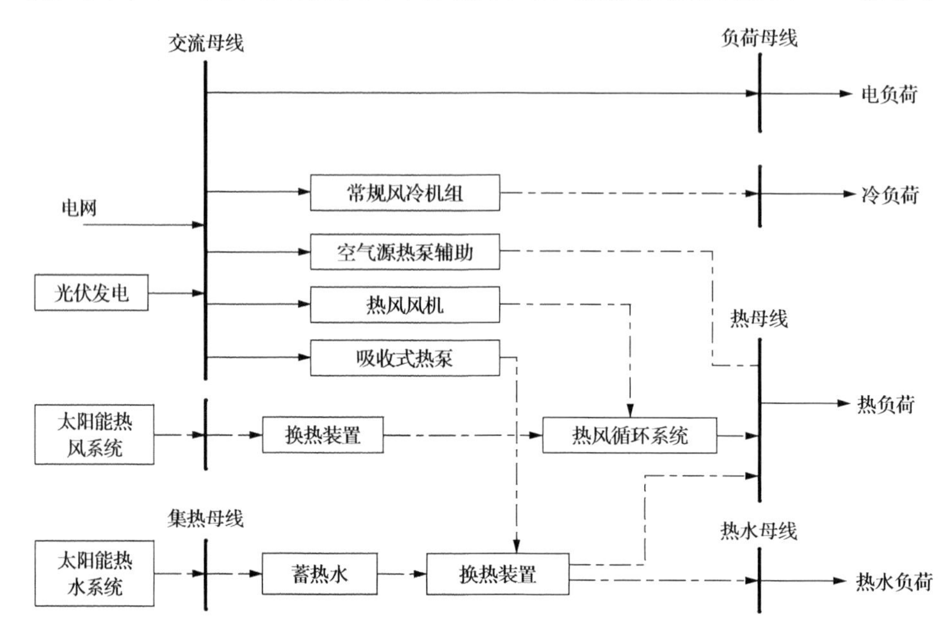

图 7.13　学校等办公生活综合型负荷冷热电系统方案

学校供用能系统配置如表 7.15 所示。

表 7.15　学校教学楼和宿舍楼源/荷/储配置情况一览表

可再生能源				
能源类型	容量	采暖季发电量	非采暖季发电量	年总发电量
光伏发电	30kWp	21840kW·h	24705kW·h	46545kW·h
太阳能热风	1500m²	0	0	0
太阳能热水	500m²	0	0	0
总发电量		21840kW·h	24705kW·h	46545kW·h
负荷				
负荷类型	电功率	采暖季用电量	非采暖季用电量	年总用电量
一般用电（照明/设备）	50kW	13500kW·h	18000kW·h	31500kW·h
教学楼热风机	5kW	4368kW·h	0	4368kW·h

续表

负荷				
负荷类型	电功率	采暖季用电量	非采暖季用电量	年总用电量
教学楼采暖辅助（热泵）	20kW	10920kW·h	0	10920kW·h
宿舍楼采暖耗电	5kW·h/(m²·a)	7080kW·h	0	7080kW·h
总用电量		35868kW·h	18000kW·h	53868kW·h
储能				
储能类型		功率	时间	容量
0		0	0	0
可再生能源能量渗透率				
—		采暖季渗透率	非采暖季渗透率	年渗透率
—		61%	137%	165%

注：采暖季用电量和非采暖季用电量为2013年电力公司统计数据。

4. 集中光伏/储能发电系统方案

按照可再生能源产生的能量基本满足新型社区的用电需求的设计方案，若提供兔儿干社区供暖季287.4万kW·h的用电量，需要安装光伏发电系统容量为4.0MW。在700户新建住宅建筑中，每户安装750W光伏，总容量525kW，在卫生院、乡政府、学校总安装光伏容量为60kW，因此，还需要安装约3.4MW的光伏发电系统。3.4MW的光伏发电系统可以集中安装在兔儿干村西侧的荒山和荒坡上，采暖季发电量为247.5万kW·h，非采暖季发电量为280.0万kW·h。

为减小光伏发电对电网的冲击，平抑光伏功率波动，提高重要负荷的供电保障率，在集中光伏电站旁配置储能系统。储能电池采用能快速充放电的锂离子电池，按照光伏电站10分钟内有功功率波动不超过装机容量的33%的配置原则，储能电站功率为1MW。考虑储能电池50%的放电深度，电池容量设计为300kW·h。

集中式光伏电站、集中式储能系统以及三个小型能源系统，集成到一起形成了“一大三小两层”综合能源微电网系统。

7.3.4 经济性分析

1）投资成本分析

分别对新建住宅、卫生院、乡政府、学校、集中光伏和储能电站的供电系统和供热系统的初投资和年运行维护费用进行成本分析，如表7.16所示。

表 7.16　可再生能源供能系统初投资及年运行费用分析

系统分类	装机容量	单位成本	初投资/万元	运维成本/(万元/年)	总投资/万元	年运维费/万元
700 户新建住宅	屋顶光伏 525kW	10 元/W	525	5.25	525	5.25
卫生院微电网	屋顶光伏 10kW	10 元/W	10	0.10	66	0.90
	小风机 10kW	15 元/W	15	0.30		
	空气源热泵 20kW	420 元/m^2	29	0.50		
	铅酸* 15kW/4h	2 元/(W · h)	12	0		
乡政府能源系统	屋顶光伏 20kW	10 元/W	20	0.20	67	1.15
	热风供暖系统	250 元/m^2	47	0.95		
学校能源系统	屋顶光伏 30kW	10 元/W	30	0.30	277	3.81
	宿舍热水供暖系统	700 元/m^2	99	0.56		
	教室热风供暖系统	250 元/m^2	148	2.95		
集中式光伏	地面光伏 3.4MW	9 元/W	3060	30	3060	30
集中储能站	锂电池储能站** 1MW/300kW · h	10 元/(W · h)	300	0	300	0
社区系统合计					4295	57.66

注：屋顶光伏运维费按照成本的 1%，小风机运维费按照成本的 2%计算。

* 铅酸储能电池每 5 年更换一次，20 年共更换 3 次，每次更换成本按 1 元/(W · h)计算，每次更换费用为 6 万，经济分析时记入更换年的现金流。

** 锂电池按照每 8 年更换一次，20 年共更换 2 次，每次更换成本按 4 元/(W · h)计算，每次更换费用为 120 万，经济分析时记入更换年的现金流。

2) 经济效益评估

兔儿干社区微电网的商业模式采用光伏业主投资，收取电费和采暖费的形式进行运营。为提高微电网的经济效益，应充分利用可再生能源领域的现有政策，其中光伏上网电价按照二类地区的 0.95 元/(kW · h)进行测算，光伏发电系统的年满发小时数按照 1550 小时进行测算；风电上网电价按照 0.61 元/(kW · h)进行测算。微电网中光伏发电系统中各部分的经济评估模型参数见表 7.17。按照谁投资谁收益的原则，卫生院、乡政府、学校需要向供暖系统投资方缴纳采暖费，收取标准按照西宁采暖费标准每月每平方米 4.9 元计算。

表 7.17　兔儿干光伏系统经济评估参数

运营方式	全额上网
项目周期/年	20
基准收益率/%	8.00

对兔儿干微电网的总体设计方案按照表 7.16 和表 7.17 进行经济性参数测算，结果如表 7.18 所示(表中的经济性指标未考虑税率、融资，建设期等要素)。新建住宅和集中式的光伏发电系统在全额上网的模式下，经济收益率超过了 10%，具有较好的投资价值。但是卫生院、学校的微电网和储能系统由于缺少政策支持和补贴经费，内部收益率较低，有些甚至不能收回成本，难以吸引业主投资。由于集中式光伏系统在兔儿干微电网中所占的比重大，因此整个兔儿干社区的能源系统投资回报率为 11.25%，投资回收期为 7.87 年。

表 7.18　兔儿干微电网经济性评估结果

系统分类	初投资/万元	年运维费/万元	年均收益/万元	内部收益率	静态投资回收期(年)
700 户新建住宅	525	5.25	电费:77.31	12.40%	7.29
卫生院微电网	66	0.90	电费:2.14 取暖费:2.06	<0	—
乡政府能源系统	67	1.15	电费:2.95 取暖费:5.56	9.04%	9.10
学校能源系统	277	3.81	电费:4.42 取暖费:22.05	5.23%	12.22
集中式光伏电站	3060	30	电费:500.65	14.32%	6.50
集中储能站	300	0	0	<0	—
社区系统合计	4295	57.66	617.17	11.28%	7.87

注：储能电池每次更换费用记入更换年的现金流。

3）推广建议

太阳能供暖系统和储能系统收益率低，难以调动业主投资积极性。为在边远农村地区推广可再生能源热电联供微电网，建议采用初投资补贴或电价补贴的方式吸引业主投资。补贴原则按照项目的内部收益率达到 13%以上，采用倒推方法，计算出的补贴方案如表 7.19 所示。

表 7.19 兔儿干微电网的建议补贴方式

项目	初投资补贴	电价补贴
补贴水平	储能和供暖系统全部补贴 635 万元	光伏发电每度 1.05 元
补贴后的内部收益率	13.92%	13.00%
补贴后的投资回收期	7.55 年	6.92 年
补贴年限	—	20 年

7.4 新疆吐鲁番新能源城市微电网示范项目

1. 项目背景和主要目标

1) 项目背景

新疆吐鲁番市位于古丝绸之路上，是乌鲁木齐经济圈的副中心。新疆自治区人民政府于 2009 年 3 月将吐鲁番市新区列为“自治区和谐生态城区和城乡一体化示范区”，2009 年 7 月批准了《吐鲁番市新区总体规划》。吐鲁番新区选址于老城区以东，与举世闻名的葡萄沟为邻，在一片沙漠荒地上构筑蓝图。新区总占地面积 8.81 平方公里，规划 2020 年完成，将为 6 万各族群众提供居住和工作场所。

2010 年，新疆吐鲁番获得“国家能源局关于新疆吐鲁番市新区创建国家新能源示范城市的复函”。2012 年 3 月，吐鲁番新能源城市微电网示范工程项目获国家发展改革委员会、国家能源局和国家电力监管委员会的联合批复。

新疆吐鲁番新能源城市微电网示范工程项目主要采用屋顶光伏系统，装机容量 13.4MW，建成后为吐鲁番新区 7 千余户家庭、2 万多居民提供优质电能。该项目包括两部分：一是光伏建筑一体化工程，建设 13.4MW 屋顶光伏及直接入户用电系统；二是为有效利用光伏发电而相应建设 10kV 变电装置、城市公交电动车充电设施、配套储能装置及微电网控制中心等。微电网实行“自发自用、余量上网、电网调剂”的运行机制，即屋顶光伏电站电量直接出售给微电网内用户，用于汽车充电站，并为储能系统充电，富余电量送向外部地区电网。当光伏发电电量不足时，从地区电网购电，通过微电网向用户供电。

2) 项目主要目标

吐鲁番新能源城市微电网项目主要目标是探索本地能源管理系统、光伏系统、储能装置、电动汽车充电桩等的综合应用模式，最大程度缓解因光伏发电引起的波动性和随机性所带来的影响，减少对外部电网的冲击。通过微电网技术使光伏类波动性电源直接以分布式电源的形式向负荷中心供电，提高居民用电可靠性，提高能源利用效率。

2. 系统方案和配置

太阳能光伏发电系统为吐鲁番示范区的主要分布式电源，利用居民建筑规划进行电池组件布置，选用居民建筑公共部分布置光伏电站相关设备，系统结构如图 7.14 所示[2]。

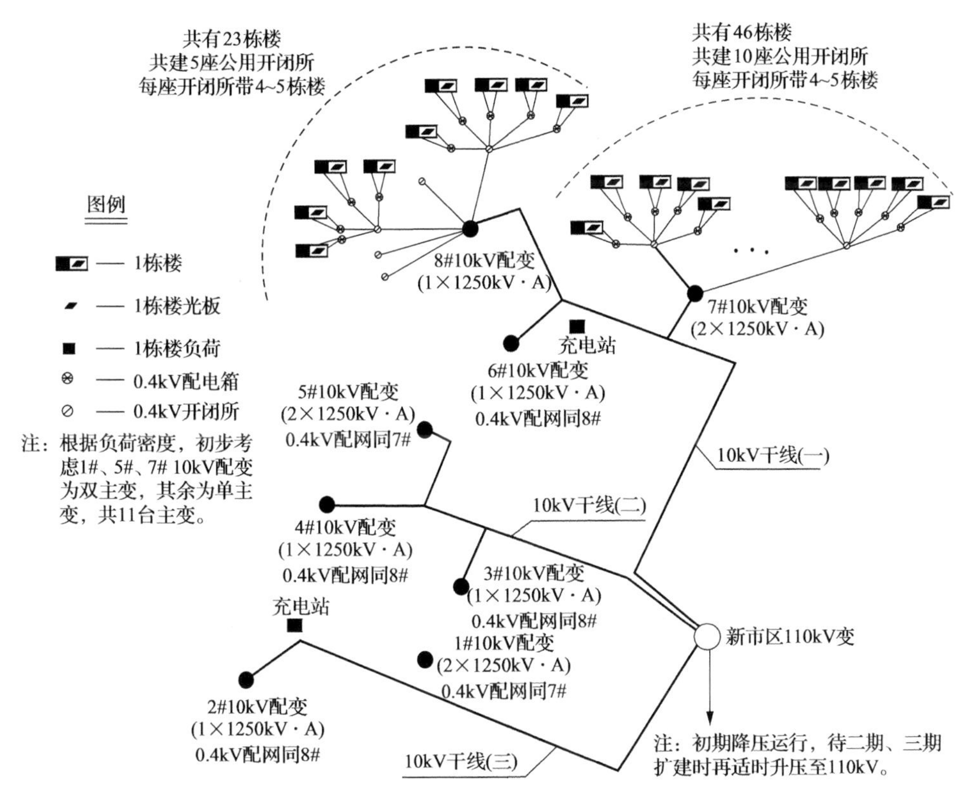

图 7.14　吐鲁番示范区光伏接入系统结构图

屋顶光伏电站以每栋居民楼为单位，光伏系统通过逆变器在楼内总配电箱 0.4kV 处并网，再通过相应的 0.4kV 线路送至 10kV 配电变压器；居民小区内建设 10kV 配电站，然后通过 10kV 主干线路直接接入规划的 110kV 变电站(一期降压 10kV 运行)。同时，在起步区配套 10kV 电压等级的市政汽车充电桩，并配置 10kV 电压等级容量为 1MW/1(MW · h)的储能中心，作为平衡调峰储能系统，以平衡市电与自发电间的关系，减少光伏电站对公共电网的冲击。系统的具体配置如表 7.20 所示。

表 7.20 系统主要配置表

类型	容量	参数
居民楼负荷	10.5MW	250 栋楼，每楼功率 42kW
光伏系统	13.4MW	多晶硅电池组件，一期屋顶安装 30 度倾角
地源热泵	6 个换热站	供热面积 90 万平方米，制冷量 21075kW，制热量 18356.8kW
汽车充电桩	22 个	功率：慢充 35kW，快充 60kW
储能系统	1MW · h	蓄电池单体参数 3.2V/200Ah

1）居民楼负荷

根据吐鲁番新市区一期示范工程建设规划，小区内共有 6988 户，每栋楼建设楼高为 4 层，每栋楼约有 3～4 个单元，按照平均每栋楼 28 户计算，一期示范工程建设约 250 栋楼。根据每户负荷按 3kW 计算，考虑同时率后每栋楼的用电负荷约 42kW，一期示范小区用电负荷约为 10.5MW。

每台 10kV 配电变压器选用容量为 1250kV · A 主变，结合一期示范工程计划安装的光伏系统容量 13.4MWp 可计算出一期示范工程共需安装 11 台配电变压器。每台变压器按 0.8 的负载率考虑，则每台主变可带的楼栋数为 1250×0.8/42 约为 23 栋。

2）光伏系统

吐鲁番地区位于我国太阳能资源“很丰富带”，近 30 年平均的太阳能资源年总量为 1524.77(kW · h)/m^2，年日照时数为 2878h。该示范工程一期屋顶斜屋面光伏总安装面积 94069m^2，总安装容量约为 13.4MWp，选用多晶硅电池组件。采用 230W 电池板 30 度倾角时，年均发电量为 1580 万 kW · h，平均每天发电量为 4.33 万 kW · h。住宅小区年用电量为 1073 万 kW · h，平均每天用电量为 2.9 万 kW · h。小区的光伏发电量约是用电量的 1.47 倍。

3）地源热泵

吐鲁番新区属于地下水资源丰富区，含水层厚，出水量大，水温高，适合采用地下水源热泵技术实现区域供热制冷。新区总规划建筑热负荷 75MW，可供暖面积 2054800 ㎡，需要抽水井 40 口、回灌井不多于 80 口。

4）汽车充电桩

每个充电桩按照快充与慢充兼容的模式建设，慢充功率为 35kW，快充功率为 60kW。按照车辆的运营模式，起步区南部公交综合车场设置充电桩 10 个，配 500kV · A 变压器；启步区北部公交综合车场设置充电桩 12 个，配备 630kV · A 变压器。公交充电桩按一级负荷设计，单独设置变压器，不与居民生活、商业变压器共享。

5）储能系统

本项目储能系统设计容量为1MW·h，接入点为10kV侧。采用锂电池作为储能方式，单体电池参数为3.2V/200Ah。1MW·h容量的储能系统由两个500kW/500kW·h储能单元构成，电池数量总计为1920节，其中每单元共960节，采用240节电池串联方式，共4个电池串。

3. 运行方式

吐鲁番微电网主要是并网运行模式，局部可孤岛运行。处于并网运行模式时，主要将公交充电站与地源热泵系统作为系统调峰单元，完成一定的调峰功能。当微电网由并网转为孤岛运行时，存在电压和频率支撑、能量供需间平衡、电能质量等问题。目前微电网不在孤岛模式下运行，在掌握足够的运行数据、分区进行孤岛运行试验后拟再实现微电网的孤岛运行模式。

在新区公共建筑规划一定区域作为微电网的监控中心，完成对微电网的实时监控与调度，同时接受地区电网的调度。地区电网接受微电网相关参数信息，进行远程监控。具体监控功能如下：

（1）运行状态检测。主要包括并网断路器状态监测；储能中心的数据采集与监控；汇流箱参数采集与监测；逆变器参数采集与监测；变压器参数采集与监测；10kV线路参数采集与监测；10kV进线侧断路器状态监测；10kV进线侧电能表数据采集与监测；逆变器后电能表数据采集与监测；汽车充电站综合参数采集与监测。

（2）电网控制。主要包括并网断路器就地及远程控制；10kV变压器综合保护装置的就地及远程控制；10kV线路综合保护装置的就地及远程控制；高低压配电开关的就地及远程控制；汽车充电站综合控制系统。

（3）保护控制。部分采用智能型测控单元，主要完成进出线路保护、变压器及相关电气设备极限参数自动保护、系统故障开闭柜自动保护、电能量平衡自适应保护、检修保护等功能。

（4）光伏发电功率预测。基于数值天气预报模式，系统能够进行未来24小时间隔15分钟的预报，反映吐鲁番区域的天气变化。吐鲁番太阳能资源观测站位于吐鲁番新区南侧的坎儿井保护区内，于2010年8月建成，目前的观测项目包括水平面和倾斜面的总辐射、直接辐射、散射辐射以及风速、风向、温度、湿度和气压，观测资料可以反映吐鲁番新区的太阳能资源状况，并作为太阳能资源预报的基础。

4. 运营模式及现状

1）项目投资

2012年5月，为实施吐鲁番示范区建筑一体化并网型光伏发电暨微电网项目，由龙源电力集团股份有限公司及吐鲁番绿色新能源有限公司共同出资成立了龙源吐鲁番新能源有限公司，负责项目的投资建设和运营管理。项目总投资约

2.34 亿元。工程建设内容主要包括两部分：一是光电建筑一体化工程(屋顶光伏电站)；二是微电网工程。光电建筑一体化工程主要由光伏组件方阵、小型逆变器、集电线路、计量监测等工程组成，光伏电站设计寿命 25 年，年均发电小时数为 1247 小时。微电网工程包括一座 10kV 开闭所(微电网中控楼)及 380V 配电网、1MW·h 储能系统、电动公交车充电站、电动汽车充电桩、微电网监控调度中心等。

地源热泵项目由吐鲁番绿色新能源房地产开发有限责任公司主管，主要建设内容为地源热泵系统供热制冷机房、外部管网及抽灌水井，项目总投资约 1.29 亿元，总供热面积达 90 万平方米。电动公交项目由上海瑞华集团实施。

2) 运营模式

该项目组建了专门的微电网建设运营公司负责微电网项目的建设和运营管理，该公司在微电网区域内负责向该区域的用户供电，与上一级电网企业为相对独立的电量结算关系。微电网发电量结算采用“自发自用、余量上网、电网调剂”的运营机制，光伏发电量按照国家规定给予补贴。通过市场化机制，给用户带来了实质性的利益。

5. 经验与体会

近年来，建设新能源低碳城市，不仅是产业发展方式、经济发展方式、社会运行模式、市民生活方式的一场革命，更是城市发展方式的一场革命。在未来城市发展及微电网工程建设过程中，吐鲁番项目留下多方面值得借鉴的经验。

(1) 政府主导与多方参与相结合：集合政府方、规划方、设计方、供应商、电网、能源专家等多方面意见，进行综合规划。

(2) 国家政策与市场机制相结合：充分利用国家政策，发挥市场机制，将可再生能源与微电网应用于保障性建筑，可使居民受益。

(3) 集成规划与模式创新相结合：在沙荒地带上充分利用太阳能、地热能等多种可再生能源，坚持集成再创新的技术路线，将微电网与规划、建筑设计、太阳能发电、气象观测预报、地源热泵、绿色交通等相结合，有助于实现体制创新和机制创新。

这里值得指出的是，由于配置的电池储能容量较小，仅示范区中的一部分光伏、储能和负荷构成了可并网亦可独立运行的微电网，整个示范区不具有独立运行的能力。

7.5　美国圣塔丽塔监狱冷热电联供微电网

1. 项目背景和主要目标

圣塔丽塔监狱坐落于加利福尼亚州阿拉梅达郡的都柏林市，在旧金山市东边 75 公里左右，是美国第五大监狱，收容了 4500 名犯人。由于该监狱采用了一系列的分布式能源和节能措施，被称为绿色监狱。这一微电网项目是 CERTS 微电网技术[3]的第一个商业应用示范，它集成了大规模储能系统，原有和新建的可再生能源以及一套燃料电池系统[4,5]。其建设目标如下：

(1) 削减电力负荷峰值，减少每月的电费；

(2) 存储可再生能源和燃料电池生产的多余电能；

(3) 将电能消耗移至非峰时段；

(4) 提高电网可靠性，减少电压冲击和尖峰；

(5) 在夏季最昂贵的峰值电价时段使监狱成为零能耗用户；

(6) 纳入三种可再生能源利用模式，即太阳能光伏、风力发电和太阳能热水器，扩展监狱内部发电容量。

2002 年春，该监狱安装了一套 1.2MW 的屋顶光伏阵列，在 2006 年安装了 1MW 具有热电联产能力的熔融碳酸盐燃料电池系统(MCFC)。后来，在美国能源部和加利福尼亚能源委员会的资金支持下，以及来自产业界合作伙伴如雪佛龙能源解决方案公司、赛康电力系统公司和 PG&E 公司的资助和参与下，该监狱安装了一套 2MW/4MW·h 的大型磷酸铁锂蓄电池系统，一台静态并网开关，并进行了相关电力电子设备和控制器的升级，从而具备了完整的微电网运行能力。除了发电设备外，监狱还进行了一系列的楼宇系统更新换代(包括照明、暖通空调、制冷以及其他终端电器)，提高了用电效率，减少了负荷峰值。图 7.15 和图 7.16 分别给出了屋顶光伏鸟瞰图和系统布置示意图。

图 7.15　圣塔丽塔监狱微电网屋顶光伏鸟瞰图

图 7.16　圣塔丽塔监狱微电网
前方为安装于地面的聚光太阳能发电系统，后方为屋顶光伏和蓄电池储能单元

2. 系统配置和主要技术参数

圣塔丽塔监狱微电网的基本配置和技术参数如表 7.21。

表 7.21　圣塔丽塔监狱微电网特征及主要设备参数

条目	描述
供能技术概览	1.2MW 屋顶光伏，240kW 安装于地面的跟踪光伏，1450m^2屋顶高温光热系统，1MW 熔融碳酸盐燃料电池，两台 1.2MW 备用柴油发电机组，四台 2kW 风力发电机组，2MW/4MW · h 蓄电池，静态并网开关
负荷资源	暖通空调，照明，计算机和服务器，安全系统，烹饪装置，制冷系统，热水系统
电储能	2MW/4MW · h 磷酸铁锂电池
热储能	30m^3生活热水蓄能，11m^3高温生活热水蓄能
总供电能力	仅用光伏和燃料电池系统：604kW(平均)，1474kW(峰值)
总负荷需求	3MW(峰值)
供暖/制冷设备	可利用燃料电池余热
总投资	1400 万美元(不含光伏和节能措施)
资助方	美国能源部(DOE)，美国国防部(DOD)，加利福尼亚能源委员会(CEC)，太平洋燃气与电力公司(PG&E)
运行时间	2002 年至今

3. 运行方式

采用了静态开关、储能逆变器的下垂控制以及新的柴油发电机控制等设备或技术，圣塔丽塔监狱的供电系统已成为一个真正的 CERTS 类型的微电网。CERTS 微电网的基本理念是系统中需配置一个响应快速的高质量静态开关，这样既能够有效的感知外部电网的扰动，又能够在系统发生扰动时快速的隔离微电网(一个周波之内)，以避免外部故障影响微电网内设备的正常运行。对于跟随负荷、管理发电机组、制定储能充电计划、满足环境要求等方面的控制需求，借助于建筑能量管理系统和发电机供应商的控制系统等控制手段来实现。

在圣塔丽塔监狱案例中，储能是唯一的可快速响应的可控设备，因此它负责完成功率平衡的任务。该系统将 CERTS 微电网的下垂控制技术应用在储能的并网装置上。借助这些下垂控制技术，储能系统将根据需要进行充电或者放电，能够在监狱孤岛运行时平衡负荷。该项目设想孤岛运行条件下系统依赖燃料电池、光伏系统和储能系统运行。不幸的是，燃料电池已经停运了一段时间，所以孤岛运行时的电源主要依靠光伏和储能系统。光伏在晚上很显然不会运行，而储能总容量有限，不足以实现该系统仅依靠储能运行较长时间的目标。目前的解决办法是当储能荷电状态跌至很低时，可利用备用的柴油机组给储能充电。而在系统正常运行时，因环保问题，备用柴油机组将不会工作；不过在电网出现停电或加利福尼亚独立系统运行商发布可能出现高风险的故障等紧急状态下，可以投入柴油机组来满足系统的供电需求。此外，利用柴油机只为储能充电，可使柴油机在其最高效的运行点附近工作，这样能节省能源并降低成本。

幸运的是，圣塔丽塔监狱在建设时就预先制定了一套负荷供电优先级机制。当系统停电时，若备用机组不能运行，这套原有的系统可以有效地限制负荷的需求。敏感负荷或称为 A 类负荷，通过单独的线路 A 进行了隔离，当其他负荷处于停电状态时，它们仍然可以运行。其他的重要负荷接入了线路 B，而像制冷等一些不十分重要的负荷则接入了线路 C。这一机制使得该系统能够在孤岛状态中按最小发电需求进行运行。

在圣塔丽塔监狱案例中，设备的控制功能通过安装的数据采集和控制系统来实现，这套系统可用于监测电源和母线运行。通过该系统，可为储能制定运行计划，不过实际中很少利用储能进行套利。安装储能系统主要是为了提高系统的可靠性。通过和当地公用事业机构 PG&E 达成协议，该微电网可向其管理的馈线倒送电能。然而，这一安排对应的财政条款对监狱非常不利，所以实际运行中微电网尽量避免向电网倒送电能。另外，该监狱加入了一个和联络线容量控制相关的需求侧响应计划，只要圣塔丽塔监狱承诺按照 PG&E 下达的容量削减额度降低其从电网的购电量，就可以获得一份按月发放的 kW 容量补贴费用。类似的计划在加利福尼亚地区还有很多，同时有若干辅助服务市场在支持这些计划的实施。在这些市场中，负荷与储能可以像火电、水电等传统的辅助服务供应商一样进行竞价。

这一项目的建设已经完成，并且孤岛运行能力也已成功进行了测试，圣塔丽塔监狱可以从电网供电模式无缝地向本地发电设备供电模式进行切换，而不影响系统的正常运行。

4. 采用的关键技术

本系统采用了包括发电、储能和需求侧能效管理的一系列技术，包括：

1) 分布式发电

(1) 屋顶光伏发电；

(2) 熔融碳酸盐燃料电池和冷热电联供，提供电能和热能；

(3) 紧急后备柴油发电机；

(4) 小型分布式风力发电机；

(5) 地面追踪式光伏。

2) 储能

2MW/4MW · h 磷酸铁锂电池。

3) 电气控制

(1) 孤岛运行和即插即用控制的快速切断开关；

(2) CERTS 电池控制和孤岛后备发电机控制技术。

4) 提高能效措施

(1) 1990 年：采用节能灯和风扇节能措施；

(2) 2001 年：应用屋顶冷却和改进冷却水厂；

(3) 2008 年：更换和改进抽水马桶、小便池、淋浴头和水开关；

(4) 2009 年：实施能源和水利用效率提升项目；

(5) 2010 年：日光感应照明灯具改造，822 具；

(6) 2011 年：户外感应照明灯具改造，600 具。

5. 项目投资和运营情况

项目总投资 1170 万美金。资金主要来源于美国联邦政府、州政府和企业，其中联邦政府的投入最大。具体如表 7.22 所示。

表 7.22　圣塔丽塔监狱微电网资金来源

资金来源	金额/万美元
联邦政府拨款	690
加州政府拨款	200
PG&E 补贴	200
PG&E CSI 太阳能热利用补贴	50
第三方资助	20
阿拉梅达郡	10

监狱在高峰和低谷、夏天和冬天对能源的需求和电价的变化如表 7.23 所示。这一微电网工程的年费用节约如图 7.17 所示。

表 7.23　监狱电价基本情况

时段		需求电价 /($/kW)	电量电价 /($/(kW·h))	时间段
夏季 5～10 月	高峰	11.04	0.14040	12:00～18:00,周一至周五
	中等	2.05	0.09807	8:30～12:00,18:00～21:30,周一至周五
	非高峰	0.00	0.07992	21:30～8:30,周一至周五,周末
	月最高	7.45	—	—
冬季 11～4 月	高峰	0.82	0.08585	8:30～21:30,周一至周五
	非高峰	0.00	0.07664	21:30～8:30,周一至周五,周末
	月最高	7.45	—	—

注：需求电价是美国商用电价中的重要部分，一般按照一个月计费一次，计费的方法是按照当月最大的电功率收取。需求电价可分为分时段需求电价和不分时段需求电价。分时段需求电价按照峰谷平电量电价的时间结构设定，一般在峰、平、谷时段按照该时段内出现的本月电功率最大值收取，一般峰时段需求电价收费最高，谷时段有时候没有需求电价。不分时段需求电价顾名思义就是不管峰值功率出现在什么时候，只按照当月最大值功率乘以费率收取。

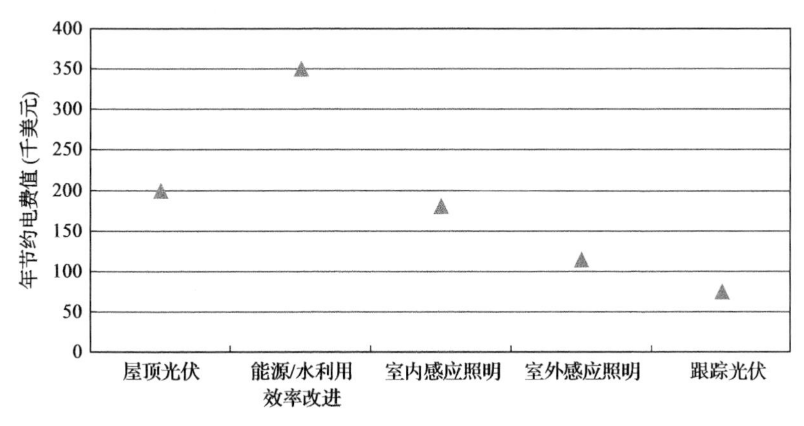

图 7.17　圣塔丽塔监狱微电网系统年电费的节约

自2002年运行以来,系统出现了一些技术上的新问题。太阳能光伏的装机容量是1.2MW,但由于系统的老化和尘土,峰值功率只能达到700kW。尽管如此,屋顶太阳能光伏仍然提供了很好的电能,在夏季,一个月大约能减少电费2万美金。新安装的太阳能光伏地面跟踪系统也可有效地减少电费。2006年安装的燃料电池存在一些问题,目前的输出只能限制在容量的80%。燃料电池的非正常工作,有时是因为机械故障,有时是因为电压波动。目前,监狱能很好地预测负载,电力高峰约3.0MW。微电网技术使得监狱能大幅度地减少从外部电网的购电量,且在电网断电的情况下可以孤岛运行。同时,利用后备电源和储能系统使得监狱的狱室保证有足够的不间断电源。蓄电池在孤岛运行时提供电力供应,如果需要启动后备发电机,发电机可以在满负荷情况下运行,在为负载供电的同时为蓄电池充电,这比柴油发电机单独为负载供电有更高的效率。

6. 经验和体会

圣塔丽塔监狱微电网的成功主要归功于政府和企业的支持,多家研究单位也做出了很大贡献。从本案例获得的主要经验是,电储能系统造价比较高,成本必须要大幅降低才有可能被广为接受,目前尚需要政府资助。该监狱对电能质量和可靠性要求较高,微电网可以独立运行的特点很好的满足了这一需要。这个项目原来设定了一个将馈线负荷峰值削减15%的目标,在采用了多种节能手段,配置了足够的分布式电源和储能系统后,这一目标已经顺利完成。但仅完成这样的目标不一定就说明是一个好的工程,更重要的应该是微电网成功满足了用户的特定需求。

参考文献

[1] 国家能源局微电网工作组. 三种典型地区的微电网技术设计和运行管理方案建议[R]. 北京,2015.

[2] 于金辉,张宏伟. 微网与太阳能生态城[M]. 北京:中国建筑工业出版社,2013.

[3] Lasseter R, Akhil A, Marnay C, et al. The CERTS microgrid concept[R]. Consortium for Electric Reliability Technology Solutions, 2002.

[4] Marnay C, DeForest N, Stadler M, et al. A Green Prison: Santa Rita Jail Creeps towards Zero Net Energy (ZNE) [EB/OL]. 2011 ECEEE Summer Study. http://building-microgrid.lbl.gov/sites/all/files/report-lbnl-4497e.pdf.

[5] DeForest N, Stadler M, Marnay C, et al. Microgrid Dispatch for Macrogrid Peak-Demand Mitigation. 2012 ACEEE Summer Study on Energy Efficiency in Buildings[EB/OL]. http://building-microgrid.lbl.gov/sites/all/files/lbnl-81939.pdf.

附录 A　微电网方案配置相关参数

表 A.1　项目周期和贴现率

项目周期(年)	20
贴现率	0.02

表 A.2　柴油发电机参数

设备参数	单机额定功率(kW)	1100
	使用寿命(年)	20
	最小负载率	0.4
	最短运行时间(h)	1
排放系数	CO_2(g/L)	2633.3
	CO(g/L)	6.5
	未燃烧碳氢化物(g/L)	0.72
	颗粒物(g/L)	0.49
	氮氧化物(g/L)	2.2
	SO_2(g/L)	58.0
经济参数	初装费用(万元/台)	189.0
	替换费用(万元/台)	189.0
	维护费用(元/h/台)**	5.0
	燃料费用(元/升)	11.5
燃料消耗特性曲线*	出力(kW)	耗油量(L)
	550.0	185.0
	1100.0	330.0

* 柴油发电机其他出力对应的耗油量可由所给出的参数线性插值或外推得到。

** 柴油发电机维护费用是指每运行小时所需的维护费用。

表 A.3　风力发电机参数

设备参数	单机额定功率(kW)	1500
	使用寿命(年)	20
	风机轮毂高度(m)	65.0
	风机切入风速(m/s)	3.0
	风机切出风速(m/s)	25.0

续表

经济参数	初装费用(万元/台)	2025.0
	替换费用(万元/台)	2025.0
	维护费用(万元/台/年)	81.0
出力曲线	风速(m/s)	出力(kW)
	0	0
	1	0
	2	0
	3	9.8
	4	47.4
	5	130.2
	6	247.4
	7	415.1
	8	637.0
	9	917.4
	10	1237.0
	11	1513.3
	12	1514.0
	13	1502.0
	14	1505.0
	15	1497.4
	16	1494.6
	17	1494.0
	18	1496.1
	19	1495.7
	20	1504.3
	21	1500.5
	22	1513.1
	23	1483.7
	24	1503.7
	25	1510.5

表 A.4　储能系统参数

设备参数	电池单体额定电压(V)	3.2
	单体额定容量(Ah)	180
	串联数	240
	SOC 最大值	0.9
	SOC 最小值	0.1
	蓄电池充电上限	0.9
	充电和放电效率	0.92
	最大充电速率	0.9
	最大充电电流(A)	162.0
	浮充寿命(年)	10
	全寿命放电量(kW·h)	921.6
经济参数	单体初装费用(元)	3456.0
	单体替换费用(元)	3456.0
	单体维护费用(元)	0.0

表 A.5　变流器参数

设备参数	使用寿命(年)	20
	逆变效率	0.95
	整流效率	0.95
经济参数	初装费用(元/kW)	3750
	替换费用(元/kW)	3750
	维护费用(元/kW)	0

附录 B　微电网仿真分析相关参数

表 B.1　线路参数(额定容量 100MV·A,额定电压 4.16kV)

首节点	末节点	电阻(p. u.)	电抗(p. u.)	电纳(p. u.)	有功负荷*(MW)	无功负荷*(Mvar)
1	2	6.468	7.161	16.8E-7	0.236	0.078
1	3	1.259	1.394	3.28E-7	—	—
3	4	0.176	0.195	0.46E-7	0.182	0.060
3	5	0.141	0.156	0.37E-7	—	—
5	6	2.519	2.789	6.56E-7	—	—
6	7	0.129	0.143	0.34E-7	0.243	0.080
6	8	0.350	0.387	0.91E-7	—	—
8	9	2.871	3.178	7.47E-7	—	—
9	10	0.005	0.005	0.01E-7	0.240	0.079
9	11	0.238	0.263	0.62E-7	—	—
11	12	0.099	0.110	0.26E-7	0.020	0.007
11	13	1.681	1.861	4.38E-7	—	—
13	14	0.117	0.129	0.30E-7	0.150	0.049
8	15	1.428	1.581	3.71E-7	—	—
15	16	0.124	0.137	0.32E-7	0.095	0.031
15	17	0.402	0.445	1.05E-7	—	—
17	18	0.129	0.143	0.34E-7	0.012	0.004
17	19	6.231	3.080	3.57E-7	0.049	0.016
20	21	0.362	0.401	0.94E-7	0.063	0.021
20	22	0.099	0.110	0.26E-7	—	—
22	23	0.875	0.969	2.28E-7	—	—
23	24	0.117	0.129	0.30E-7	0.080	0.026
22	25	0.463	0.504	1.28E-7		
25	26	3.567	3.950	9.29E-7	0.216	0.071
25	27	2.072	2.295	5.40E-7	—	—
27	28	0.166	0.184	0.43E-7	0.194	0.064
27	29	1.178	1.304	3.07E-07	—	—

续表

首节点	末节点	电阻(p. u.)	电抗(p. u.)	电纳(p. u.)	有功负荷*(MW)	无功负荷*(Mvar)
29	30	0.002	0.003	0.01E-7	0.177	0.058
29	31	0.293	0.324	0.76E-7	—	—
31	32	0.972	1.076	2.53E-7	0.144	0.047

* 表 B.1 中所列出的节点有功负荷和无功负荷是微电网在适中场景中需求，此时总的有功功率需求为 2100.99kW，功率因数为 0.95；微电网仿真分析中所描述的轻载和重载场景中的各节点负荷值，将会根据对应场景和适中场景下的总负荷需求的比例关系线性减小或增大。

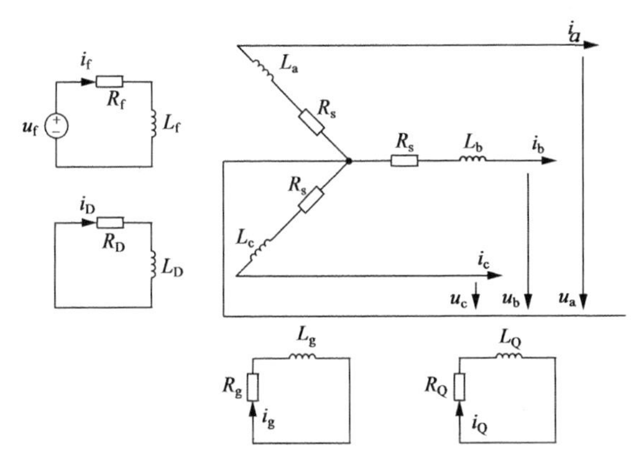

图 B.1　柴油发电机数学模型

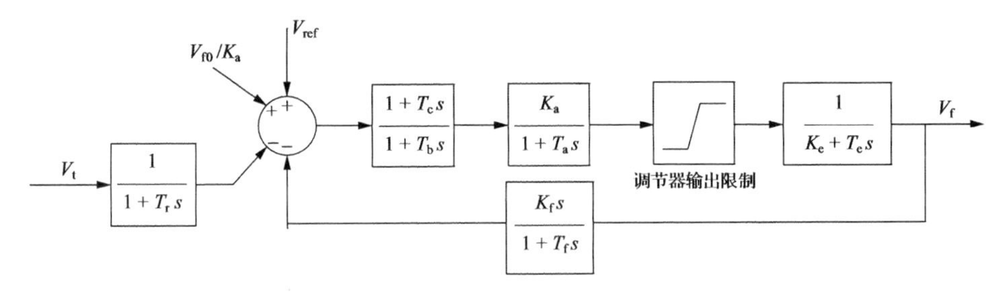

图 B.2　励磁机控制框图

V_{ref} 为柴油发电机端口电压参考值，V_t 为柴油发电机端口电压实际值，

V_{f0} 为柴油发电机端口电压初始值

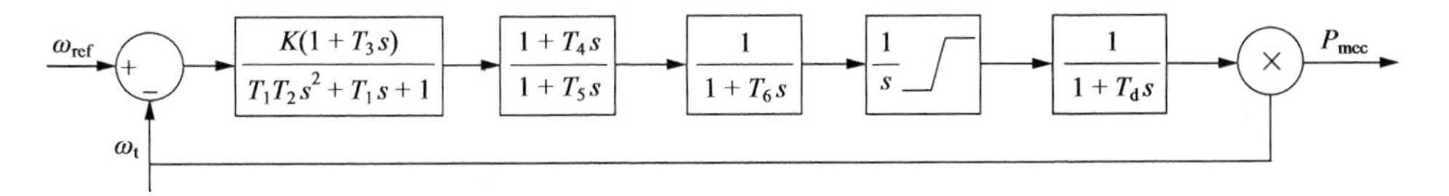

图 B.3　调速器控制框图

ω_{ref} 为柴油发电机端口电压频率参考值，ω_t 为柴油发电机端口电压频率实际值，P_{mec} 为调速器输出机械功率

表 B.2　柴油发电机参数

名称	数值
额定容量	1.35MV·A
额定线电压(RMS)	600V
额定频率	60Hz
d 轴同步电抗	2.065p.u.
d 轴暂态电抗	0.088p.u.
d 轴次暂态电抗	0.064p.u.
q 轴同步电抗	0.912p.u.
q 轴次暂态电抗	0.082p.u.
漏抗	0.034p.u.
d 轴暂态短路时间常数	0.121s
d 轴次暂态短路时间常数	0.005s
q 轴次暂态短路时间常数	0.005s
定子电阻	0.0049p.u.
惯性常数	2s
摩擦因数	0
极对数	2

表 B.3　励磁机参数

名称	数值
低通滤波时间常数 T_r	0.02s
调节器增益 K_a 及时间常数 T_a	94.5
	0.02s
励磁参数 K_e/T_e	1
	0s
暂态衰减增益 T_b/T_c	0s
	0s
阻尼滤波增益 K_f 及时间常数 T_f	0.001
	0.1s
调节器输出限制	[0,6]
端口电压及励磁电压初始值 V_{f0}	1p.u.
	1.6867p.u.

表 B.4　调速器参数

名称	数值
调节器增益 K	136
调节器时间常数 $T_1/T_2/T_3$	0.01s
	0.02s
	0.1s
执行器时间常数 $T_4/T_5/T_6$	0.25s
	0.009s
	0.0384s
转矩限制	[0,1.1]
原动机延迟时间常数 T_d	0.024s
初始机械功率*	0.417p.u.

*初始机械功率是扰动发生前的稳态值。

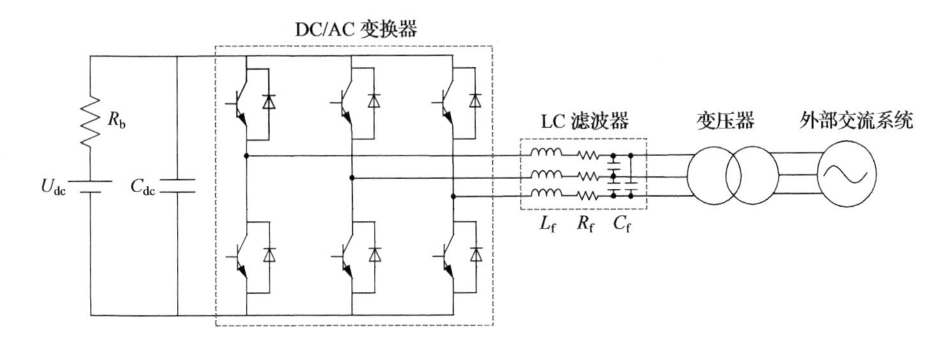

图 B.4　蓄电池储能系统结构

表 B.5　蓄电池储能系统参数

名称	数值
直流侧电池电压(U_{dc})	800V
电池内阻(R_b)	0.04Ω
直流母线电容(C_{dc})	16000uF
滤波电感(L_f)	0.15mH
滤波电容(C_f)	600uF
电感附加电阻(R_f)	0.1Ω

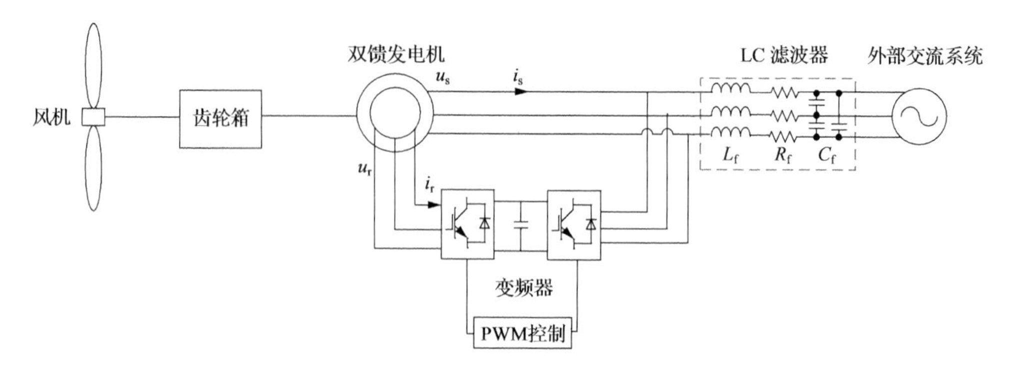

图 B.5　双馈风机系统结构

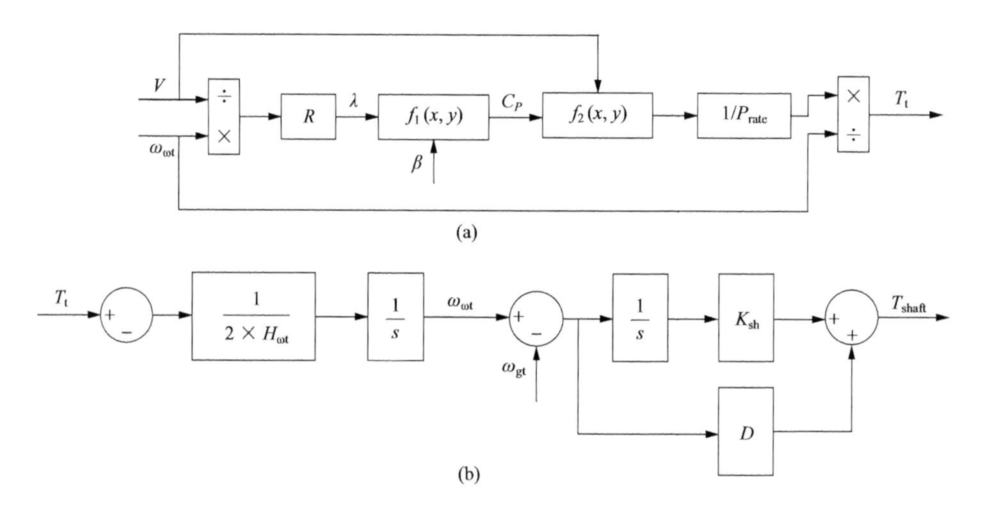

图 B.6　风力机及齿轮箱控制框图

(a)为风力机控制框图，其中 V 为风速(m/s)，$\omega_{\omega t}$ 为风力机转速(p. u.)，R 为风力机半径，λ 为叶尖速比，β 为桨距角，C_P 为风能利用系数[1]；图 B.6(b)为齿轮箱控制框图，其中 ω_{gt} 为双馈风机转速(p. u.)

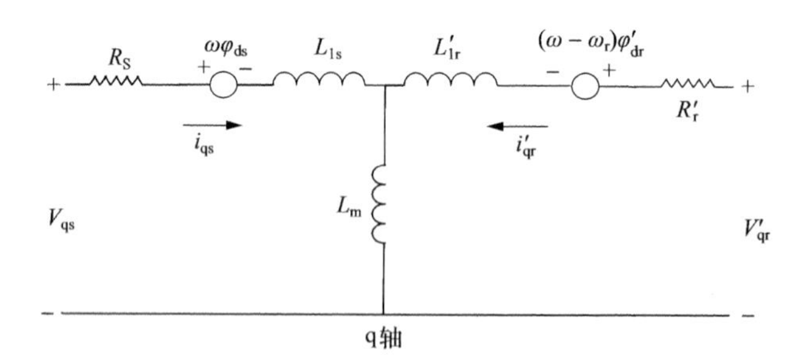

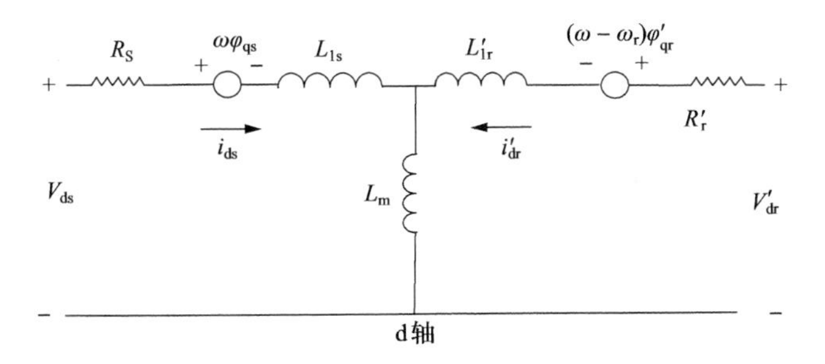

图 B.7 dq坐标系下异步电机数学模型

ω 为双馈电机转速参考值，ω_r 为双馈电机电角速度

表 B.6 双馈异步电机参数

名称	数值
额定容量	1.58MV·A
额定线电压	690V
额定频率	60Hz
定子电阻(R_s)	0.0109p.u.
定子漏感(L_{1s})	0.055p.u.
转子电阻(R'_r)	0.0085p.u.
转子漏感(L'_{1r})	0.19455p.u.
互感(L_m)	5.4505p.u.
惯性常数	0.6379s
摩擦系数	0.01p.u.
极对数	3

表 B.7 风力机参数

名称	数值
额定机械功率(P_{rate})	1.5MW
风力机半径(R)	33.5m
切入风速	3m/s
额定风速	11m/s

表 B.8 齿轮箱参数

名称	数值
惯性常数($H_{\omega t}$)	3.22s
轴弹簧常数(K_{sh})	1.11p.u.
轴阻尼系数(D)	1.5p.u.

表 B.9 双馈风机系统滤波电路参数

名称	数值
滤波电感(L_f)	0. 3p. u.
电感附加电阻(R_f)	0. 003p. u.
滤波电容(C_f)	800uF

参 考 文 献

[1] 王文亮. 储能型永磁直驱风力发电系统并网运行控制研究[D]. 北京：北京交通大学，2010.